"十二五"职业教育国家规划教材

新世纪高职高专建筑工程技术类课程规划教材

（第二版）

建筑工程测量

JIANZHU GONGCHENG CELIANG

新世纪高职高专教材编审委员会 组编

主　编 李社生　刘宗波

副主编 焦建伟　王照雯

主　审 赵　研

 大连理工大学出版社

图书在版编目(CIP)数据

建筑工程测量 / 李社生，刘宗波主编. — 2版. —
大连：大连理工大学出版社，2014.6
新世纪高职高专建筑工程技术类课程规划教材
ISBN 978-7-5611-8485-1

Ⅰ. ①建… Ⅱ. ①李… ②刘… Ⅲ. ①建筑测量—高
等职业教育—教材 Ⅳ. ①TU198

中国版本图书馆 CIP 数据核字(2014)第 011689 号

大连理工大学出版社出版
地址：大连市软件园路 80 号　邮政编码：116023
发行：0411-84708842　邮购：0411-84703636　传真：0411-84701466
E-mail：dutp@dutp.cn　URL：http://www.dutp.cn
大连理工印刷有限公司印刷　　大连理工大学出版社发行

幅面尺寸：185mm×260mm　　印张：18.5　　字数：449 千字
2012 年 1 月第 1 版　　　　　　　　2014 年 6 月第 2 版
2014 年 6 月第 1 次印刷

责任编辑：康云霞　　　　　　　　　责任校对：刘　慧
封面设计：张　莹

ISBN 978-7-5611-8485-1　　　　　　　定　价：39.80 元

总　序

我们已经进入了一个新的充满机遇与挑战的时代,我们已经跨入了 21 世纪的门槛。

20 世纪与 21 世纪之交的中国,高等教育体制正经历着一场缓慢而深刻的革命,我们正在对传统的普通高等教育的培养目标与社会发展的现实需要不相适应的现状作历史性的反思与变革的尝试。

20 世纪最后的几年里,高等职业教育的迅速崛起,是影响高等教育体制变革的一件大事。在短短的几年时间里,普通中专教育、普通高专教育全面转轨,以高等职业教育为主导的各种形式的培养应用型人才的教育发展到与普通高等教育等量齐观的地步,其来势之迅猛,发人深思。

无论是正在缓慢变革着的普通高等教育,还是迅速推进着的培养应用型人才的高职教育,都向我们提出了一个同样的严肃问题:中国的高等教育为谁服务,是为教育发展自身,还是为包括教育在内的大千社会?答案肯定而且唯一,那就是教育也置身于其中的现实社会。

由此又引发出高等教育的目的问题。既然教育必须服务于社会,它就必须按照不同领域的社会需要来完成自己的教育过程。换言之,教育资源必须按照社会划分的各个专业(行业)领域(岗位群)的需要实施配置,这就是我们长期以来明乎其理而疏于力行的学以致用的问题,这就是我们长期以来未能给予足够关注的教育目的问题。

众所周知,整个社会由其发展所需要的不同部门构成,包括公共管理部门如国家机构、基础建设部门如教育研究机构和各种实业部门如工业部门、商业部门等等。每一个部门又可作更为具体的划分,直至同它所需要的各种专门人才相对应。教育如果不能按照实际需要完成各种专门人才培养的目标,就不能很好地完成社会分工所赋予它的使命,而教育作为社会分工的一种独立存在就应受到质疑(在市场经济条件下尤其如此)。可以断言,按照社会的各种不同需要培养各种直接有用人才,是教育体制变革的终极目的。

新世纪

随着教育体制变革的进一步深入，高等院校的设置是否会同社会对人才类型的不同需要一一对应，我们姑且不论。但高等教育走应用型人才培养的道路和走研究型(也是一种特殊应用)人才培养的道路，学生们根据自己的偏好各取所需，始终是一个理性运行的社会状态下高等教育正常发展的途径。

高等职业教育的崛起，既是高等教育体制变革的结果，也是高等教育体制变革的一个阶段性表征。它的进一步发展，必将极大地推进中国教育体制变革的进程。作为一种应用型人才培养的教育，它从专科层次起步，进而应用本科教育、应用硕士教育、应用博士教育……当应用型人才培养的渠道贯通之时，也许就是我们迎接中国教育体制变革的成功之日。从这一意义上说，高等职业教育的崛起，正是在为必然会取得最后成功的教育体制变革奠基。

高等职业教育还刚刚开始自己发展道路的探索过程，它要全面达到应用型人才培养的正常理性发展状态，直至可以和现存的(同时也正处在变革分化过程中的)研究型人才培养的教育并驾齐驱，还需假以时日，还需要政府教育主管部门的大力推进，需要人才需求市场的进一步完善发育，尤其需要高职教学单位及其直接相关部门肯于做长期的坚忍不拔的努力。新世纪高职高专教材编审委员会就是由全国100余所高职高专院校和出版单位组成的旨在以推动高职高专教材建设来推进高等职业教育这一变革过程的联盟共同体。

在宏观层面上，这个联盟始终会以推动高职高专教材的特色建设为己任，始终会从高职高专教学单位实际教学需要出发，以其对高职教育发展的前瞻性的总体把握，以其纵览全国高职高专教材市场需求的广阔视野，以其创新的理念与创新的运作模式，通过不断深化的教材建设过程，总结高职高专教学成果，探索高职高专教材建设规律。

在微观层面上，我们将充分依托众多高职高专院校联盟的互补优势和丰裕的人才资源优势，从每一个专业领域、每一种教材入手，突破传统的片面追求理论体系严整性的意识限制，努力凸现高职教育职业能力培养的本质特征，在不断构建特色教材建设体系的过程中，逐步形成自己的品牌优势。

新世纪高职高专教材编审委员会在推进高职高专教材建设事业的过程中，始终得到了各级教育主管部门以及各相关院校相关部门的热忱支持和积极参与，对此我们谨致深深谢意，也希望一切关注、参与高职教育发展的同道朋友，在共同推动高职教育发展、进而推动高等教育体制变革的进程中，和我们携手并肩，共同担负起这一具有开拓性挑战意义的历史重任。

新世纪高职高专教材编审委员会

2001 年 8 月 18 日

前　言

　　《建筑工程测量》(第二版)是"十二五"职业教育国家规划教材,也是新世纪高职高专建筑工程技术类课程规划教材之一。

　　本教材是根据教育部颁发的《关于加强高职高专教育人才培养工作的意见》和《面向 21 世纪教育振兴行动计划》等文件的精神,以及由教育部、建设部联合制定的《高等职业学校建筑工程技术专业领域技能型紧缺人才培养、培训指导方案》,依据《工程测量规范》(GB 50026—2007)、《国家三、四等水准测量规范》(GB/T 12898—2009)、《建筑变形测量规范》(JGJ 8—2007)、《全球定位系统(GPS)测量规范》(GB/T 18314—2009)、《国家基本比例尺地图图示》(GB/T 20257.1—2007)进行编写的,重点讲解了建筑工程测量的基本知识、测量仪器的使用、建筑工程实地测设以及施工测量和变形观测等内容,对培养学生的专业能力和上岗能力具有重要的作用。本教材适用于建筑工程技术、工程管理、工程造价、市政工程、环境工程等专业的测量教学,各个专业可根据专业的性质和特点在教学中合理地进行选择。

　　本教材在编写过程中主要突出以下特点:

　　1. 以案例学习为主线,以工作过程为导向,教学内容相互关联、相对独立,突出职业能力培养,为学生提供个性化的学习空间

　　建筑工程测量能力的培养,关键是在实践中科学、合理、灵活地运用测绘技术中的相关仪器、工具、软件。针对学生缺少社会经验和行业实践的特点,本教材紧抓案例这一主线,以紧密结合行业现场运用的案例分析为导向,引导学生形成有针对性地运用测绘技术分析并解决问题的思维模式,进而实现提高建筑工程测量能力这一核心职业能力培养目标。

　　2. 仪器、软件典型,体例科学合理,体现了建筑工程测量技术的前沿动态

　　本教材根据"建筑工程测量"课程教学的要求,增强互

新世纪

动性、启发性、实践性,注重理论教学、单项技能训练、全真模拟实训、工程实践及资源导学等全方位有机结合。本次修订增加了数字化测图、GPS定位技术等测绘新技术,体现了建筑工程测量技术的前沿动态。

3.立体化教学资源建设

为了满足课堂教学的需要,本教材配有图、文、声、像并茂的多媒体课件,支持教学效果的最大化,激发学生的学习兴趣。

本教材由甘肃建筑职业技术学院李社生、刘宗波担任主编;郑州经贸职业学院焦建伟、大连海洋大学职业技术学院王照雯担任副主编;甘肃有色工程勘察设计研究院蒋来福,甘肃建筑职业技术学院刘攀、王倩任,济源职业技术学院党杨梅参与了部分内容的编写工作;刘冬梅、王秀坤、徐建国、胡记磊、郝芳、王建、刘凯辉等对本书实训编写提供了技术支持。具体编写分工如下:李社生编写单元一、七;刘宗波编写单元三、八、十;焦建伟编写单元五;王照雯编写单元六;刘攀编写单元九;王倩编写单元四;党杨梅编写单元二。全书由李社生负责统稿。

黑龙江建筑职业技术学院赵研教授对本教材的体例、结构进行了细心审阅,并提出了宝贵的修改意见和建议,在此深表感谢!

本教材在编写过程中力求做到内容简明扼要,文字通俗易懂,插图清晰明了。书中参阅了大量的文献资料,引用了同类书刊中的部分内容,同时得到了相关仪器厂商的大力支持,在此一并表示衷心的感谢!

尽管我们在探索教材特色建设方面做出了许多努力,但由于编者水平有限,教材中仍可能存在一些错误和不足,恳请各教学单位和读者在使用本教材时多提宝贵意见,以便下次修订时改进。

编　者

2014年6月

所有意见和建议请发往:dutpgz@163.com

欢迎访问教材服务网站:http://www.dutpbook.com

联系电话:0411-84707424　84706676

目 录

单元一
测量基本知识

学习目标

　　了解测量学的研究对象及建筑工程测量的任务;理解测量工作的基准面和基准线;理解用水平面代替水准面的限度;掌握地面点位的确定方法,包括地面点的坐标和高程的表示方法;掌握测量的基本工作和测量的基本原则;初步认识测量误差及精度评定的标准,了解工程测量中常用的测量仪器及其用途。

学习要求

知识要点	技能训练	相关知识
建筑工程测量的任务	(1)测量学的概念及研究对象 (2)测量学的学科分支 (3)地物、地貌以及地形图的概念 (4)施工放样的概念 (5)变形监测的目的和作用	(1)理解测量学的概念及研究对象 (2)了解测量学的学科分支 (3)掌握建筑工程测量的任务,即地形图测绘、施工放样和变形监测
测量工作的基准线和基准面	(1)地球的形状和大小 (2)水准面及大地水准面 (3)水准面的特性 (4)参考椭球体	(1)能够理解铅垂线是测量工作的基准线 (2)能够理解大地水准面是测量工作的基准面
地面点位的确定	(1)经度和纬度的概念 (2)测量独立平面直角坐标系 (3)绝对高程和相对高程的定义 (4)高差	(1)能够根据经、纬度确定地面点的地理坐标 (2)能够建立独立平面直角坐标系 (3)能够计算各投影带中央子午线的经度 (4)能够确定地面点的高程
用水平面代替水准面的限度	(1)用水平面代替水准面对距离的影响 (2)用水平面代替水准面对高差的影响	(1)能够根据距离确定用水平面代替水准面的距离误差和高差误差 (2)能够理解用水平面代替水准面的限度
建筑工程测量的基本工作和基本原则	(1)测量的基本工作 (2)测量工作的基本原则	(1)能够根据三个基本要素确定地面点的相对位置关系 (2)能够根据测量工作的基本原则实施测量工作
直线定向的概念及方向的表达方法	(1)标准方向 (2)真方位角、磁方位角和坐标方位角的概念	(1)能够根据工程实际情况选择合适的表示直线方向的方法 (2)了解三种方位角之间的换算
测量误差	(1)系统误差和偶然误差的定义 (2)中误差、容许误差、相对中误差的定义	(1)了解误差产生的原因 (2)理解测量误差的分类 (3)理解评定观测值精度的标准和方法
测量仪器	常用测量仪器的认识	了解建筑工程测量常用的测量仪器及其用途

单元导入

各类建筑工程在施工的过程中要保证建筑物平面位置正确,保证建筑物竖向标高、垂直度和构建安装的精度。如何保证这些精度达到所要建设工程的施工要求是施工的关键。建筑工程测量就是解决这些问题的技术核心课程,离开测量将无法按设计要求施工。测量工作贯穿于建筑工程施工的整个过程,这就要求从事建筑施工的人员必须掌握必要的测量知识、技能和方法,为建筑施工服务。本单元将重点对工程测量的任务、地面点位的确定、测量误差的来源与处理、测量精度的评定以及测量的基本工作进行系统阐述,这些也是本书的基础知识,深刻领会本单元的内容是学好建筑工程测量的基础和前提。

课题一　建筑工程测量的任务、作用及要求

测量学(又称测绘学)是研究地球的形状和大小以及确定地面点之间相对空间位置的学科。

工程测量学是测量学的一门分支学科,是研究工程建设和自然资源开发各阶段中所进行的控制测量、地形测绘、施工放样、变形监测及建立相应信息系统的理论和技术的学科。工程测量直接为各项工程建设服务。任何土建工程,无论是工业与民用建筑、城镇建设、道路、桥梁、给排水管线等,从勘测、规划、设计到施工阶段,甚至在使用管理阶段,都需要进行测量工作。

按照工程建设的具体对象来分,工程测量有建筑工程测量、城镇规划测量、道路桥梁测量、给排水工程测量等。

一、建筑工程测量的任务

建筑工程测量属于工程测量学的范畴,是工程测量学在建筑工程建设领域中的具体表现。建筑工程测量的主要任务包括测定和测设两方面。

1. 测定

测定又称测图,是指使用测量仪器和工具,通过测量和计算,并按照一定的测量程序和方法将地面上局部区域的各种人工构筑物(地物)和地面的形状、大小、高低起伏(地貌)的位置按一定的比例尺和特定的符号缩绘成地形图,以供工程建设的规划、设计、施工和管理使用。

2. 测设

测设又称放样,是指使用测量仪器和工具,按照设计要求,采用一定的方法将设计图纸上设计好的建筑物、构筑物的位置测设到实地,作为工程施工的依据。

此外,施工中各工程工序的交接、检查、校核、验收工程质量的施工测量、工程竣工后的竣工测量以及监视建筑物或构筑物安全阶段的沉降、位移和倾斜所进行的变形观测等,也是建筑工程测量的主要任务。

经验提示

建筑工程测量是保证建筑物平面定位准确,保证建筑物竖向标高、垂直度和构件安装等工作精度的必要技术措施。如何保证测量精度达到建设工程的施工要求是施工的关键。

二、建筑工程测量的作用

建筑工程测量是建筑施工中一项非常重要的工作，在建筑工程建设中有着广泛的应用，它服务于建筑工程建设的每一个阶段，贯穿于建筑工程的始终。在工程勘测阶段，测绘地形图为规划设计提供各种比例尺地形图和测绘资料；在工程设计阶段，应用地形图进行总体规划和设计；在工程施工阶段，要将图纸上设计好的建筑物、构筑物的平面位置和高程按设计要求测设于实地，以此作为施工的依据；在施工过程中还要进行土方开挖、基础和主体工程的施工测量；同时，在施工过程中还要经常对施工和安装工作进行检验、校核，以保证所建工程符合设计要求；施工竣工后，还要进行竣工测量，施测竣工图，以供日后改建和维修之用；在工程管理阶段，对建筑物和构筑物要进行变形观测，以保证工程的安全使用。由此可见，在工程建设的各个阶段都需要进行测量工作，而且测量的精度和速度直接影响到整个工程的质量与进度。因此，工程技术人员必须掌握工程测量的基本理论、基本知识和基本技能，掌握常用测量工具的使用方法，初步掌握小地区大比例尺地形图的测绘方法，正确掌握地形图应用的方法，以及具有一般土建工程施工测量的能力。

三、建筑工程测量工作及学习该门课程的要求

1.建筑工程测量工作的要求

测量工作在整个建筑工程建设中起着不可或缺的重要作用，测量速度和质量直接影响工程建设的速度和质量。它是一项非常细致的工作，稍有不慎就会影响工程进度甚至造成返工浪费。因此，要求工程测量人员必须做到以下几点：

（1）树立为建筑工程建设服务的思想，具有对工作负责的精神，坚持严肃认真的科学态度；做到测、算工作步步有校核，确保测量成果的精度。

（2）养成不畏劳苦和细致的工作作风。不论是外业观测还是内业计算，一定要按现行规范和规定作业，坚持精度标准，严守岗位责任制，以确保测量成果的质量。

（3）培养团队精神。测量工作是一项实践性很强的工作，任何个人很难单独完成。因此，在测量工作中必须发扬团队精神，各成员之间互学互助，默契配合。

（4）要爱护测量工具，正确使用仪器，并要定期维护和校验仪器。

（5）要认真做好测量记录工作，要做到内容真实、原始，书写清楚、整洁。

（6）要做好测量标志的设置和保护工作。

2.学习建筑工程测量课程的要求

建筑工程测量是一门实践性较强的技术基础课程，学好它将为学习建筑工程有关科学技术知识打下必要的基础。因此，要求学生通过教学达到"一知四会"的基本要求：

（1）知原理：对测量的基本理论、基本原理要切实知晓并清楚。

（2）会用仪器：熟悉钢尺、水准仪、经纬仪和全站仪的使用。

（3）会测量：掌握测量操作的技能和方法。

（4）会识图、用图：能识读地形图并掌握地形图的应用。

（5）会施工测量：重点掌握建筑工程施工测量的内容。

课题二　建筑工程测量中地面点位的确定

测量工作的基本任务（即实质）是确定地面点的位置。地面点的空间位置由点的平面位置 x、y 和点的高程位置 H 来确定。

一、地面点平面位置的确定

在普通测量工作中，若测量区域较小（一般在半径不大于 10 km 的面积内），则可将这个区域的地球表面当做水平面，用平面直角坐标来确定地面点的平面位置，如图 1-1 所示。

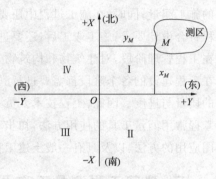

图 1-1　平面直角坐标系

测量平面直角坐标规定纵坐标为 X 轴，向北为正，向南为负；横坐标为 Y 轴，向东为正，向西为负；地面上某点 M 的位置可用 x_M 和 y_M 来表示。平面直角坐标系的原点 O 一般选在测区的西南角，以使测区内所有点的坐标均为正值。象限从东北开始按顺时针方向依次为 Ⅰ、Ⅱ、Ⅲ、Ⅳ，与数学坐标的区别在于坐标轴互换，象限顺序相反，其目的是便于将数学中的公式直接应用到测量计算中而不需作任何变更。

📎 经验提示

● 为避免坐标出现负值以简化计算，坐标原点一般选在测区的西南角。

● 测量用坐标系与数学用坐标系在纵横轴的设定及象限划分上均不同，一定要加以区别。

在大地测量和地图制图中要用到大地坐标。用大地经度 L 和大地纬度 B 表示地面点在旋转椭球面上的位置，称为大地地理坐标，简称大地坐标。如图 1-2 所示，地面上任意点 P 的大地经度 L 是该点的子午面与首子午面所夹的两面角；任意点 P 的大地纬度 B 是过该点的法线（与旋转椭球面垂直的线）与赤道面的夹角。

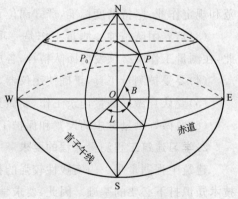

图 1-2　大地坐标系

大地经纬度是根据大地测量所得的数据推算出来的。我国现采用陕西省泾阳县境内的国家大地原点为起算点，由此建立新的统一坐标系，称为"1980 年国家大地坐标系"。

二、地面点高程位置的确定

地球自然表面很不规范，有高山、丘陵、平原和海洋。海洋面积约占地表的 71%，陆地约占 29%，其中最高的珠穆朗玛峰高出海水面 8844.43 m，最低的马里亚纳海沟低于海水面

11034 m。但是,这样的高低起伏相对于地球半径 6371 km 来说还是很小的。

地球上自由静止的水面称为水准面,它是个处处与重力方向垂直的连续曲面。与水准面相切的平面称为水平面。由于水面高低不一,因此水准面有无限多个,其中与平均海水面相吻合并向大陆、岛屿延伸而形成的闭合曲面称为大地水准面,如图 1-3 所示。

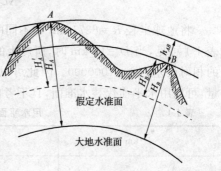

图 1-3 大地水准面

我国以在青岛观象山验潮站 1952～1979 年的验潮资料中确定的黄海平均海水面作为起算高程的基准面,称为"1985 年国家高程基准"。以该大地水准面为起算面,其高程为零。为了便于观测和使用,在青岛建立了我国的水准原点(国家高程控制网的起算点),其高程为 72.260 m,全国各地的高程都以它为基准进行测算。在测量中以大地水准面为测量的基准面,又由于地面点的铅垂线与水准面垂直,铅垂线又是容易确定的,因而地面点的铅垂线便作为测量的基准线。

地面点到大地水准面的铅垂距离称为该点的绝对高程,也称为海拔或标高。如图 1-3 所示,H_A、H_B 即为地面点 A、B 的绝对高程。

当在局部地区引用绝对高程有困难时,可采用假定高程系统,即假定任意水准面为起算高程的基准面。地面点到假定水准面的铅垂距离称为地面点的相对高程。如图 1-3 所示,H'_A、H'_B 即为地面点 A、B 的相对高程。

在建筑施工测量中,常选定底层室内地坪面为该工程地面点高程起算的基准面,记为 ± 0.000。建筑物某部位的标高是指某部位的相对高程,即某部位距底层室内地坪面 ± 0.000 的垂直间距。

两个地面点之间的高程差称为高差,用 h 表示。则图 1-3 所示 A、B 两地面之间的高差可表示为

$$h_{AB} = H_B - H_A = H'_B - H'_A \tag{1-1}$$

由此看出,高差的大小与高程的起算面无关。

经验提示

在建筑工程中,除了建筑总平面图首层室内外地坪面用绝对高程标注以外,其余各部位均用相对高程标注。

三、用水平面代替水准面的限度

在测量中,当测区范围很小时才允许用水平面代替水准面。那么究竟当测区范围多大时才可用水平面代替水准面呢?

1. 用水平面代替水准面对距离的影响

如图 1-4 所示,A、B 两点在水准面上的距离为 D,在水平面上的距离为 D',则 $\Delta D(\Delta D = D' - D)$ 是用水平面代替水准面后对距离的影响值。它们与地球半径 R 的关系为

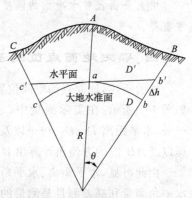

图 1-4 用水平面代替水准面的影响

$$\Delta D = \frac{D^3}{3R^2} \ \text{或} \ \frac{\Delta D}{D} = \frac{D^2}{3R^2} \tag{1-2}$$

将地球半径 $R=6371$ km 和不同的距离 D 值代入式(1-2),得到表 1-1 所列的结果。由表 1-1 可见,当 $D=10$ km 时,所产生的相对误差为 1∶1250000。目前最精密的距离丈量时的相对误差为 1∶1000000。因此可以得出结论:在半径为 10 km 的圆面积内进行距离测量,可以用水平面代替水准面,且不考虑地球曲率对距离的影响。

表 1-1　　　　　　　　　　用水平面代替水准面对距离的影响

D/km	ΔD/cm	$\Delta D/D$
10	0.8	1∶1250000
20	6.6	1∶300000
50	102	1∶49000

2. 用水平面代替水准面对高程的影响

如图 1-4 所示,$\Delta h = Bb - Bb'$,这是用水平面代替水准面后对高程的测量影响值,其值为

$$\Delta h = \frac{D^2}{2R} \tag{1-3}$$

用不同的距离代入式(1-3)中,得到表 1-2 所列的结果。

表 1-2　　　　　　　　　　用水平面代替水准面对高程的影响

D/km	0.2	0.5	1	2	3	4	5
Δh/cm	0.31	2	8	31	37	125	196

从表 1-2 可以看出,用水平面代替水准面在距离 1 km 内就有 8 cm 的高程误差。由此可见,地球曲率对高程的影响很大。在高程测量中,即使距离很短,也要考虑地球曲率对高程的影响。实际测量中,应通过改正计算或采用正确的观测方法来消除地球曲率对高程测量的影响。

▶**经验提示**

用水平面代替水准面的限度的推导过程仅需了解,但其结论必须知道,这对测量工作非常重要。

四、确定地面点位的基本要素

如前所述,地面点的空间位置是由地面点在投影平面上的坐标 x、y 和高程 H 决定的。如图 1-5 所示,在实际测量中,x、y、H 的值不能直接测定,而是通过测定水平角 β_a、β_b、……,水平距离 D_1、D_2、……以及各点间的高差 h_{AB}、h_{BC}、……,再根据已知点 A 的坐标和高程以及 AB 边的方位角计算出 B、C、D、E 各点的坐标和高程。

由此可见,水平距离、水平角和高程是确定地面点位的三个基本要素。水平距离测量、水平角测量和高差测量是测量的三项基本工作。

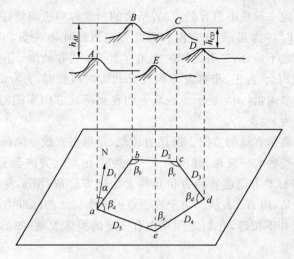

图 1-5　测量的基本要素

五、直线定向的概念及方向的表达方法

在测量中,除了最基本的三项测量工作之外,还有一项很重要的工作,那就是确定地面直线的方向。因为无论是进行测定工作(地形图的测绘),还是进行测设工作(施工阶段的定位放线测量),为了保证测量工作的正常进行及最终测量成果的精度,都必须事先对地面直线相对于测量工作的标准方向进行准确的定位(或对设计轴线进行实地定位)。也就是说,定位测量在一定程度上决定了整个测量工作的质量,所以在测量中必须根据测区范围的大小建立好适当的测量坐标系,并对各地面直线依测量标准方向进行定位。测量中的标准方向是进行此项工作的依据。

在测量中,将确定地面直线与测量标准方向之间角度关系的工作称为直线定向。根据测区范围的大小,进行定向的标准方向主要有三种,即地面点的真北方向、地面点的磁北方向和地面点的坐标北方向(也称坐标纵轴北方向),简称三北方向。

真北方向:过地球表面某点的真子午线的切线北端所指示的方向。真北方向是通过天文测量的方法或用陀螺经纬仪测定的,一般用在大地区范围内的直线定向工作中,如用于大地测量、天文测量等工作中。

磁北方向:过地球表面某点的磁子午线的切线北端所指示的方向。磁北方向可用罗盘仪测定,通常是指磁针自由静止时其北端所指的方向,一般用在定向精度要求不高的工作中。

坐标北方向:坐标纵轴(X 轴)正向所指示的方向。在测量工作中,常取与高斯平面直角坐标系(或独立平面直角坐标系)中 X 轴平行的方向为坐标北方向;在施工测量中,也可将施工测量坐标系的 X 轴正向作为坐标北方向。坐标北方向一般用在小地区范围内的测量工作中。

三个基本北方向之间的关系如图 1-6 所示,由于地球的磁北极与地理北极不一致,因此在地球上任意一点

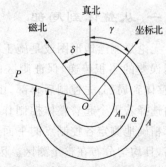

图 1-6　三北方向及三种方位角的关系

的磁北方向与其北方向一般是不重合的,二者所夹的角度称为磁偏角,用 δ 表示。规定磁北方向在真北方向东侧时,δ 为正;磁北方向在真北方向西侧时,δ 为负。同样地,地面点的真北方向与坐标北方向也不重合,二者之间的夹角称为子午线收敛角,用 γ 表示。规定坐标北方向在真北方向东侧时,γ 为正;坐标北方向在真北方向西侧时,γ 为负。磁北方向与坐标北方向的夹角称为磁坐偏角,用 ε 表示。磁北方向在坐标北方向东侧时,ε 为正,反之为负。三偏角之间的关系式为 $\varepsilon = \delta - \gamma$。

一般用方位角来表示直线的方向。所谓方位角,是指由直线一端标准方向的北端起,顺时针方向旋转至该直线的水平夹角,其值为 $0° \sim 360°$。由真北方向起算的方位角称为真方位角,用 A 表示;由坐标北方向起算的方位角称为坐标方位角,用 α 表示;由磁北方向起算的方位角称为磁方位角,用 A_m 表示。由于地面点的三个指北的标准方向并不重合,所以一条直线的三种方位角并不相等,它们之间存在着一定的换算关系,如图1-6所示,三者间的关系式如下:

$$A = A_m + \delta \tag{1-4}$$

$$A = \alpha + \gamma \tag{1-5}$$

$$\alpha = A_m + \delta - \gamma \tag{1-6}$$

所以,当已知某直线起点的磁偏角 δ、子午线收敛角 γ 和一种方位角时,便可以方便地求出另外两种方位角。

在小地区范围的测量工作中,常采用坐标方位角来表示直线的方向,而一条直线的坐标方位角由于起始点的不同而存在着两个值。如图1-7所示,α_{AB} 表示直线 AB 方向的坐标方位角,α_{BA} 则表示直线 BA 方向的坐标方位角。α_{AB} 和 α_{BA} 互为正反坐标方位角,若以 α_{AB} 为正坐标方位角,则 α_{BA} 为反坐标方位角。由此可知,直线的正反坐标方位角是相对的。由于在同一直角坐标系内,各点处的坐标北方向均是平行的,所以一条直线的正反坐标方位角相差 $180°$,即

$$\alpha_{AB} = \alpha_{BA} \pm 180° \tag{1-7}$$

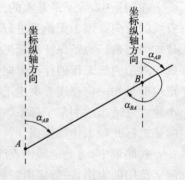

图1-7 正反坐标方位角

课题三　建筑工程测量工作的原则和程序

一、从整体到局部

无论是测绘地形图或是施工放样,都不可避免地会产生误差,甚至还会产生错误。为了限制误差的累积传递,保证测区内一系列点位之间具有必要的精度,测量工作都必须遵循"从整体到局部,先控制后碎部,由高级到低级"的原则进行,如图1-8所示。首先在整个测区内选择若干个起着整体控制作用的点 A、B、C…作为控制点,并采用较精密的仪器和方法,精确地测定各控制点的平面位置和高程位置的工作称为控制测量。这些控制点测量精度高,且均匀分布在整个测区。因此,控制测量是高精度的测量,也是带全局性的测量。然后以控制点为依据,用低一级的精度测定其周围局部范围内的地物和地貌特征点,称为碎部测量。此程序和原则的优点为:

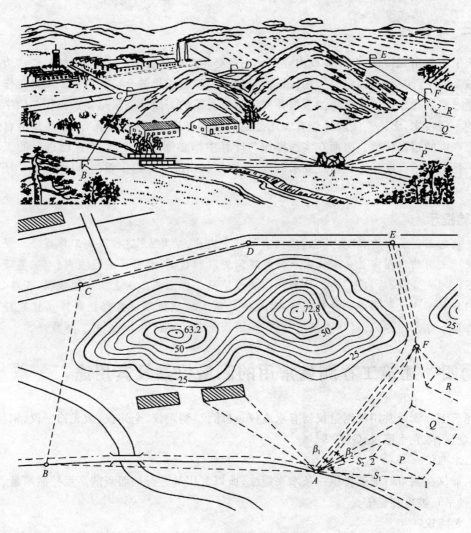

图 1-8 地形图测绘的基本原则

（1）由于控制网的作用，可以控制误差积累，保证测区的整体精度。

（2）根据控制网把整个测区分为若干局部区域，分区进行施测，可以提高工效、缩短工期、节省经费开支。

建筑施工测量首先对施工场地布设整体控制网，用较高的精度测设控制网点的位置，然后在控制网的基础上再进行各局部轴线尺寸和高低的定位测设，其精度要求依测设的具体施工对象而定。例如，图 1-8 中利用控制点 A、F 测设拟建的建筑物 R、Q、P。因此，施工测量也遵循"从整体到局部，先控制后碎部，由高级到低级"的施测原则。

综上所述，测量工作的程序分为控制测量和碎部测量两个阶段。

遵循测量工作的原则和程序不仅可以减少误差的积累和传递，还可以在几个控制点上同时进行测量，既加快了测量的进度，缩短了工期，又节约了开支。

测量工作有外业和内业之分，上述测定地面点位置的角度测量、水平距离测量、高差测量是测量的基本工作，称为外业。将外业成果进行整理、计算（坐标计算、高程计算）并绘制成图的工作称为内业。

二、逐步检查

为了防止出现错误,在外业或内业工作中还必须严格执行另一个基本原则——"边工作边校核",即"逐步检查"原则。应用校核的数据说明测量成果的合格和可靠。测量工作实质上是通过实践操作仪器获得观测数据并确定点位关系的。因此测量是实践操作与数字密切相关的一门技术,无论是实践操作有误还是观测数据有误,或者是计算有误,都是由点位的确定上产生的错误所致。因而在实践操作与计算中都必须步步校核,确保已进行的工作无误。一旦发现错误或达不到精度要求的成果,必须找出原因或返工重测,以保证各个环节的可靠性。

经验提示

建筑施工测量应遵循"先外业、后内业"或"先内业、后外业"这种双向工作程序。规划设计阶段所采用的地图应首先取得实地野外观测资料和数据,然后再进行室内计算、整理并绘制成图,即"先外业、后内业"的工作程序。测设阶段是按照施工图上所定的数据、资料,首先在室内计算出测设所需要的放样数据,然后再到施工场地按测设数据把具体点位放样到施工作业面上并做出标记,以作为施工的依据,因而是"先内业、后外业"的工作程序。

课题四   建筑工程测量常用的测量仪器及其用途

建筑工程测量常用的测量仪器有水准仪、经纬仪、测距仪、全站仪、激光扫平仪、钢尺、垂球、罗盘仪、激光垂准仪、GPS 等。

1. 水准仪

水准仪在测量时能够提供一条水平视线,所以常用其进行地面点的高程控制测量、标高测量(抄平)、坡度测量等。

2. 经纬仪

经纬仪能进行水平角度、竖直角度、铅垂面的测量,所以常用其进行施工场地的平面控制测量、建筑物的定位测量、建筑轴线的投测、吊装测量、倾斜观测、角度测量、坡度测量等。

3. 测距仪

电子测距仪和经纬仪组装在一起,能进行水平角度、竖直角度、铅垂面、水平距离、倾斜距离、垂直高差的测量,具有全站仪的功能。

4. 全站仪

全站仪(全站型电子速测仪)能进行水平角度、竖直角度、铅垂面、水平距离、倾斜距离、垂直高差的测量,所以常用其进行施工场地的平面控制测量、建筑物的定位测量、建筑轴线的投测、吊装测量、倾斜观测、角度测量、坡度测量、距离测量、高差测量、坐标测量等。

5. 激光扫平仪

激光扫平仪能发射同一水平面上各个不同方向的激光,所以可利用其平面方向的激光点进行水平面位置的测量。

6. 钢尺

钢尺是测量距离的工具,常用其进行各种长度的度量工作。

7. 垂球

细绳一端悬挂垂球,在重力作用下指向地面,指向地面的方向即为铅垂线。铅垂线是测量中最常用的一条基准线,主要应用于建筑垂直度的测量。与铅垂线垂直的线即为水平线,利用它可以测量地面点的高差、高程以及进行水平面的测量。

8. 罗盘仪

罗盘仪的磁针在自由静止时能指出南北方向,所以常用其测定地面直线与磁北方向的水平角度。

9. 激光垂准仪

激光垂准仪能发射铅垂线方向的激光,所以常用其进行建筑物的垂直度控制。

10. GPS

GPS能准确测出所在地面位置的经度、纬度、高程以及测量坐标,并且可以进行放样工作。由于其精度高、误差小、不受通视条件的限制,故广泛应用于建筑工程测量中的控制测量等工作中。

课题五 测量误差的基础知识

一、测量误差概述

1. 测量误差产生的原因

测量是观测者使用某种仪器、工具,在一定的外界条件下进行的。测量工作的实践证明,只要是观测值,就必然含有误差。例如,同一人用同一台经纬仪对某一固定角度重复观测若干测回,各测回的观测值往往不相等;同一组人员用同样的测距工具对 A、B 两点间的距离重复测量若干次,各次观测值也往往不相等。又如,平面三角形内角和的真值应等于180°,但三个内角的观测值之和往往不等于180°;闭合水准线路中各测段高差之和的真值应为0,但事实上各测段高差的观测值之和一般不等于0。这些现象在测量实践中是经常发生的。究其原因,是观测值中不可避免地含有测量误差的缘故。

测量误差来源于以下三个方面:

(1)观测误差:观测者的视觉鉴别能力和技术水平。

(2)仪器误差:仪器、工具的精密程度。

(3)外界环境的影响:观测时外界条件的好坏。

通常我们把这三个方面综合起来,称为观测条件。观测条件将影响观测成果的精度。

观测误差是由于观测者受技术水平和感官能力的局限,致使观测值产生的误差。仪器误差是指测量仪器构造上的缺陷和仪器本身精密度的限制,致使观测值含有一定的误差。外界环境的影响是指观测过程中不断变化着的大气温度、湿度、风力、透明度、大气折光等因素给观测值带来的误差。

一般在测量中,人们总希望每次观测中的测量误差越小越好,甚至趋近于零。但要真正做到这一点,就要使用极其精密的仪器,采用十分严密的观测方法,付出很高的代价。然而在实际生产中,不同的测量目的是允许在测量结果中含有一定程度的测量误差的。因此,我们的目标并不是简单地使测量误差越小越好,而是要设法将误差限制在与测量目的相适应的范围内。

2. 测量误差的分类

（1）系统误差

定义：在一定的观测条件下进行一系列观测时，符号和大小保持不变或按一定规律变化的误差称为系统误差。

举例：用名义长度为 30.000 m 而实际正确长度为 30.005 m 的钢卷尺量距，每量一尺段就有＋0.005 m 的误差，其量具误差的符号不变，且与所量距离的长度成正比。

特点：系统误差在观测成果中具有累积性；系统误差对观测值的影响具有规律性，这种规律性是可以通过一定的办法找到的。换句话说，系统误差可以通过一定的测量措施消除或减弱。

经验提示

在测量工作中，应尽量设法消除和减小系统误差。在观测方法和观测程序上采取必要的措施，可以限制或削弱系统误差的影响。

（2）偶然误差

定义：在一定的观测条件下进行一系列观测，如果观测误差的大小和符号均呈现偶然性，即从表面现象看，误差的大小和符号没有规律性，则这样的误差称为偶然误差。

举例：在用厘米分划皮尺量距估读毫米位时，有时估读稍大，有时稍小。

特点：偶然误差具有抵偿性，对测量结果影响不大；偶然误差是不可避免的，并且是消除不了的，但应加以限制。一般采用多次观测并取其平均值的方法，可以抵消一些偶然误差。

3. 多余观测

定义：在测量工作中一般要进行多于必要的观测，称为多余观测。其目的是为了检验观测成果的正确性，防止错误的发生和提高观测成果的质量。

举例：在一段距离上采用往返丈量，如果往测属于必要观测，则返测就属于多余观测；对一个水平角度观测了六个测回，如果第一测回属于必要观测，则其余五个测回就属于多余观测。有了多余观测，就可以很容易地发现观测中的错误，以便将其剔除或重测。

测量平差：由于观测值中的偶然误差不可避免，故有了多余观测，观测值之间必然产生差值（不符值、闭合差）。根据差值的大小可以评定测量的精度，差值如果大到一定程度，则认为观测值中有错误（不属于偶然误差），称为误差超限。差值如果不超限，则按照偶然误差的规律加以调整，称为闭合差的调整，以求得最可靠的数值，这项工作在测量上被称为测量平差。

二、评定精度的标准

为了衡量观测结果的精度优劣，必须建立衡量精度的统一标准，有了标准才能进行比较。衡量精度的标准有很多种，在测量工作中通常用中误差、容许误差和相对误差作为衡量精度的标准。

1. 中误差

设在相同的观测条件下，对某量（其真值为 X）进行 n 次重复观测，其观测值为 l_1、l_2、……、l_n，由式（1-8）可得相应的真误差（观测值与真值的差值）为 Δ_1、Δ_2、……、Δ_n。为了防止正负误差互相抵消和避免明显地反映个别较大误差的影响,取各真误差平方和的平均值的平方根作为该组各观测值的中误差(或称为均方误差),用 m 表示:

$$m = \pm\sqrt{\frac{[\Delta\Delta]}{n}} \tag{1-8}$$

式中,$[\Delta\Delta]$ 为真误差的平方和,$[\Delta\Delta] = \Delta_1^2 + \Delta_2^2 + \cdots + \Delta_n^2$。

2. 容许误差

在一定观测条件下,偶然误差的绝对值不应超过的限值称为容许误差,也称为极限误差。在现行规范中,为了严格要求,确保测量成果质量,常以两倍或三倍中误差作为偶然误差的容许误差或限差。

在测量工作中,通常以三倍中误差作为偶然误差的容许误差,即

$$\Delta_{容} = 3m \tag{1-9}$$

经验提示

测量误差是不可避免的,但是如果观测值中出现了大于容许误差的偶然误差,则认为该观测值不可靠,为粗差,应舍去不用并重测。

3. 相对误差

中误差是绝对误差。在衡量观测值精度的时候,单纯用绝对误差有时还不能完全表达精度的优劣。

例如,分别测量了长度为 100 m 和 200 m 的两段距离,中误差均为 ±0.02 m,显然不能认为这两段距离的测量精度相同。此时,为了客观地反映实际精度,必须引入相对误差的概念。

相对误差 K 是误差 m 的绝对值与相应观测值 D 的比值。它是一个不名数,常用分子为 1 的分式表示:

$$K = \frac{|m|}{D} = \frac{1}{D/|m|} \tag{1-10}$$

式中,当 m 为中误差时,K 称为相对中误差。在上述例中用相对误差来衡量,就可容易地看出后者比前者精度高。

在距离测量中还常用往返观测值的相对较差来进行检核。

相对较差定义为

$$\frac{D_{往} - D_{返}}{D_{平均}} = \frac{\Delta D}{D_{平均}} = \frac{1}{D_{平均}/|\Delta D|} \tag{1-11}$$

经验提示

相对较差是相对真误差,它反映往返测量的符合程度。相对较差越小,观测结果越可靠。

应特别注意的是,用经纬仪测角时,不能用相对误差来衡量测角精度,因为测角误差与角度大小无关。

单元小结

本单元介绍了测量学的基本知识,学习本单元应掌握以下知识点:

1. 建筑工程测量的三项任务,包括地形图的测绘、施工放样和变形监测。地形图的测绘和施工放样在测量程序上是两个相反的过程。地形图的测绘是使用测量仪器将地面上的地物和地貌缩绘在图纸上,而施工放样是将图纸上设计好的建筑物的位置在地面上标定出来。

2. 在学习地球的形状和大小的基础上,掌握测量工作的基准线是铅垂线,测量工作的基准面是大地水准面。

3. 地面点位的确定。地面点的空间位置用坐标和高程表示。地面点的坐标有三种表示方法,即地理坐标、独立平面直角坐标和高斯平面直角坐标。地理坐标表示点在椭球面的位置,用经度和纬度表示;独立平面直角坐标是在小区域内进行测量时把球面的投影面看成是平面,它与解析几何中介绍的平面直角坐标基本相同,只是测量中纵轴为 X 轴,横轴为 Y 轴,象限按顺时针编号。

地面点的高程是确定地面点位置的基本要素之一,高程又有绝对高程和相对高程之分。我国目前采用"1985 年国家高程基准"。

4. 用水平面代替水准面的限度。为了使计算和绘图简化,在半径为 10 km 的范围内,地球曲率对水平距离的影响可以忽略不计;但在进行高程测量时,必须考虑地球曲率对高程的影响。

5. 测量的基本工作及测量工作的基本原则。地面点的坐标和高程不是直接测定的,通常通过水平距离测量、水平角测量和高程测量(或高差测量)来确定。因此,水平距离测量、水平角测量和高程测量(或高差测量)是测量的三项基本工作。同时,测量工作必须遵循"从整体到局部,先控制后碎部,由高级到低级"以及"前一步工作未检验,不进行下一步测量工作"的原则进行。

6. 确定一条直线与标准方向之间所夹的水平角的工作称为直线定向,在测量工作中一般用方位角和象限角来表示直线的方向,学习中要理解坐标方位角与象限角的关系,掌握正反坐标方位角的换算。

7. 明确系统误差、偶然误差的概念和区别;理解中误差、容许误差和相对中误差的定义及应用。

8. 了解建筑工程中常用的测量仪器及其用途。

 单元测试

1. 建筑工程测量的任务是什么?

2. 什么叫水准面? 什么叫大地水准面?

3. 什么叫绝对高程(海拔)? 什么叫相对高程? 什么叫高差?

4. 测量学中的平面直角坐标系和数学上的平面直角坐标系有何不同?

5. 对于水平距离和高差而言,在多大的范围内可用水平面代替水准面?

6. 确定地面点的基本要素是什么? 测量的基本工作有哪些?

7. 测量工作的基本原则是什么?

8.什么叫直线定向？为什么要进行直线定向？

9.测量上作为定向依据的标准方向有哪几种？

10.什么叫方位角？方位角有哪几种？它们之间的关系是什么？

11.已知直线 AB 的坐标方位角为 $215°45'$，那么直线 BA 的坐标方位角是多少？

12.测量误差的来源有哪几方面？

13.什么叫系统误差？什么叫偶然误差？

14.什么叫中误差？什么叫容许误差？什么叫相对中误差？

15.已知观测值 $S=500.00\pm10$ mm，试求观测值 S 的相对中误差。

单元二
水准测量与高程测设

学习目标

了解水准测量原理和水准仪的基本构造；掌握 DS₃ 型水准仪的使用方法；掌握水准测量的施测方法和内业计算；能够进行 DS₃ 型水准仪的检验和校正；了解水准测量的误差和其他水准仪的基本特点；掌握已知高程的测设方法；掌握已知坡度的测设方法。

学习要求

知识要点	技能训练	相关知识
水准仪及其使用	水准仪的构造、水准尺和尺垫、水准仪的使用	水准仪的基本构造、DS₃ 型水准仪的粗平、瞄准、精平和读数方法
水准测量的外业施测与内业计算	水准测量观测的基本步骤、水准测量数据的记录计算、水准测量的校核、水准测量的内业计算	水准测量的施测方法、水准测量数据的记录计算、水准测量的内业成果计算
水准仪的检验与校正	圆水准器的检验与校正、十字丝横丝的检验与校正、管水准轴的检验与校正	水准仪轴线应满足的几何条件以及圆水准器、十字丝横丝、管水准轴的检验与校正方法
已知高程的测设	高程测设的一般方法、高程传递法	地面上点的高程测设方法、高程向上和向下引测原理
已知坡度的测设	坡度起点和终点高程的测设、坡度平行线的确定、坡度钉的测设	水准仪水平视线法、经纬仪倾斜视线法

单元导入

在日常生活和工作中，我们经常需要解决这样的问题：某处（点）比某处（点）高多少或低多少；某处（点）有多高；根据设计高程在施工中做出各种高程标志以指导施工等。这些问题都需要使用一定的仪器和工具，采用一定的方法和程序，按照一定的要求来解决，这就是高程测量与测设的基本技能。

高程是确定地面点位的三个量之一。高程测量是测量的三项基本工作之一，相应地在地面上测设已知高程点的工作是测设的三项基本工作之一。高程测量与测设广泛应用于地面点的高程测量、施工场地高程控制点的引测和施工过程中已知高程点的测设等工作中。

课题一 水准测量原理与水准仪的使用

技能点1 水准测量仪器及工具的使用

一、高程测量的概念

确定地面点高程的测量工作称为高程测量。高程测量按使用的仪器、施测方法和精度要求的不同,主要有水准测量、三角高程测量、气压高程测量和 GPS 测量等。在工程建设中进行高程测量的主要方法是水准测量。

水准测量是利用水准仪建立的水平视线来测量两点间的高差,进而获得地面点的高程。三角高程测量是测量两点间的水平距离或斜距和竖直角(即倾斜角),然后利用三角公式计算出两点间的高差,以求得高程。其工作精度较低,只能在适当的条件下使用。气压高程测量是利用大气压力的变化来测量点的高程。

二、水准测量原理

水准测量是运用水准仪所提供的水平视线来测量两点间的高差,根据某已知点的高程和两点间的高差来计算另一待定点的高程。

1. 高差法

如图 2-1 所示,在 A、B 两点分别竖立水准尺,利用水准仪提供的水平视线在水准尺上分别读取数据 a 和 b,则两点间高差为

$$h_{AB} = a - b \tag{2-1}$$

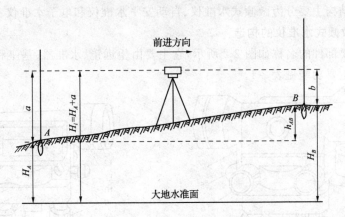

图 2-1 水准测量原理

高差有正负值,当后视读数 a 大于前视读数 b(即地面 B 点高于 A 点)时,高差 h_{AB} 为正值,反之为负值。测得 A 点至 B 点的高差后,可求得 B 点的高程为

$$H_B = H_A + h_{AB} \tag{2-2}$$

经验提示

水准测量是有方向性的,在书写高差时,必须注意 h 的下标:h_{AB} 表示 B 点相对于 A 点的高差;h_{BA} 则表示 A 点相对于 B 点的高差。两者绝对值相等,符号相反。

2.视线高法

如图 2-1 所示,高程的计算也可以采用视线高法:

$$H_B=(H_A+a)-b=H_i-b \tag{2-3}$$

式中,H_i 为视线高程,它等于已知点 A 的高程 H_A 加上点 A 尺上的后视读数 a。

经验提示

在同一个测站上,利用同一个视线高可以较方便地计算出若干个不同位置的前视点的高程,这种方法常在工程测量中应用。

综上所述,高差法与视线高法都是利用水准仪提供的水平视线测定地面点高程的,因此前提要求是视线要水平。在进行水准观测时要做好两项工作:确保视线水平和选取水准尺读数。此外,水准仪安置的高度对观测结果没有影响。

三、水准测量仪器及工具

进行水准测量的仪器是水准仪,配合使用的工具有水准尺和尺垫。

1.水准仪的型号及标称精度

水准仪按测量精度分为 $DS_{0.5}$、DS_1、DS_3 型等。“D”、“S”分别是“大地测量”、“水准仪”的汉语拼音首字母。下标数字表示这些型号的仪器每公里往返测高差中数的中误差,以毫米为单位。$DS_{0.5}$、DS_1 型属于精密水准仪,$DS_{0.5}$ 型主要用于国家一、二等水准测量和精密工程测量,DS_1 型主要用于国家二等水准测量和精密工程测量。DS_3 型为普通水准仪,可用于一般工程建设测量以及国家三、四等水准测量,是目前工程中使用最普遍的一种。

水准仪按结构主要分为微倾式水准仪、自动安平水准仪和电子水准仪三种。

2.DS_3 型微倾式水准仪的构造

该仪器主要部件的名称如图 2-2 所示,它主要由望远镜、水准器、基座和三脚架组成,其各组成部分的主要功能见表 2-1。

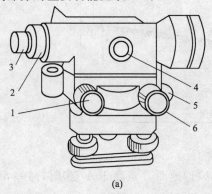
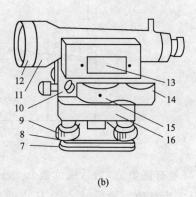

(a)　　　　　　　　　　　　(b)

图 2-2　DS_3 型微倾式水准仪

1—微倾螺旋;2—分划板护罩;3—目镜;4—物镜调焦螺旋;5—制动螺旋;6—微动螺旋;7—底板;8—三角压板;
9—脚螺旋;10—弹簧帽;11—望远镜;12—物镜;13—管水准器;14—圆水准器;15—连接小螺钉;16—轴座

表 2-1   DS₃ 型微倾式水准仪的组成部分

序号	组成部分名称	作用及功能
1	望远镜	望远镜是用来精确瞄准远处目标(标尺)和提供水平视线进行读数的设备,它主要由物镜、目镜、十字丝分划板和对光(调焦)透镜组成,如图 2-3 所示
2	水准器	水准器是水准仪上的重要部件,它通常分为圆水准器(图 2-4)和管水准器(图 2-5)两种。为了提高管水准器气泡的精度,水准仪中通常安置的是符合水准器(图 2-6)
3	基座	基座的作用是支撑仪器的上部,并通过连接螺旋与三脚架相连。基座上的三个脚螺旋起粗平的作用

经验提示

水准仪除了上述三个主要部分外,还装有一套制动和微动螺旋。瞄准目标时,只要拧紧制动螺旋,望远镜就不能转动。此时,旋转微动螺旋可使望远镜在水平方向做微小的转动,以利于精确瞄准目标。当松开制动螺旋时,微动螺旋也就失去了作用。

(1)望远镜

望远镜是用来精确瞄准远处目标(即水准尺的)。转动物镜对光螺旋即可带动对光透镜在望远镜筒内前后移动,使物像清晰地反映在十字丝平面上。转动目镜对光螺旋,使十字丝像清晰。

十字丝刻在一块圆形的玻璃片上,称为十字丝分划板,它装在十字丝环上,再用螺钉固定在望远镜筒内。十字丝交点与物镜光心的连线称为视准轴(如图 2-3 中的 CC 轴)。视准轴的延长线为视线,它是瞄准目标的依据。十字丝横丝上下的两根短丝是测距用的。

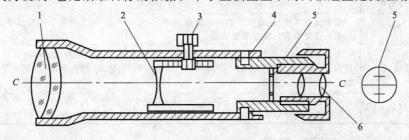

图 2-3 望远镜

1—物镜;2—调焦透镜;3—物镜调焦螺旋;4—连接螺旋;5—十字丝分划板;6—目镜

(2)水准器

水准器是供整平仪器用的,分为圆水准器和管水准器两种。

圆水准器适用于仪器粗略整平。如图 2-4 所示,圆圈的中心称为零点,通过零点的法线 $L'L'$ 称为圆水准轴。当气泡居中时,圆水准轴就处于铅垂位置,指示仪器的竖轴也处于铅垂位置。

管水准器适用于仪器精确整平。圆弧中点称为管水准器的零点,通过零点与内壁圆弧相切的直线称为管水准轴(如图 2-5 中的 LL 轴)。当管水准器气泡居中时,管水准轴就处于水平位置,指示视准轴也处于水平位置。

为了提高判别管水准器气泡居中的准确度,在管水准器的上方设置一组符合棱镜(图 2-6(a)),借棱镜组的反射将气泡两端的半像映在望远镜旁边的观察窗内。图 2-6(c)所示为管水准器气泡不居中,管水准器两端的影像错开,这时可转动微倾螺旋(右手大拇指旋转微倾螺旋,方向与左侧半气泡影像的移动方向一致),以使管水准器连同望远镜沿竖向做微小转动,以达到管水准器气泡居中,此时两端的影像吻合,气泡居中(图 2-6(b))。

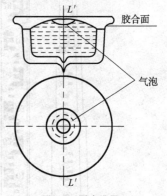

图 2-4 圆水准器

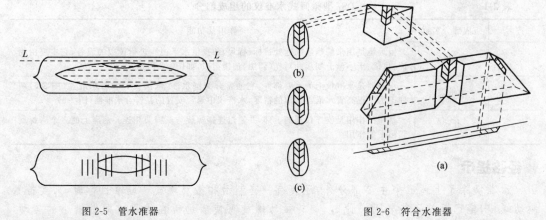

图 2-5　管水准器　　　　　　　　　　　图 2-6　符合水准器

（3）基座

基座由轴座、脚螺旋和连接板组成。仪器上部通过竖轴插入轴座内,由基座撑托,旋紧中心螺旋,使仪器与三脚架相连接。三脚架是木质的或由金属制成,脚架一般可伸缩,便于携带及调整仪器高度。

3. 水准仪的附件（表 2-2）

表 2-2　　　　　　　　　　　　　　水准仪的附件

序号	附件名称	作用及功能
1	三脚架	用来安置水准仪,是木质的或由金属制成,一般可伸缩,便于携带及调整仪器高度,使用时用中心连接螺旋与仪器固紧
2	水准尺	水准尺是水准测量的重要工具,其质量的好坏直接影响水准测量的精度。水准尺的形式很多,一般有单面尺、双面尺、木质标尺、铝合金标尺、塔尺、精密水准尺（铟钢尺）、条形码水准尺等,如图 2-7 所示
3	尺垫	一般由三角形铸铁制成,下面有三个尖脚,便于使用时将尺垫踩入土中,使之稳固。上面有一个凸起的半球体,水准尺立于球顶的最高点。尺垫通常用于转点上,如图 2-8 所示

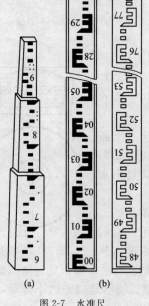

图 2-7　水准尺

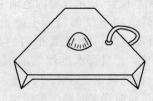

图 2-8　尺垫

技能点 2　水准仪的操作步骤

一、水准仪的操作步骤（表 2-3）

表 2-3　　　　　　　　　　　　　　　　水准仪的操作步骤

序号	步骤	操作方法
1	安置仪器	安置仪器的方法：在测站上打开三脚架，将其支在地面上，使其高度适中，架头大致水平，并将其三个脚尖踩紧。从仪器箱中取出仪器，用中心螺旋将其与三脚架连接紧固
2	粗平	仪器的粗平就是调整仪器脚螺旋，使圆水准器气泡居中。如图 2-9 所示，当气泡偏离位置 a 时，可旋转任意两个脚螺旋。转动 1、2 两个脚螺旋，其转动方向按图中箭头所示，两手应对向转动，使气泡从图（a）所示位置转至图（b）所示位置。然后按箭头方向转动脚螺旋 3，使气泡向中心移动。按此方法多次进行，使气泡居中。脚螺旋的转动方向与气泡的移动方向的规律：转动脚螺旋时，气泡移动的方向与左手大拇指转动脚螺旋的方向一致
3	瞄准	用望远镜瞄准水准尺。先用望远镜上方的照门和准星使目标在这两点的延长线上，然后转动目镜对光螺旋，使十字丝清晰，松开水平制动螺旋，转动望远镜，利用望远镜上部的准星与缺口照准目标，旋紧制动螺旋，再转动物镜对光螺旋，使目标的像清晰，此时目标的像不完全在中间位置，可转动微动螺旋精确对准目标。瞄准目标后再进行望远镜调焦以消除视差，如图 2-10 所示（读数前使眼睛在目镜端上下（或左右）做微小移动，若发现十字丝和物像有相对移动，则这样的现象称为视差。产生视差的原因是对光没有做好，像平面不与十字丝分划板平面重合。要消除视差必须再次进行目镜对光（使十字丝清晰）和物镜对光（使物像清晰），以使像平面与十字丝分划板平面重合）
4	精平	在标尺读数前，必须进行精确整平。其方法是慢慢转动微倾螺旋，调整符合水准器使气泡居中，如图 2-11 所示
5	读数	水准测量是用十字丝的横丝在标尺上读数的。读数前，必须转动微倾螺旋使符合水准器气泡严格居中。如图 2-12 所示，图中读数为"1307"，其中最后一位数"7"是毫米估读数。读数时应注意尺上注字按照由小到大的顺序，读出米、分米、厘米，估读至毫米

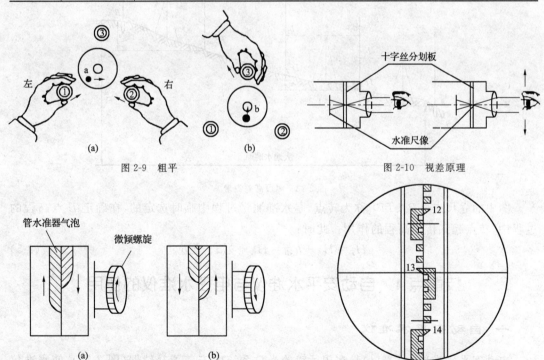

图 2-9　粗平

图 2-10　视差原理

十字丝分划板

水准尺像

管水准器气泡

微倾螺旋

(a)　　　　　(b)

图 2-11　精平

图 2-12　读数

二、使用水准仪应注意的事项

(1)搬运仪器前,应检查仪器箱是否扣好或锁好,提手或背带是否牢固。

(2)安置仪器时,注意拧紧脚架的架腿螺旋和架头连接螺旋。

(3)操作仪器时用力要均匀轻巧;制动螺旋不要拧得过紧,微动螺旋不能拧到极限。当目标偏在一边,用微动螺旋不能调至正中时,应将微动螺旋反松几圈(目标偏离更远),再松开制动螺旋并重新照准。

(4)在同一测站对准另一目标时,管水准器气泡都有偏离;每对准一个目标,都必须转动微倾螺旋使管水准器气泡居中才能读数。

(5)迁移测站时,如果距离较近,则可将仪器侧立,左臂夹住脚架,右手托住仪器基座进行搬迁;如果距离较远,则应将仪器装箱搬运。

(6)仪器应存放在阴凉干燥、通风和安全的地方,注意防潮、防霉,防止碰撞或摔跌损坏。

技能点 3　　地面两点的高差测量

当 A、B 两点间距离较远或高差较大时,必须设置多个测站才能测定出高差 h_{AB}。由图 2-13 可知

$$h_{AB}=h_1+h_2+\cdots+h_n=\sum_{i=1}^{n}h_i=\sum a-\sum b \tag{2-4}$$

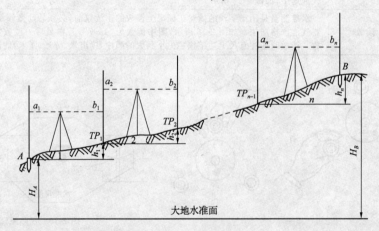

图 2-13　测段高差测量

图中的立尺点 TP_1、TP_2 称为转点,是水准测量过程中临时选定的,在确定 B 点高程的过程中,转点起到传递高程的作用。此时:

$$H_B=H_A+h_{AB}=H_A+\sum a-\sum b \tag{2-5}$$

技能点 4　　自动安平水准仪与电子水准仪的使用

一、自动安平水准仪

自动安平水准仪(图 2-14)是在望远镜的光学系统中安装了补偿器(图 2-15),使水准仪望远镜在倾斜量 $\pm15''$ 的情况下仍能自动提供一条水平视线。自动安平水准仪的构造特点

是没有管水准器和微倾螺旋,安置后只需调置圆水准器气泡使其居中,就可以进行水准测量,然后用望远镜照准水准尺,即可读取读数。自动安平水准仪与 DS₃ 型微倾式水准仪的操作步骤相似,操作过程包括安置仪器、粗平、瞄准、读数(不需要精平)。再加上它无水平制动螺旋,水平微动螺旋依靠摩擦传动无限量限制,故照准目标十分方便。在自动安平水准仪的基座上有水平度盘刻度线,利用它还能在较为平坦的地方进行碎部测量。所以,自动安平水准仪在建筑施工测量中得到了广泛的应用。

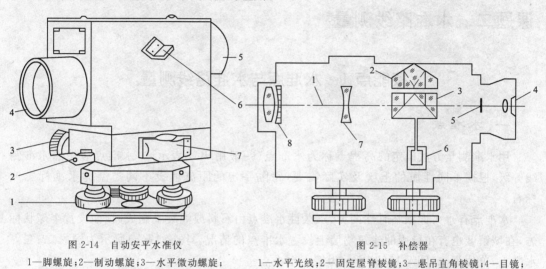

图 2-14　自动安平水准仪

1—脚螺旋;2—制动螺旋;3—水平微动螺旋;
4—物镜;5—目镜;6—反光镜;7—圆水准器

图 2-15　补偿器

1—水平光线;2—固定屋脊棱镜;3—悬吊直角棱镜;4—目镜;
5—十字丝分划板;6—空气阻尼器;7—调焦透镜;8—物镜

二、电子水准仪

电子水准仪(图 2-16(a))是一种集光学技术、电子技术、编码技术、图像处理技术、传感器技术和计算机技术于一体的高科技仪器,它代表了水准测量的发展方向,具有自动读数、精度高、速度快、使用方便、作业员劳动强度低等特点,还具有光学水准仪无可比拟的优越性。

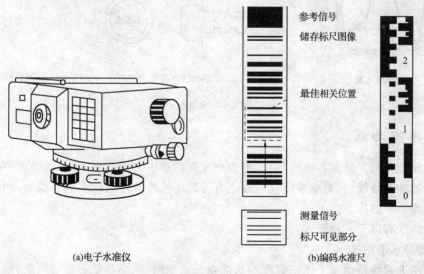

参考信号

储存标尺图像

最佳相关位置

测量信号

标尺可见部分

(a)电子水准仪

(b)编码水准尺

图 2-16　电子水准仪和编码水准尺

电子水准仪与光学水准仪的不同之处是前者采用了编码水准尺(图2-16(b))且仪器内装有图像识别和处理系统。当标尺影像通过望远镜成像在十字丝平面上时,通过处理器译释、对比、数字化后,在显示屏上显示中丝在标尺上的读数。具体读数方法:只要将望远镜照准编码水准尺并调焦后,按"测量"键,即可显示中丝读数,按"存储"键就可以把数据存入内存存储器中,仪器自动进行检核和高差计算。

课题二　水准路线测量

技能点 1　水准点与水准路线测量

一、水准点

用水准测量方法确定的高程点称为水准点(一般用 BM 表示)。水准点应按照水准路线等级,根据不同性质的土壤及实际需要,每隔一定的距离埋设不同类型的水准标志或标石。

水准点有永久性和临时性两种,永久性水准点由石料或混凝土制成,顶面设置半球状标志,在城镇区也有在稳固的建筑物墙上设置水准点的情况。图 2-17(a)所示为国家二、三等水准点,单位为 m;图 2-17(b)所示为墙上水准点。

水准点也可用混凝土制成,中间插入钢筋,或选在凸出的稳固岩石或房屋的勒脚处。临时性水准点可打下木桩,桩顶用水泥砂浆保护,如图 2-17(c)所示。

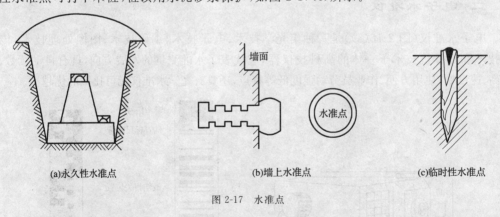

(a)永久性水准点　　　　　　(b)墙上水准点　　　　　　(c)临时性水准点

图 2-17　水准点

二、水准路线

为了便于观测和计算各点的高程,检查和发现测量中可能产生的错误,必须将各点组成一条适当的施测路线(称为水准路线),使之有可靠的校核条件。在水准路线上,两相邻水准点之间称为一个测段。

水准路线有以下三种形式:

(1)闭合水准路线

闭合水准路线是由一个已知高程的水准点开始观测,顺序测量若干待测点,最后测回到原来开始的水准点,如图 2-18(a)所示。

（2）附合水准路线

由一个已知高程的水准点开始，顺序测定若干个待测点，最后连续测到另一个已知高程的水准点上，构成附合水准路线，如图 2-18（b）所示。

（3）支水准路线

由已知水准点开始测若干个待测点之后，既不闭合也不附合的水准路线称为支水准路线。支水准路线不能过长，如图 2-18（c）所示。

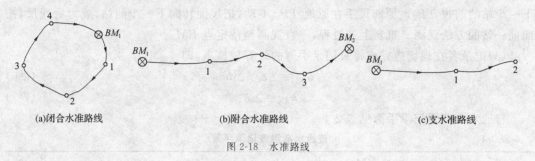

| (a)闭合水准路线 | (b)附合水准路线 | (c)支水准路线 |

图 2-18 水准路线

经验提示

在上述三种形式的水准路线所测得的高差中，只有闭合水准路线和附合水准路线可以与已知高程的水准点进行校核，而支水准路线无法校核。因此，支水准路线不但长度有所限制，点数不超过两个，而且还需进行往测与返测，将两个不同方向的测量结果进行比较，以便校核。

技能点 2 水准测量的施测方法与记录

一、水准测量的施测

图 2-19 所示为按普通水准测量技术要求进行两点间高差观测的示意图。BM_A 为已知水准点，其高程 $H_A = 27.354$ m；BM_B 为待定高程的水准点。观测方法如下：

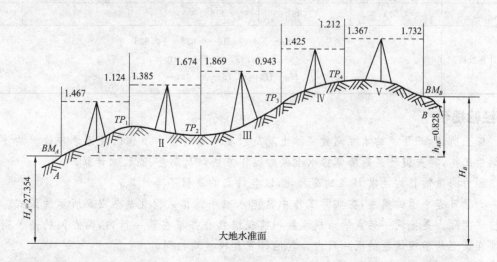

图 2-19 普通水准测量示意图

(1)在已知点 A 立水准尺作为后视尺,选择合适的地点为测站,再选择合适的地点为转点 TP_1,踏实尺垫,在尺垫上立直前视尺。要求水准尺与水准仪之间的水平距离(即视线长度)不大于 100 m,前视距离与后视距离大致相等。

(2)观测者首先将水准仪粗平;然后瞄准后视尺,将水准仪精平,读数;再瞄准前视尺,精平,读数,记录者同时记录并计算出一个测站的高差。

(3)记录者计算完毕(见表 2-4),通知观测者搬往下一个测站。原后尺手也同时前进到下一个站的前视 TP_2。原前尺手在原地 TP_1 不动,把尺面转向下一个测站,成为后视尺,按照前一站的方法观测。重复上述过程,一直观测至待定点 BM_B。

(4)记录者在现场应完成每页记录手簿的计算校核项,即

$$h_{AB} = \sum a - \sum b \qquad (2\text{-}6)$$

$$h_{AB} = \sum h \qquad (2\text{-}7)$$

普通水准测量记录手簿见表 2-4。

表 2-4   普通水准测量记录手簿

| 测站 | 测点 | 水准尺读数/m | | 高差/m | | 高程/m | 备注 |
		后视(a)	前视(b)	+	-		
I	BM_A TP_1	1.467	1.124	0.343		27.354	
II	TP_1 TP_2	1.385	1.674		0.289		
III	TP_2 TP_3	1.869	0.943	0.926			
IV	TP_3 TP_4	1.425	1.212	0.213			
V	TP_4 BM_B	1.367	1.732		0.365	28.182	
$\sum$		7.513	6.685	1.482	0.654		
计算校核		$\sum a - \sum b = 7.513 - 6.685 = +0.828$ $\sum h = 1.482 - 0.654 = +0.828$ $H_B - H_A = 28.182 - 27.354 = +0.828$					

◤ 经验提示

综上所述,长距离的水准测量实际上就是水准测量的基本操作以及记录与计算的重复连续性工作,其关键还是熟练掌握水准仪的操作方法以及高差、高程的计算。

因为测量的目的是求 B 点的高程,所以各转点的高程不需计算。

为了节省手簿的篇幅,在实际工作中常把水准手簿格式简化成表 2-5 所示的形式。这种格式实际上是把同一转点的后视读数和前视读数合并填在同一行内,两点间的高差则一律填在读测站前视读数的同一行内。其他计算和校核均相同。

表 2-5 简化的水准测量记录手簿

| 测点 | 水准尺读数/m | | 高差/m | | 高程/m | 备注 |
	后视(a)	前视(b)	+	−		
BM_A	1.467		0.343		27.354	
TP_1	1.385	1.124		0.289		
TP_2	1.869	1.674	0.926			
TP_3	1.425	0.943	0.213			
TP_4	1.367	1.212		0.365		
BM_B		1.732			28.182	
$\sum$	7.513	6.685	1.482	0.654		
计算校核	$\sum a - \sum b = 7.513 - 6.685 = +0.828$ $\sum h = 1.482 - 0.654 = +0.828$ $H_B - H_A = 28.182 - 27.354 = +0.828$					

在每一测段结束后或手簿上每页末尾必须进行计算校核。检查后视读数之和减去前视读数之和($\sum a - \sum b$)是否等于各站高差之和($\sum h$),并等于终点高程减去起点高程,如不相等,则计算中必有错误,应进行检查。应注意,这种校核只能检查计算工作有无错误,而不能检查出测量过程中所产生的错误,如读错、记错等。

二、注意事项

由于测量误差的产生与测量工作中的观测者、仪器和外界条件这三个方面有关,所以整个测量过程中应注意这三个方面对测量成果的影响,从而最大限度地降低对测量结果的影响程度。

为减少水准测量误差,提高测量精度,在整个测量过程中应注意以下事项:

(1)在进行测量工作之前,应对水准仪、水准尺进行检验,符合要求方可使用。

(2)每次读数前后均应检查管水准器气泡是否居中。

(3)读数前应检查是否存在视差,读数要估读至毫米。

(4)视线距离以不超过 75 m 为宜。

(5)为避免水准尺竖立不直和大气折光对测量结果产生的影响,要求在水准尺上读取的中丝最小读数应大于 0.3 m,最大读数应小于 2.5 m。

(6)为避免仪器和尺垫下沉对测量结果产生的影响,应选择坚固稳定的地方作为转点,使用尺垫时用力要踏实,在观测过程中保护好转点位置,精度要求高时也可采用往返观测取平均值的方法来减少误差的影响。

(7)读数时,记录员要复述,以便核对;记录要整齐、清楚;记录有误不准擦去或涂改,应画掉重写。

技能点 3 水准测量成果的计算

为了保证水准测量成果的正确可靠,对水准测量的外业成果必须进行校核。校核方法有测站校核和水准路线校核两种。

一、测站校核

为防止在一个测站上发生错误而导致整个水准路线结果的错误,可在每个测站上对观测结果进行校核,其方法如下:

(1)两次仪器高法:在每个测站上一次测得两现测点间的高差后,改变水准仪的高度,再次测量两点间的高差。对于一般水准测量,当两次所得高差之差小于5 mm时可认为合格,取其平均值作为该测站所得高差,否则应进行检查或重测。

(2)双面尺法:利用双面水准尺分别由黑面和红面读数得出的高差,扣除一对水准尺的常数差后,两个高差之差小于5 mm时可认为合格,否则应进行检查或重测。

二、水准路线校核

测站校核只能检查一个测站所测高差是否正确,但对于整条水准路线来说,还不足以说明它的精度是否符合要求。例如,从一个测站观测结束至第二个测站观测开始时,若转点位置有较大的变动,则在测站校核中是不能检查出来的,但在水准路线成果上就反映出来了,因此要进行水准路线成果的校核,以保证全线观测成果的正确性。其校核方法如下:

(1)闭合水准路线

闭合水准路线各测段高差的总和理论值应等于零,即

$$\sum h_{理} = 0 \tag{2-8}$$

由于存在测量误差,故所测各段高差之和不等于零,会产生高差闭合差 f_h,即

$$f_h = \sum h_{测} \tag{2-9}$$

(2)附合水准路线

附合水准路线各测段高差的总和理论值应等于终点高程减去始点高程,即

$$\sum h_{理} = H_{终} - H_{始} \tag{2-10}$$

同样由于存在测量误差,故所测各段高差之和不等于理论值,会产生高差闭合差 f_h,即

$$f_h = \sum h_{测} - \sum h_{理} = \sum h_{测} - (H_{终} - H_{始}) \tag{2-11}$$

(3)支水准路线

支水准路线应沿同一路线进行往测和返测。理论上往测与返测的高差总和应为零,即往测与返测的高差绝对值应相等,符号相反。如往测与返测高差总和不等于零,则为闭合差:

$$f_h = \sum h_{往} + \sum h_{返} \tag{2-12}$$

对于普通水准测量,高差闭合差的容许值为

$$f_{h容} = \pm 12\sqrt{n} \text{ mm} \tag{2-13}$$

或

$$f_{h容} = \pm 40\sqrt{L} \text{ mm} \tag{2-14}$$

式中,n 为水准路线的测站数;L 为水准路线的长度,它等于由测站至立尺点的后视与前视距离的总和,以 km 为单位。对于普通水准测量,由于一般不测定水准路线的长度,故常按测站数计算高差闭合差的容许值。

高差闭合差在容许范围内时,闭合差可按测站数或距离成正比例进行改正,改正数的符号应与闭合差的符号相反,改正后的高差总和应等于零。根据已知点的高程和改正后的高差,依次计算各点的高程。

【例 2-1】 闭合水准路线算例

已知 BM_1 的高程为 26.262 m,根据图 2-20 所示的测量资料计算各点的高程。

解 先将测点、测站数及各段高差记入表 2-6 中,计算高差闭合差为

$$f_{h} = \sum h_{测} = +0.026 \text{ m} = +26 \text{ mm}$$

测站总数 $n=16$,容许闭合差为

$$f_{h容} = \pm 12\sqrt{n} = \pm 48 \text{ mm}$$

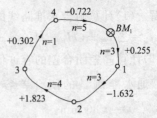

图 2-20 闭合水准路线算例示意图

表 2-6   闭合水准路线水准测量内业计算

点号	测站数	实测高差 h/m	改正数 V/mm	改正后高差 h'/m	高程 H/m
BM_1					26.262
	3	+0.255	−5	+0.250	
1					26.512
	3	−1.632	−5	−1.637	
2					24.875
	4	+1.823	−6	+1.817	
3					26.692
	1	+0.302	−2	+0.300	
4					26.992
	5	−0.722	−8	−0.730	
BM_1					26.262
$\sum$	16	+0.026	−26	0	
辅助计算	\multicolumn{5}{c}{$f_{h} = \sum h_{测} = +0.026$ m $f_{h容} = \pm 12\sqrt{n} = \pm 48$ mm}				

高差闭合差小于容许闭合差,则可按测站数比例反符号改正,每测站的改正数为 $-\dfrac{+26}{16} = -1.6$ mm。

BM_1-1 段共三个测站,改正数为 -5 mm,其余各段改正数依次为 -5 mm、-6 mm、-2 mm、-8 mm。

各段改正数的总和应等于 -26 mm,以做校核。将每段实测高差加上改正数,得每段改正后的高差。为了检查,改正后高差的总和应等于零,如不为零,则说明计算工作有误。最后根据 BM_1 的高程和改正后的高差计算各点的高程。计算第 4 点高程 26.992 m 后,还应加上 $4-BM_1$ 的高差 -0.730 m,得 BM_1 的高程为 26.262 m,以做校核。

经验提示

当计算的水准路线高差闭合差在规范允许的高差闭合差范围内时,才可继续往下计算。若超限,则应检查原因,实践中检查的顺序是:检查计算→检查数据(观测高差的取用、已知高程的取用)→检查手薄→外业重测。

【例 2-2】 附合水准路线算例

图 2-21 所示为一附合水准路线算例示意图。BM_A、BM_B 为已知水准点,高程分别是 $H_A = 10.723$ m,$H_B = 11.730$ m,各测段的观测高差 h_i 及路线长度 L_i 如图所示,计算各待定高程点 1、2、3 的高程。

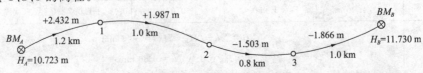

图 2-21 附合水准路线算例示意图

解 (1)计算附合水准路线的高差闭合差 f_h

$$f_h = \sum h_测 - (H_B - H_A) = +1.050 - (11.730 - 10.723) = +0.043 \text{ m} = +43 \text{ mm}$$

(2)计算高差闭合差的容许值 $f_{h容}$

普通水准测量的闭合差容许值 $f_{h容} = \pm 40 \sqrt{L}$ mm。本例中 $L = 4.0$ km，$f_{h容} = \pm 40 \sqrt{4.0} = \pm 80$ mm。

因为 $f_h < f_{h容}$，说明观测成果的精度符合要求；若 $f_h > f_{h容}$，则必须返工外业，重新测量。

(3)调整高差闭合差

根据测量误差理论，调整高差闭合差的方法是：将高差闭合差反号，按与各测段的路线长度成正比例分配到各段高差中。

每千米的高差改正数为

$$\frac{-f_h}{L} = \frac{-(+43)}{4.0} = -10.75 \text{ mm}$$

各测段的改正数分别为

$$V_1 = -10.75 \times 1.2 = -13 \text{ mm}$$
$$V_2 = -10.75 \times 1.0 = -11 \text{ mm}$$
$$V_3 = -10.75 \times 0.8 = -8 \text{ mm}$$
$$V_4 = -10.75 \times 1.0 = -11 \text{ mm}$$

改正数计算检核：

$$\sum V = -43 = -f_h$$

(4)计算改正后的高差及各点高程

$$H_1 = H_A + h'_{A1} = H_A + h_{A1} + V_1 = 13.142 \text{ m}$$
$$H_2 = H_1 + h'_{12} = 15.118 \text{ m}$$
$$H_3 = H_2 + h'_{23} = 13.607 \text{ m}$$

高程计算检核：

$$H_B = H_3 + h'_{3B} = 11.730 \text{ m} = H_B(\text{已知})$$

上述计算过程可采用表 2-7 的形式完成。首先把已知高程和观测数据填入表中相应的列中，然后从左到右逐列计算。有关高差闭合差的计算部分填在"辅助计算"栏内。

表 2-7　　　　　　　　　　　附合水准路线水准测量内业计算表

点号	距离 L/km	实测高差 h/m	改正数 V/m	改正后高差 h'/m	高程 H/m
A					10.723
	1.2	+2.432	-0.013	+2.419	
1					13.142
	1.0	+1.987	-0.011	+1.976	
2					15.118
	0.8	-1.503	-0.008	-1.511	
3					13.730
	1.0	-1.866	-0.011	-1.877	
B					11.730
$\sum$	4.0	+1.050	-0.043	+1.007	(+1.007)
辅助计算	$f_h = \sum h - (H_B - H_A) = +43 \text{ mm}$ $f_{h容} = \pm 40 \sqrt{L} = \pm 80 \text{ mm}$				

经验提示

实践中,水准测量近似平差在施工现场的一般计算步骤为:准备水准测量平差计算表→准备起算数据→准备观测要素→绘制外业水准路线草图→计算实测高差总和→计算已知高差总和→计算线路高差闭合差→计算线路高差闭合差允许值→当计算的水准路线高差闭合差在允许的高差闭合差范围内时,方可计算高差改正数→对实测高差进行改正计算→计算水准点平差后的高程→编制水准点成果表→上报监理测量工程师审批。

【例 2-3】 支水准路线算例

如图 2-22 所示,已知水准点 A 的高程 $H_A = 12.653$ m,往测高差 $h_{往} = +2.418$ m,返测高差 $h_{返} = -2.436$ m。往测和返测各设了五个站,试求点 1 的高程。

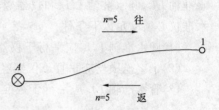

图 2-22 支水准路线算例示意图

解 高差往返闭合差为

$$f_h = h_{往} + h_{返} = +2.418 + (-2.436) = -0.018 \text{ m}$$

往返闭合差容许值为

$$f_{h容} = \pm 12\sqrt{n} = \pm 12\sqrt{5} = \pm 27 \text{ mm}$$

因 $|f_h| < |f_{h容}|$,故观测合格。

取往测和返测高差绝对值的平均值作为 A、1 两点间的高差,其符号与往测符号相同,即

$$h_{A1} = \frac{|+2.418| + |-2.436|}{2} = +2.427 \text{ m}$$

那么点 1 的高程为

$$H_1 = H_A + h_{A1} = 12.653 + 2.427 = 15.080 \text{ m}$$

经验提示

注意:支水准路线计算时,高差符号应以往测高差的符号为准。

三、水准测量注意事项

(1)在进行测量工作前,应对水准仪进行检验与校正。

(2)仪器应安置在稳固的地面上,以减少下沉。在光滑地面上安置仪器时,为防止脚架滑动,应采取防滑措施。

(3)前后视距应大致相等,以消除或减少仪器有关误差及地球曲率与大气折光的影响。

(4)每次读数前应调节微倾螺旋,使管水准器气泡居中,然后再读数。读数后还应检查气泡是否居中。

(5)视线不宜过长,一般不大于 75 m;视线离地面的高度一般不少于 0.2 m。

(6)读数时应消除视差;记录员要复述,以便核对;记录要整齐、清楚;记录有误不准擦去或涂改,应划掉重写。

课题三　水准仪的检验与校正

技能点 1　水准仪轴线及其相互间的几何关系

水准仪是进行高程测量的主要工具。水准仪的功能是提供一条水平视线,而水平视线是依据管水准轴呈水平位置来实现的。水准仪有四条主要轴线,即望远镜的视准轴 CC、管水准轴 LL、圆水准轴 $L'L'$ 和仪器竖轴 VV,轴线间的几何关系如图 2-23 所示。一台合格的水准仪必须满足以下条件:

(1)圆水准轴 $L'L'$ 应平行于仪器竖轴 VV;

(2)十字丝横丝应垂直于仪器竖轴 VV;

(3)管水准轴 LL 应平行于视准轴 CC。

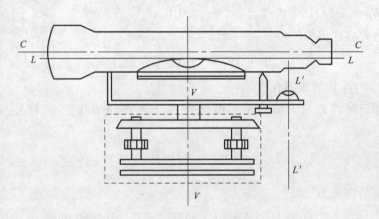

图 2-23　水准仪的主要轴线

技能点 2　水准仪的检验与校正

各轴线间的几何关系在仪器出厂前已经过严格检校,但由于仪器长时间使用或运输中受到振动、碰撞等,某些部件可能会松动,影响仪器轴线的变化,从而使轴线不能满足应用条件,直接影响测量成果的质量。因此,在进行水准测量工作之前,应对仪器进行检验与校正。

1. 圆水准器的检验与校正

目的:检验圆水准轴是否平行于仪器竖轴。当两轴平行且圆水准器气泡居中时,竖轴就处于铅垂位置。

检验:安置水准仪,转动脚螺旋使圆水准器气泡居中(图 2-24(a)),然后将仪器绕竖轴转180°,此时若气泡居中,则说明圆水准轴平行于仪器竖轴;如果气泡偏离一边(图 2-24(b)),则说明圆水准轴不平行于仪器竖轴,需校正。

校正:转动脚螺旋,使气泡退回偏离中点的一半(图 2-24(c)),然后用校正针旋转圆水准器底部的校正螺钉(图 2-25),使气泡完全居中(图 2-24(d))。圆水准器的校正螺钉在水准器的底部。

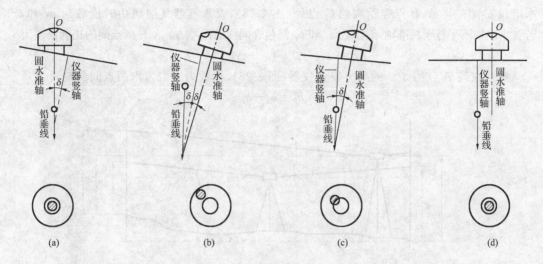

图 2-24　圆水准器的检验与校正

经验提示

校正工作一般难以一次完成,需反复校核数次,直到仪器旋转到任何位置时气泡都居中为止。最后,应注意拧紧紧固螺钉。

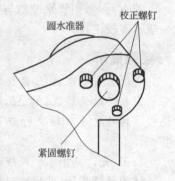

图 2-25　圆水准器的校正螺钉

2. 十字丝横丝的检验与校正

目的:检验十字丝横丝是否垂直于仪器竖轴。当十字丝横丝垂直于仪器竖轴而仪器竖轴处于铅垂位置时,十字丝横丝是水平的。

检验:将十字丝横丝一端对准远处一明显标志,旋紧制动螺旋,转动微动螺旋,如果标志始终在十字丝横丝上移动(图 2-26(a)),则说明十字丝横丝水平,否则应进行校正(图 2-26(b))。

校正:卸下目镜十字丝分划板间的外罩,松开压环固定螺钉(图 2-27),转动十字丝环至正确位置,最后旋紧压环固定螺钉,并旋上外罩。

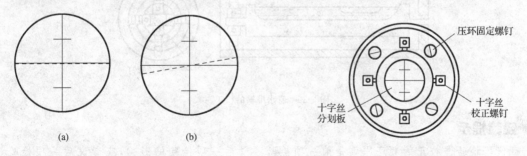

图 2-26　十字丝横丝的检验　　　　图 2-27　十字丝分划板的校正装置

3. 管水准轴的检验与校正

目的:检验管水准轴是否与视准轴平行。若条件满足,则当管水准器气泡居中时,视准轴水平。

检验:在较平坦的地面上相距 $60\sim80$ m 的 A、B 两点打下木桩,在木桩上立水准尺。将

水准仪安置在与 A、B 点等距离的 C 点处(图 2-28),管水准器气泡居中时读数为 a_1 和 b_1。若管水准轴不平行于视准轴,则读数 a_1 和 b_1 都包含同样的误差 Δ。A,B 两点间的正确高差为

$$h_1 = (a_1 - \Delta) - (b_1 - \Delta) = a_1 - b_1$$

然后在离 A 点约 3 m 的地方安置仪器(图 2-28),读数为 a_2、b_2,则两点间的高差为

$$h_2 = a_2 - b_2$$

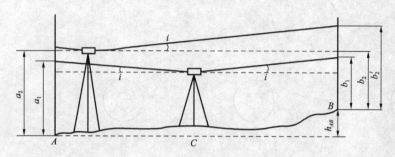

图 2-28 管水准轴的检验

若 $h_1 = h_2$,则管水准轴与视准轴平行,否则需要校正(当 h_1 与 h_2 之差不大于 5 mm 时,一般不需校正)。

经验提示

将仪器安置在 A、B 两点中间,假设水准仪的视准轴不平行于管水准轴,倾斜了 i 角,则分别引起读数误差 Δa 和 Δb,但是因为 $BC = AC$,则 $\Delta a = \Delta b = \Delta$,误差刚好抵消。这说明不论视准轴与管水准轴平行与否,只要水准仪安置在距水准尺等距离处,测出的均是正确高差。

校正:先计算出水平视线在 C 点尺上的正确读数 $b_2' = a_2 - h_1$。

转动微倾螺旋,使横丝对准 B 点尺上的正确读数 b_2',此时视准轴水平,但管水准器气泡不居中。用校正针先拨松管水准器左(或右)边的校正螺钉,使管水准器能够活动,再一松一紧拨动上下两个校正螺钉(图 2-29),使气泡重新居中,最后再旋紧左(或右)边的校正螺钉。

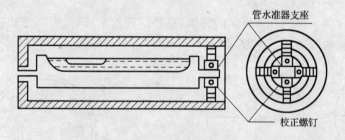

图 2-29 管水准轴的校正

经验提示

仪器检验与校正的顺序原则是前一项检验不受后一项检验的影响,或者说后一项检验不破坏前一项检验条件的满足。因此,三个检验项目应按规定的顺序进行检验与校正,不得颠倒顺序。拨动校正螺钉时不能用力过猛,应先松后紧。校正完后,校正螺钉应处于稍紧状态。每项检验与校正应反复进行,直至符合要求为止。

课题四　水准仪在建筑施工测量中的基本应用

在建筑施工测量中,水准仪主要担负着各施工阶段中竖向高度的水准测量工作,称为标高测量。若将同一标高测出并标在不同的位置,则这种水准测量工作称为抄平。在具体的建筑施工测量中,建筑各个部位施工高度的控制与测设必须依据施工总平面图与建筑施工图上设计的数据进行,在测设前应弄清楚施工场地中各水准控制点的位置以及各建筑标高的相互关系,同时掌握建筑施工进度,提前做好测量的各项准备工作。水准测量的测设数据来源于建筑施工图,应对照建筑施工图反复检查并核对有关测设数据,若发现施工图存在问题,则应及时反映,得到设计方的设计变更通知后,才能按照制定的测设方案进行施测。

技能点 1　施工场地水准点位置的确定与高程测量

一、水准点的设立

对施工场地高程控制的要求:水准点的密度应尽可能使得在施工放样时,安置一次仪器即可测设出建筑物的各标高点;在施工期间,水准高程点的位置应保持稳定。由此可见,在测绘地形图时敷设的水准点并不一定适用,并且密度也不够,必须重新建立高程控制点。当场地面积较大时,高程控制点可分为两级布设,一级为首级网,另一级为在首级网上加密的加密网。相应的水准点称为基本水准点和施工水准点。

1. 基本水准点

基本水准点是施工场地上高程的首级控制点,可用来校核其他水准点高程是否有变动,其位置应设在不受施工影响、无振动、便于施测并能永久保存的地方,且应埋设永久性标志。在一般建筑场地中,通常埋设三个基本水准点,将其布设成闭合水准路线,并按城市三、四等水准测量要求进行施测。对于为满足连续性生产车间、地下管道测设的需要所设立的基本水准点,应采用三等水准测量要求进行施测。

2. 施工水准点

施工水准点用来直接测设建(构)筑物的标高。为了测设方便并减少误差,水准点应靠近建(构)筑物,通常在建筑方格网的标志上加设圆头钉作为施工水准点。对于中小型建筑场地,施工水准点应布设成闭合水准路线或附合水准路线,并根据基本水准点按城市四等水准或图根水准(即等外水准)要求进行测量。

为了测设的方便,在每栋较大建(构)筑物附近还要测设±0.000 的水准点。其位置多选在较稳定的建筑物墙、柱的侧面,用红油漆绘成上顶线为水平线的"▼"形。

由于施工场地情况变化大,有可能使施工水准点的位置发生变化,因此必须经常进行检查,即将施工水准点与基本水准点进行联测,以校核其高程值有无变动。

二、水准点的高程测量

水准点的高程测量采用附合水准线路的测量方法进行。其精度要求应满足测量规范的有关规定。

一般工业与民用建筑在高程测设精度方面要求并不高,通常采用四等水准测量方法测定基本水准点及施工水准点所组成的环形水准路线即可,甚至有时用图根水准测量也可满足要求。但是,对于连续性生产车间,各构筑物之间有专门设备要求互相紧密联系,对高程测设精度要求高,故应根据具体需要敷设较高精度的高程控制点,以满足测设的精度要求。

技能点 2　已知高程的测设及建筑物±0.000 的测设

一、建筑标高与绝对高程的关系

在建筑工程的总平面图和底层平面图中均有±0.000 的标注,同时在建筑设计说明中也会注明该建筑物的±0.000 与绝对标高或与周围建筑物的高程关系。±0.000 是指建筑第一层室内主要使用房间地面的高度,以它为基准,向上量的垂直高度为"+"标高,向下量的垂直高度为"-"标高。例如,在设计说明中注明该建筑物的±0.000 相对于大地水准面的高程为 53.120 m(或该建筑±0.000 等于绝对高程××.×××),就是指该建筑物的室内第一层地面的绝对标高为 53.120 m。或者注明该建筑物的±0.000 相对于邻近已有建筑物的高度关系,如新建建筑物的一层地面标高比邻近建筑物的一层地面标高高 0.300 m,此时便为施工测量的高程测设提供了依据。

除此之外,在建筑物的立面图、剖面图和断面图上均标注有各部位与本建筑物±0.000 的相对位置,在建筑物±0.000 确定之后,各层均以该高度位置作为依据进行高程测设。

在施工图中,标高采用制图专用符号,如图 2-30(a)所示。而为了使施工现场的标高标志醒目、易找,则采用红色油漆绘制边长约 60 mm 的等边三角形,如图 2-30(b)所示,上注数字,标高的单位是 m,小数点后三位表示精确至毫米。

图 2-30　标高符号及施工现场的标高标志

二、已知高程的测设

高程测设就是根据施工场地中的邻近水准点,将已知设计高程测设到现场作业面上。在建筑施工测量中,利用±0.000 进行各施工阶段的标高测设工作十分简便,±0.000 的确定实质上就是在施工现场测设出第一层室内地坪±0.000 等于绝对高程 $H_设$ 的位置,并标注在已有建筑物或木桩上。

三、建筑物±0.000 的测设

如图 2-31 所示,已知施工现场的水准点 R 的高程为 H_R,在设计图纸上查得某建筑物第一层室内地坪±0.000 的高程等于绝对高程 $H_设$,现要求在木桩 A 上确定 $H_设$ 的位置。在 R、A 两点的中间位置安置水准仪,照准 R 点上的水准尺,精平后读出 a,利用 $b=H_R+a-H_设$ 算出 b 值,将 R 点水准尺移至 A 点位置,水准尺直立,并紧靠在桩的侧面,水准仪精平后指挥扶尺人上下移动水准尺,当视线方向上的读数刚好等于 b 时,指挥立尺人沿水准尺

的底部在 A 点木桩的侧面划一道线,此线即是 ±0.000 测设的位置,也就是 $H_{设}$ 的高程。最后做好 ±0.000 的标记。

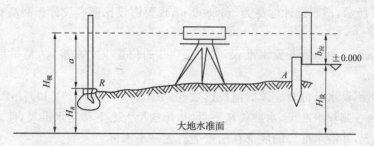

图 2-31 建筑物 ±0.000 的测设

【例 2-4】 高程测设

如图 2-31 所示,已知水准点 R 的高程 $H_R=21.370$ m,测设于 A 桩上的 ±0.000 的已知设计高程 $H_{设}=22.400$ m,水准仪在 R 点的后视读数 $a=1.783$ m。请在 A 桩上画一 ±0.000 水平线,使该线高程正好等于 $H_{设}$。

解 设 A 桩的前视读数为 $b_{应}$,则 $b_{应}$ 应满足如下关系式:

$$H_{视}=H_R+a=H_{设}+b_{应}$$

即

$$b_{应}=H_R+a-H_{设}=21.370+1.783-22.400=0.753 \text{ m}$$

测设时,将水准尺沿 A 桩的侧面上下移动,当水准尺上的读数刚好为 0.753 m 时,紧靠水准尺底部在 A 桩上划一红线,该红线的绝对高程 $H_{设}$ 即为 22.400 m,此线为建筑标高 ±0.000 水平线。

技能点 3 基础施工中基槽(坑)的抄平测量

一、一般方法

建筑施工中的抄平测量是依据施工进度,按照施工图的要求,测设并标出建筑的标高位置来指导施工的。抄平测量工作总是走在施工的前面,否则会影响施工,所以掌握施工进度、熟悉工种环节是很重要的。

建筑物轴线放样完后,应按照基础平面图上的设计尺寸,在地面放出灰线的位置上进行开挖。为了控制基槽(坑)开挖深度,当快挖到基底设计标高时,可用水准仪根据地面上 ±0.000 的桩点在槽壁上测设一些水平小木桩,如图 2-32 所示,使木桩的表面离槽底的设计标高为一固定值(一般为 0.500 m),用以控制挖槽深度。为了施工时使用方便,一般在槽壁各拐角处、深度变化处和基槽壁上每隔 $3\sim4$ m 测设一水平桩,并沿桩顶面拉直线绳作为清理基底和打基础垫层时控

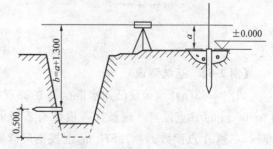

图 2-32 水平桩的测设

制标高的依据。

【例 2-5】 基槽抄平

如图 2-32 所示,槽底设计标高为 -1.800 m,现要测设比槽底设计标高高 0.500 m 的水平桩。

解 (1)在适当的位置安置水准仪,在 ± 0.000 的位置上立水准尺,精平后读出后视读数 $a=1.324$ m。

(2)计算出测设水平桩时应读的前视读数 $b=1.324+(1.800-0.500)=2.624$ m。

(3)在槽内一侧立水准尺,水准仪精平后,指挥扶尺人上下移动水准尺,使之对准读数值为 2.624 的位置,并沿水准尺的底部在槽壁上打入一小木桩。

至此,该处的水平桩便测设好了,用同样的方法可测设其他位置的水平桩。

二、上下传递法

当向较深的基坑或较高的建筑物上测设已知高程时,除用水准尺外,还需借助钢尺,采用高程上下传递的方法来进行。

1. 向基坑测设高程

当在深基坑的施工中需要由地面向很低的基坑底部传递高程时,由于水准尺不够长,故可用悬吊钢尺代替水准尺进行高程测设工作。

如图 2-33(a)所示,欲根据地面水准点 A 在坑内测设点 B,使其高程为 H_B。为此,在坑边架设一吊杆,杆顶连一根零点向下的钢尺,尺的下端挂一重量相当于钢尺检定时拉力的重物,在地面上和坑内各安置一台水准仪,分别在水准尺上和钢尺上读取 a_1、a_2、b_1,则 B 点水准尺读数 $b_2=H_A+a_1-(b_1-a_2)-H_B$,然后按相同的方法由坑底的仪器操作者指挥 B 点的立尺人在桩上划出测设点的高度位置。

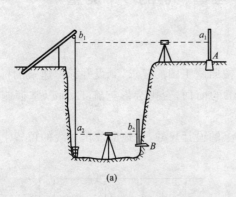
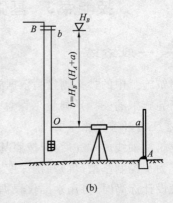

图 2-33 高程传递

【例 2-6】 基坑测设

如图 2-33(a)所示,设已知水准点 A 的高程 $H_A=21.370$ m,要在坑内侧测出高程 $H_B=12.500$ m 的 B 点位置。现悬挂一根带有重锤的钢卷尺,零点在下端。先在地面上安置水准仪,后视 A 点读数 $a_1=1.573$ m,前视钢尺读数 $b_1=10.826$ m;再在坑内安置水准仪,后视钢尺读数 $a_2=1.387$ m。问此时如何测设出 B 点的高程?

解 设 B 桩的前视读数为 b_2,则 b_2 应满足如下关系式:

$$H_A+a_1=H_B+b_2+(b_1-a_2)$$

即

$$b_2=H_A+a_1-(b_1-a_2)-H_B=1.004 \text{ m}$$

计算出前视读数 b_2 后,沿坑壁树立水准尺,上下移动水准尺,当其读数正好为 b_2 时,沿水准尺底面向基坑壁钉设木桩,则木桩顶面的高程即为 H_B。

2. 向高处建筑物测设高程

如图 2-33(b)所示,向高处建筑物 B 处测设高程 H_B,则可于该处悬吊钢卷尺,钢卷尺零点在下端,使水准仪的中丝对准钢卷尺零端(0 分划线),则钢卷尺上端分划读数 $b=H_B-(H_A+a)$,该分划线所对的位置即为测设的高程 H_B。为了校核,可改变悬吊位置后,再用上述方法测设,两次较差不应超过 ±3 mm。

技能点 4 坡度线的测设

测设指定的坡度线在道路建设、敷设上下水管道及排水沟等工程施工中应用广泛。坡度线的测设是根据附近已知水准点的高程、设计坡度和坡度线端点的设计高程,用已知高程的测设方法将坡度线上各点的设计高程标定在地面上。测设方法有水平视线法和倾斜视线法两种。

1. 水平视线法

水平视线法是采用水准仪来测设的。如图 2-34 所示,A、B 为设计坡度线的两端点,其设计高程均已知,同时 A、B 两点间的平距 D 和设计坡度 i_{AB} 也已知,为使施工方便,要在 AB 方向上每隔距离 d 钉一木桩,要在每个木桩上标线,目的是使所有木桩标线的连线为设计坡度线。

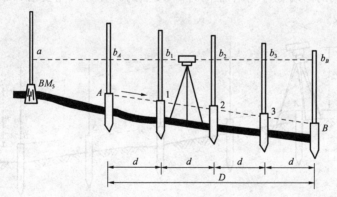

图 2-34 水平视线法放坡

【例 2-7】 水平视线法放坡

如图 2-34 所示,已知水准点 BM_5 的高程 $H_5=10.283$ m,设计坡度线两端点 A、B 的设计高程分别为 $H_A=9.800$ m,$H_B=8.840$ m,A、B 两点间的平距 $D=80$ m,AB 设计坡度 $i_{AB}=-1.2\%$。为使施工方便,要在 AB 方向上每隔距离 20 m 钉一木桩,试在各木桩上标定出坡度线。

解 (1)沿 AB 方向用钢卷尺定出间距 $d=20$ m 的中间点 1、2、3 的位置,并打下木桩。
(2)计算各桩点的设计高程

第 1 点的设计高程为

$$H_1 = H_A + i_{AB} \cdot d = 9.800 - 1.2\% \times 20 = 9.560 \text{ m}$$

第 2 点的设计高程为

$$H_2 = H_1 + i_{AB} \cdot d = 9.560 - 1.2\% \times 20 = 9.320 \text{ m}$$

第 3 点的设计高程为

$$H_3 = H_2 + i_{AB} \cdot d = 9.320 - 1.2\% \times 20 = 9.080 \text{ m}$$

B 点的设计高程为

$$H_B = H_3 + i_{AB} \cdot d = 9.080 - 1.2\% \times 20 = 8.840 \text{ m}$$

或

$$H_B = H_A + i_{AB} \cdot D = 9.800 - 1.2\% \times 80 = 8.840 \text{ m}（检核）$$

经验提示

坡度 i 有正有负,计算测设高程时,坡度应连同符号一并运算。

(3)安置水准仪于水准点 BM_5 附近,设后视读数 $a = 0.855$ m,则可计算出仪器视线高程为

$$H_i = H_5 + a = 10.283 + 0.855 = 11.138 \text{ m}$$

(4)根据各点设计高程计算测设各点的应读前视读数:$b_A = 1.338$ m,$b_1 = 1.578$ m,$b_2 = 1.818$ m,$b_3 = 2.058$ m,$b_B = 2.298$ m。

(5)水准尺分别贴靠在各木桩的侧面,上下移动水准尺,直至读数为 b_i 时,便可沿水准尺底面画一横线,各木桩上横线的连线即为 AB 设计坡度线。

2. 倾斜视线法

倾斜视线法测设坡度线一般采用经纬仪,坡度不大时也可采用水准仪。如图 2-35 所示,A、B 为坡度线的两端点,其水平距离为 D,A 点的高程为 H_A,要沿 AB 方向测设一条坡度为 i_{AB} 的坡度线。

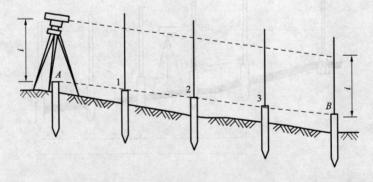

图 2-35　倾斜视线法放坡

下面介绍用水准仪来测设坡度线的倾斜视线法的思路。

(1)先根据 A 点的高程、坡度 i_{AB} 及 A、B 两点间的水平距离计算出 B 点的设计高程。

(2)再按测设已知高程的方法将 A、B 两点的高程测设在地面的木桩上。

(3)然后将水准仪安置在 A 点上,使基座上的一个脚螺旋在 AB 方向上,其余两个脚螺旋的连线与 AB 方向垂直,量取仪器高 i,再转动 AB 方向上的脚螺旋和微倾螺旋,使十字丝中丝对准 B 点水准尺上的读数等于仪器高 i,此时,仪器视线和设计坡度视线与设计坡度线平行。

（4）在 AB 方向中间各点的木桩侧面立尺，上下移动水准尺，直至尺上读数等于仪器高 i 时，沿尺子底面在木桩上画一红线，则各桩红线的连线就是设计坡度线。

经验提示

如果设计坡度较大，超出水准仪脚螺旋所能调节的范围，则要用经纬仪测设，其方法相同。

单元实训

一、DS₃ 型水准仪的认识与使用

（一）实训目的

熟悉和学会使用 DS₃ 型水准仪。

（二）实训内容

1.了解 DS₃ 型水准仪的基本构造，认清其主要部件的名称及作用。

2.掌握水准仪的安置和使用方法。

3.练习用水准仪测定地面两点间的高差。

（三）实训安排

1.学时数：课内 2 学时；每小组 2～4 人。

2.仪器：DS₃ 型水准仪、水准尺、记录本、测伞。

3.场地：在一较平整场地不同高度的 2～4 个地面点上分别树立水准尺，仪器至水准尺的距离不宜超过 50 m。

（四）实训方法与步骤

1.安置仪器

将脚架张开，使其高度适中，架头大致水平，并将脚尖踩入土中。开箱取仪器，用中心连接螺旋将其固连到三脚架上。

2.认识水准仪

了解仪器各部件及有关螺旋的名称、作用和使用方法；熟悉水准尺的刻划和注记。

3.粗略整平

先用双手同时向内（或向外）转动一对脚螺旋，使其圆水准器气泡移动到中间，再转动另一只脚螺旋使圆水准器气泡居中，通常需反复进行。注意气泡移动的方向与左手大拇指或右手食指运动方向一致。

4.瞄准水准尺

先用目镜调焦，以天空或粉墙为背景，转动目镜对光螺旋，使十字丝清晰；然后照准目标，转动望远镜，通过其上的准星与缺口照准标尺，固定水平制动螺旋，旋转微动螺旋，使标尺成像在望远镜的视场中央，十字纵丝靠近水准尺一侧；再用物镜调焦，旋转物镜对光螺旋，使标尺的影像清晰，同时检查是否存在视差现象，若存在则反复调焦，予以消除。

5.精平

旋转微倾螺旋，使管水准器气泡符合，即使符合水准器气泡两端的影像吻合（成一弧状），微倾螺旋的旋转方向应与符合气泡的左侧影像移动方向一致。

6.读数

读取十字丝中丝在水准尺所指处应有的读数，计四位，即以 m 为单位，估读至 mm 位。

读数时应先估出 mm 位,一次读出四位数。

7.测定高差

先按上述步骤照准 A 点标尺,精平后读数,记为后视读数 a;再照准 B 点标尺,精平后读数,记为前视读数 b,由此计算 A 点至 B 点的高差为

$$h_{AB} = a - b$$

变动仪器高后重复上述步骤,再次计算得 A 点至 B 点的高差,并将有关读数和算得的高差计入表 2-8 中,最后通过较差 Δh 检查练习的效果。

(五)注意事项

1.标尺读数前都应检查是否存在视差,如有视差则一定要反复通过物镜(与目镜)调焦,予以消除。

2.标尺中丝读数前都应旋转微倾螺旋使符合气泡符合,不符合则不能读数。

实训报告 1

实训名称:DS₃ 型水准仪的认识与使用

实训日期:_____ 专业:_____ 班级:_____ 姓名:_____

(一)实训记录

表 2-8   水准仪高差测量记录

____年___月___日 天气___ 观测_____ 记录_____ 检查_____

测站	点号		后视读数/m	前视读数/m	高差 h/m	Δh/mm	说明
	第1次	后					
		前					
	第2次	后					
		前					
	第1次	后					
		前					
	第2次	后					
		前					

(二)实训成果

1.二次观测高差较差的容许值为_____ mm,此次试验较差为_____ mm,说明实验成果_____要求。

2.二次观测 A 点至 B 点高差的平均值为_____ m,说明 B 点比 A 点_____。假设 A 点的高程 $H_A = 10.000$ m,则仪器的视线高程 H_i =_____ m,B 点的高程 H_B =_____ m。

(三)实训答题

1.粗平仪器,使圆水准器气泡居中,应旋转_____;转动望远镜,照准目标,使标尺影像位于望远镜视场中央,应旋转_____和_____;使十字丝清晰,应旋转_____;使标尺影像清晰,应旋转_____;精平仪器,使符合气泡居中,应旋转_____。

2.照准目标时,应通过反复_____,消除_____;中丝读数前,一定要使符合气泡左右两半的影像_____,其目的是_____。

3.在测定两点间的高差时,当望远镜由后视转向前视时,若发现圆水准器气泡偏离中心,则不能再_____,这是因为_____;如果发现符合水准气泡偏离中心,则一定要_____,这是因为_____。

(四)存在的问题

二、普通水准测量

(一)实训目的

掌握普通水准测量外业观测和内业计算的方法。

(二)实训内容

每小组完成一条闭合水准路线测量的外业观测工作,每人独立完成其内业计算。

(三)实训安排

1.学时数:课内 2 学时(外业观测),课外 1 学时(内业计算);每小组 4~5 人。

2.仪器:DS_3 型水准仪、水准尺、记录本、尺垫、测伞。

3.场地:在一较平整场地设置一条闭合水准路线,起始设置一已知点 A,中间设三个待定点 B、C、D(A、B、C、D 均应有地面标志),闭合路线全场约 300 m。

(四)实训方法与步骤

1.外业观测

从已知点 A 出发,以普通水准测量经 B、C、D 点,再测回点 A。全线分为四个测段,每测段含 1~2 个测站。每测站均采用变动仪器高法测定两次高差并进行检核,然后将有关读数和算得的高差计入表 2-9 中。

2.内业计算

整条路线观测完毕后计算高差闭合差,其容许值 $f_{h容} = \pm 12\sqrt{n}$ mm(n 为测站数)。

若高差闭合差符合要求,则将每测段内的测站数及由各测站高差取和得到的测段高差观测值填入表 2-10 中,进行高差闭合差的调整并计算待定点 B、C、D 的高程。其计算步骤为:

(1)高差闭合差的计算与检核。

(2)高差闭合差的调整,即将闭合差反号,按与各测段所含测站数成正比的原则进行分配,得到各测段的高差改正数。

(3)假设已知点高程 H_A 为某一整米数,计算待定点的高程。

(五)注意事项

1.除已知点 A 和待定点 B、C、D 外,现场临时设置的立尺点称为转点(用 TP_i 表示),作传递高程用。A、B、C、D 点上立尺不用尺垫,转点上立尺需用尺垫。

2.应尽量靠路边设置转点和安置测站。测站安置仪器时,不需和前后视点成三点一线,但应使前后视距大致相等。

3.测站变动仪器高前后所得的两次高差的较差应不超过 ±6 mm。记录员应当场计算高差及其较差,符合要求方能迁站。

4.迁站时,前视尺(连同尺垫)不动,即变为下一测站的后视尺,而将本站的后视尺调为下一站的前视尺。

5.观测完毕后,应对整个记录进行计算检核,即所有测站两次观测的后视读数之和 $\sum a$ 减去前视读数之和 $\sum b$ 应等于所有测站高差平均值之和的 2 倍。

6.照准标尺读数前务必注意消除视差并使符合气泡符合。

7.如果由于凑整误差,使高差改正数与高差闭合差的绝对值不完全相符,则可将其差值凑到距离长(或测站数多)的测段高差改正数中。

8.高程计算栏最后一行起始点高程的计算值应和其已知值完全吻合,否则应检查计算是否有误。

实训报告 2

实训名称:普通水准测量

实训日期:＿＿＿＿＿　专业:＿＿＿＿＿　班级:＿＿＿＿＿　姓名:＿＿＿＿＿

(一)实训记录

表 2-9　　　　　　　　　　　水准测量记录

＿＿年＿＿月＿＿日　天气＿＿　观测＿＿＿＿＿　记录＿＿＿＿＿　检查＿＿＿＿＿

测站	点号		后视读数/m	前视读数/m	高差 h/m	Δh/mm	说明
	仪高1	后					
		前					
	仪高2	后					
		前					
	仪高1	后					
		前					
	仪高2	后					
		前					
	仪高1	后					
		前					
	仪高2	后					
		前					
	仪高1	后					
		前					
	仪高2	后					
		前					
	仪高1	后					
		前					
	仪高2	后					
		前					
检核	$\sum a - \sum b =$			$2\sum h_{均} =$			

（二）内业计算

表 2-10　　　　　　　　　　　高差闭合差调整及待定点高程计算

计算_____　　检查_____

点名	测站数	观测高差/m	改正数/mm	改正后高差/m	高程/m
Σ					

辅助计算	$f_h(\text{mm})=$ $f_{h限}(\text{mm})=$

（三）实训成果

1. 测站两次观测高差较差的容许值为_____ mm，此次实训最大测站较差为_____ mm，路线高差闭合差容许值为_____ mm，此次实训路线高差闭合差为_____ mm，说明实训成果_____要求。

2. A 点的假定高程 $H_A=$_____ m，经高差闭合差调整后，算得 B 点的高程 $H_B=$_____ m，C 点的高程 $H_C=$_____ m，D 点的高程 $H_D=$_____ m。

（四）实训答题

1. 水准测量观测时应将仪器脚架和转点上的尺垫踩实，以防止仪器或尺垫下沉，其目的是_____；迁站时，前视尺（连同尺垫）不动，而将本站的后视尺调为下一站的前视尺，其目的是_____。

2. 测站安置仪器时，应使前后视距大致相等，其目的是_____。

3. 观测中如果标尺偏斜，则必然使读数变_____，从而给测站高差带来影响，因此立尺一定要竖直。

4. 本次实训中，因路线及各测段距离均较短，所以高差闭合差按照与测段所含测站数成正比例进行调整。而在实际的水准测量中，其高差闭合差的调整原则为：在平坦地区是_____，只有在丘陵山区才是_____。

（五）存在的问题

三、微倾式水准仪的检验与校正

（一）实训目的

1. 了解微倾式水准仪的主要轴线及其应满足的几何关系。
2. 掌握微倾式水准仪的检验与校正方法。

（二）实训内容

1. 了解微倾式水准仪主要轴线的名称和所在的位置。
2. 对仪器各组成部分和相关螺旋的有效性进行一般检查。
3. 进行水准仪的三项检验与校正。

（三）实训安排

1. 学时数：课内 2 学时；每小组 4～5 人。
2. 仪器：DS_3 型水准仪、水准尺、校正针、记录本、尺垫、测伞。
3. 场地：选择一较平整场地，距离约 80 m。

（四）实训方法与步骤

1. 圆水准轴平行于仪器竖轴的检验与校正

检验：安置仪器后，转动三个脚螺旋，使圆水准器气泡严格居中，此为第一位置。松开制动螺旋，平转 180° 后为第二位置。若圆水准器气泡仍居中，则表明圆水准轴平行于仪器竖轴；否则表明二者不平行，应予以校正。

校正：仪器处于第二位置不动，用校正针拨动圆水准器的校正螺钉，使气泡移回偏离量的一半，则二者平行。

2. 十字丝横丝垂直于仪器竖轴的检验与校正

检验：仪器安置并整平后，以十字丝横丝的一端照准约 20 m 处一固定目标点。转动微动螺旋，使该目标点的影像移至十字丝横丝的另一端。若目标点影像仍在横丝上，则表明十字丝横丝垂直于仪器竖轴；否则表明二者不垂直，应予以校正。

校正：旋下十字丝分划板护罩，用小螺丝刀松开十字丝分划板的固定螺钉，轻转十字丝分划板，移回偏离量的一半，则二者垂直。

3. 管水准轴平行于视准轴的检验与校正

检验：在平坦地面上选定相距 60～80 m 的 A、B 两点，分别用尺垫固定。在距 A、B 等距离处安置仪器，在符合水准气泡严格居中的情况下分别读取 A、B 两点的尺上读数 a 和 b，则 A、B 两点间的正确高差 $h=a-b$；再转站至接近 B 处（距 B 点 3 m 左右），在符合水准气泡严格居中的情况下分别读取 A、B 两点的尺上读数 a_1 和 b_1，则高差 $h_1=a_1-b_1$。若 $h=h_1$，则表明管水准轴平行于视准轴；否则表明二者不平行，应予以校正。

校正：计算 A 尺应有读数 $a'=h+b_1$。仪器在接近 B 处不动，转动微倾螺旋，使 A 点尺上读数由 a 变为 a'，则管水准器气泡必不居中。用校正针拨动管水准器上下两个校正螺钉，使管水准器气泡重新居中。

（五）注意事项

1. 仪器如需校正，应在老师指导下进行。
2. 三项检验与校正依上述顺序进行，不能颠倒。
3. 用校正针拨动校正螺钉时，应遵循"先松后紧"的原则，以免损坏校正螺钉。

实训报告 3

实训名称:微倾式水准仪的检验与校正

实训日期:_____　专业:_____　班级:_____　姓名:_____

(一)实训记录

1.圆水准轴平行于仪器竖轴的检验与校正

表 2-11　　　　　　　　　　圆水准轴的检验与校正记录

_____年___月___日 天气___　观测_____　记录_____　检查_____

转 180°检查的次数	气泡偏差数/mm

2.十字丝横丝垂直于仪器竖轴的检验与校正

表 2-12　　　　　　　　　　十字丝横丝的检验与校正记录

_____年___月___日 天气___　观测_____　记录_____　检查_____

检查的次数	误差是否显著

3.管水准轴平行于视准轴的检验与校正

表 2-13　　　　　　　　　　水准仪 i 角误差的检验与校正记录

_____年___月___日 天气___　观测_____　记录_____　检查_____

仪器在中点求正确高差			仪器在近尺端 A 点检验与校正		
第一次	A 点尺上读数 a_1		第一次	A 点尺上读数 a	
	B 点尺上读数 b_1			B 点尺上应读数 $b(b=a-h)$	
	$h_1=a_1-b_1$			B 点尺上实读数 b'	
第二次	A 点尺上读数 a_2			偏差值 $\Delta b=b-b'$	
	B 点尺上读数 b_2		第二次	A 点尺上读数 a	
	$h_2=a_2-b_2$			B 点尺上应读数 $b(=a-h)$	
平均高差	平均高差 $h=(h_1+h_2)/2$			B 点尺上实读数 b'	
				偏差值 $\Delta b=b-b'$	
			第三次	A 点尺上读数 a	
				B 点尺上应读数 $b(b=a-h)$	
				B 点尺上实读数 b'	
				偏差值 $\Delta b=b-b'$	

（二）实训成果

1.圆水准轴的检验与校正:检验时望远镜转180°,气泡_____,说明_____;校正后望远镜转180°,气泡_____,说明_____。

2.十字丝横丝的检验与校正:检验时点状标志偏离横丝_____,说明_____;校正后点状标志偏离横丝_____,说明_____。

3.管水准轴的检验与校正:检验得 $i=$_____,说明_____;校正后 $i=$_____,说明_____。

（三）实训答题

1.圆水准轴检验与校正的目的是_____,如果该条件不满足,其原因是_____。

2.十字丝横丝检验与校正的目的是_____,如果该条件不满足,其原因是_____。

3.管水准轴检验与校正的目的是_____,如果该条件不满足,其原因是_____。

4.如果校正后仍有剩余的 i 角误差,可通过_____来消除它对测站高差的影响。

（四）存在的问题

四、高程测设

（一）实训目的

掌握高程测设的基本方法。

（二）实训内容

根据给定水准点 BM_0 的高程 H_0 及两个待测设点1、2的高程,进行1、2两个点的高程测设。

（三）实训安排

1.学时数:课内2学时;每小组4～5人。

2.仪器:DS_3 型水准仪、水准尺、木桩、小铁钉、记录本、测伞。

3.场地:长约80 m。

（四）实训方法与步骤

1.在 BM_0 点上立尺,读取后视读数 a,根据 BM_0 点的已知高程 H_0 计算视线高程 H_1、H_2。

2.根据1、2点的设计高程 H_i 计算1、2点上的标尺应有的读数 b_i,计算数据填入表2-14中。

3.依次在 1、2 点处立尺,使尺上的读数等于 b_i,然后将尺的底边位置用红漆线沿尺底在木桩上标注划线,即为该两点的设计高程。

（五）注意事项

测设数据计算的正确性对高程的测设至关重要,应反复计算检核,方能用于现场测设。

实训报告 4

实训名称:高程测设

实训日期:_____　专业:_____　班级:_____　姓名:_____

（一）实训记录

1.高程测设

表 2-14　　　　　　　　　　　高程测设记录

_____年___月___日 天气_____　观测_____　记录_____　检查_____

水准点_____　水准点高程_____

点号	后视读数/m	视线高程/m	设计高程/m	前视应有读数/m

2.高程测设的检测

表 2-15　　　　　　　　　　　高程测设检测记录

_____年___月___日 天气_____　观测_____　记录_____　检查_____

测站_____　后视_____　水准点_____　水准点高程_____

点号	H/m		较差
	设计	实测	

（二）实训答题

1.测设点的高程时,如果视线至桩顶的高度与前视应有读数较差较大,则应_____

_____。

2.安置一次水准仪,同时测设多个点的高程,不同点的前视距离和后视距离难免相差较大,应在测设前仔细进行_____。

（三）存在的问题

单元小结

本单元着重介绍了高程测量与测设的基本工作,学习本单元应主要掌握以下知识点:

1.水准测量的原理

水准测量是利用水准仪提供的水平视线在水准尺上读数,直接测定地面上两点间的高差,然后根据已知点的高程及测得的高差来推算待定点高程的一种方法。

2.水准测量的仪器——水准仪

进行水准测量所用的仪器是水准仪,其构造主要由望远镜、水准器和基座三部分组成。水准仪的使用包括仪器安置、粗平、瞄准和调焦、精平、读数几个步骤。在进行水准测量之前,要进行水准仪的检验与校正,其中重点内容是管水准轴平行于视准轴的检验与校正。

3.水准测量的方法

在外业进行水准测量,重要的是掌握一测站的观测、记录和计算方法。同时,水准测量一般按照一定的水准路线施测,水准路线主要有闭合水准路线、附合水准路线和支水准路线。

4.水准测量成果的计算

水准测量外业结束后即可进行内业计算,内业计算的目的是合理地调整高差闭合差,计算出未知点的高程。内业计算主要按以下几步进行:首先计算高差闭合差,并与高差闭合差允许值进行比较,在其符合要求的情况下进行后续计算;按照与测站数(或距离)成正比例反号均分的原则计算高差闭合差的调整值;计算改正后的高差;最后计算出未知点的高程。

5.高程测设

已知高程的测设是施工放样的三项基本工作之一。设计高程放样主要采用水准测量的方法,根据已知点的高程和放样点的设计高程,利用水准仪在已知点水准尺上的读数求放样点水准尺上的读数。

6.已知坡度的测设

当已知坡度较小时应使用水准仪来测设,用水准仪测设的关键是坡度平行视线的确定;当已知坡度较大时则应使用经纬仪来测设。

 单元测试

1.试绘图说明水准测量的基本原理。

2.设 A 点为后视点,B 点为前视点,A 点高程为 87.452 m。当后视读数为 1.267 m、前视读数为 1.663 m 时,问 A、B 两点的高差是多少?请绘图说明。

3.何谓视准轴和管水准轴? 圆水准器和管水准器各起什么作用?

4.何谓视差? 如何检查和消除视差?

5.何谓转点? 转点在水准测量中起什么作用?

6.根据表 2-16 所列的观测数据,计算高差和待求点 B 的高程,并作校核计算。

表 2-16 水准测量记录手簿

测 点	后视读数/m	前视读数/m	高差/m		高程/m
			+	−	
BM_1	0.666				102.989
TP_1	1.545	2.006			
TP_2	1.512	1.003			
TP_3	1.642	0.555			
B		0.747			
$\sum$	$\sum a=$	$\sum b=$			
计算校核	$\sum a-\sum b=$	$\sum h=$	$H_{终}-H_{始}=$		

7. 根据图 2-36 所示的附合水准路线的观测结果计算各点的高程,并将计算过程填入表 2-17 中。

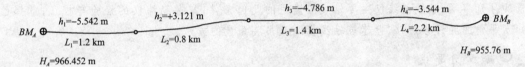

图 2-36 附合水准路线的观测结果

表 2-17 附合水准路线水准测量内业计算

点号	距离/km	实测高差 h/m	改正数 V/mm	改正后高差 h'/m	高程 H/m
BM_A					
1					
2					
3					
BM_B					
$\sum$					
辅助计算	$f_h=\sum h_{测}=$ $f_{h容}=$				

8. 简述高程的测设方法及步骤。

9. 利用高程为 25.532 m 的水准点 A,测设高程为 25.801 m 的 B 点,应如何测设?请计算测设数据并详述测设方法。

单元三
水平角度测量与测设

学习目标

掌握角度测量原理;掌握经纬仪的基本操作;掌握水平角和竖直角的观测方法及角度测量的注意事项;掌握经纬仪主要轴线应满足的几何条件;掌握经纬仪的检验与校正;掌握已知水平角的测设方法;掌握建筑轴线投测及吊装测量的方法。

学习要求

知识要点	技能训练	相关知识
经纬仪的结构及读数方法	经纬仪的认识	经纬仪各部件的名称及使用
经纬仪的操作步骤	经纬仪的使用	经纬仪对中、整平、瞄准、读数
水平角的测量	水平角的观测	用测回法、方向观测法观测水平角
竖直角的测量	竖直角的观测	竖直度盘构造、竖直角测量原理、竖盘读数指标差的计算
经纬仪的主要轴线	经纬仪各轴间应满足的几何条件	经纬仪的轴线;轴线间应满足的几何条件
经纬仪的检验与校正	DJ₆经纬仪的检验与校正	经纬仪各项检验的步骤和校正方法
已知水平角的测设	根据精度要求选择合适的测设方法测设水平角	用一般法和精密法测设水平角
建筑轴线投测	建筑轴线投测	建筑轴线投测的方法
吊装测量	柱子的安装测量、吊车梁的安装测量和吊轨、屋架的安装测量	吊车梁的测量步骤及方法;柱子的安装测量步骤及方法

单元导入

测量的实质是确定地面点位。水平角是确定地面点位关系的三个基本要素之一,用以确定点的平面位置。那么如何确定地面上某点与两目标构成的水平角呢?如何根据地面上的某边和已知的水平角标定出另一边的位置呢?这些问题都需要使用一定的仪器和工具、采用一定的方法和程序并按照一定的要求来解决。这就是水平角测量与测设的基本技能。水平角的测量与测设广泛应用于地形图测绘、施工场地平面点位测设和施工过程中建筑(构)物定位、轴线测设等工作中。

课题一　经纬仪的使用及角度测量方法

技能点 1　角度测量原理及经纬仪的结构和读数方法

角度测量是测量的基本工作之一,包括水平角测量和竖直角测量。角度测量的主要仪器是经纬仪。

一、角度测量原理

1. 水平角测量原理

地面上某点到两目标的方向线垂直投影到水平面上所成的夹角称为水平角,其角值范围为 $0°\sim360°$。

如图 3-1 所示,O 点到 A、B 两目标点的方向线 OA 和 OB 在某水平面 H 上的垂直投影 OA_1 和 OB_1 的夹角称为水平角 β。在 O 点设置一个顺时针注记全圆量角器(度盘),中心正好在 OO' 竖线上,并设置成水平状态,OA_1 在度盘上的读数为 a,OB_1 在度盘上的读数为 b,则 b 减去 a 就是水平角 β,即

$$\beta = b - a \qquad (3\text{-}1)$$

由此可见,地面上任意两直线间的水平夹角就是通过两直线所作铅垂面间的两面角。

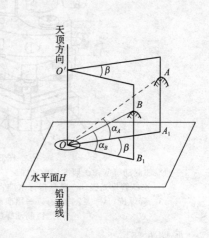

图 3-1　角度测量原理

2. 竖直角测量原理

所谓竖直角,是指同一竖直面内目标方向与水平线之间的夹角,其角值范围为 $0°\sim\pm90°$,一般用 α 表示。

视线上倾所构成的仰角为正,如图 3-1 所示,目标方向线 OA、OB 与水平线 OA_1、OB_1 的夹角分别为 α_A、α_B;反之,视线下倾所构成的俯角为负。

根据竖直角的概念,测量竖直角与测量水平角一样,其角值也是度盘(竖盘)上两个方向读数之差。其中一个方向为水平方向,在竖盘上的读数为固定值,正常状态下为 $90°$ 的整数倍。因此,测量时只需要读出目标方向的读数,就可以计算出竖直角。

二、经纬仪的结构和读数方法

经纬仪的主要功能是测量水平角和竖直角,另外通过水准尺的辅助还可以测量视距和高差。

经纬仪根据度盘刻度和读数方法的不同,分为游标经纬仪、光学经纬仪和电子经纬仪。游标经纬仪已经被淘汰,目前主要使用电子经纬仪,光学经纬仪使用较少。

我国的大地测量经纬仪按照精度分类,其系列标准为 DJ_{07}、DJ_1、DJ_2、DJ_6、DJ_{15} 这五个等级。"D"和"J"分别为"大地测量"和"经纬仪"的汉语拼音首字母,"07"、"1"、"2"、"6"、"15"为该仪器一测回水平方向中误差。

由于经纬仪的精度等级、用途及生产厂家的不同,其具体部件和结构也不同,但基本原

理和构造是相同的。下面介绍光学经纬仪 DJ$_6$、DJ$_2$ 及电子经纬仪的构造和读数方法。

1. DJ$_6$ 光学经纬仪

（1）构造

DJ$_6$ 光学经纬仪主要由照准部、水平度盘和基座三部分组成，如图 3-2 所示。

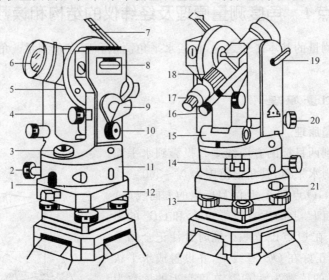

图 3-2　DJ$_6$ 光学经纬仪的构造

1—照准部制动螺旋；2—照准部微动螺旋；3—圆水准器；4—竖盘指标水准管微动螺旋；5—竖直度盘；6—物镜；
7—水准管反光镜；8—竖盘指标水准管；9—度盘照明反光镜；10—测微轮；11—水平度盘；12—基座；
13—脚螺旋；14—复测扳手；15—照准部水准管；16—读数显微镜目镜；17—目镜；18—望远镜调焦筒；
19—望远镜制动螺旋；20—望远镜微动螺旋；21—轴座固定螺旋

① 照准部

照准部是基座上方能够转动的部分的总称，主要由望远镜、竖直度盘、水准器以及读数设备等组成。

望远镜：用于瞄准目标，其构造与水准仪相似。制动和微动螺旋用来控制望远镜在竖直方向的转动。

竖直度盘（简称竖盘）：固定在横轴的一端，用于测量竖直角。竖盘随望远镜一起转动，而竖盘读数指标不动，但可通过竖盘指标水准管微动螺旋做微小移动。调整此微动螺旋使竖盘指标水准管气泡居中（有许多经纬仪已用自动归零装置代替竖盘指标水准管），指标位于正确位置。

水准器：照准部水准管是用来整平仪器的，圆水准器用来粗略整平。

读数设备：包括一个读数显微镜、测微器以及光路中一系列的棱镜、透镜等。

② 水平度盘

水平度盘是由光学玻璃制成的精密刻度盘，分划从 0°～360°，按顺时针注记，每格 1°或 30′，用来测量水平角。

水平度盘的转动由度盘变换手轮来控制。转动手轮，度盘即可转动；将手轮推压进去再转动手轮，度盘才能随之转动。还有少数仪器采用复测装置。当复测扳手扳下时，照准部与度盘结合在一起，照准部转动，度盘随之转动，度盘读数不变；当复测扳手扳上时，二者相互脱离，照准部转动时就不再带动度盘，度盘读数就会改变。

经验提示

在水平角测角过程中,水平度盘固定不动,不随照准部转动。为了改变水平度盘的位置,仪器设有水平度盘转动装置。

③基座

基座是仪器的底座,由一固定螺旋将其与照准部连接在一起。使用时应检查固定螺旋是否旋紧。

目前生产的光学经纬仪一般均装有光学对中器。与垂球对中相比,它具有精度高和不受风的影响等优点。

(2)读数方法

现有的 DJ₆ 光学经纬仪多数采用分微尺测微器读数方法。分微尺测微器度盘分划值为1°,按顺时针方向注记每度的度数。读数显微镜内所看到的度盘和分微尺的影像上面注有"H"(或"水平"、"一")的为水平度盘读数窗,注有"V"(或"竖直"、"⊥")的为竖直度盘读数窗,如图3-3所示。

分微尺的长度等于度盘分划线间隔1°的长度,分微尺分为 60 个小格,每小格为1′。分微尺每 10 小格注有数字,表示0′、10′、20′、……、60′,直接读到1′,估读到6″(把每格估分为10份)。其注记增加方向与度盘注记方向相反。

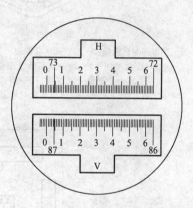

图3-3　分微尺测微器读数窗

经验提示

DJ₆ 光学经纬仪读数时,秒值为估读位,将1′目估分为 10 份,每份为6″,故读得的角度秒值一定是 6 的倍数。

如图3-3所示,读数时,分微尺上的 0 分划线为指标线,它所指的度盘上的位置就是度盘读数的位置。例如在水平度盘读数窗中,分微尺的 0 分划线已超过73°多,所以其数值要由分微尺的 0 分划线至度盘上 73°分划线之间有多少小格来确定,图中为 4.5 格,故为04′30″。水平度盘的读数应是73°04′30″。同理,在竖直度盘读数窗中,分微尺的 0 分划线超过了 87°,读数应为87°04′36″。

实际上在读数时,只要看度盘哪一条分划线与分微尺相交,度数就是这条分划线的注记数,分数则为这条分划线所指分微尺上的读数。

2. DJ₂ 光学经纬仪

DJ₂ 光学经纬仪(图 3-4)与 DJ₆ 光学经纬仪的主要区别是读数设备及读数方法不同。DJ₂ 光学经纬仪一般均采用对径分划线影像符合的读数装置。采用符合读数装置可以消除照准部偏心的影响,提高读数精度。如图3-5所示,读数为94°36′36.2″。

3. 电子经纬仪

电子经纬仪(图 3-6)与光学经纬仪的主要不同之处在于度盘的读数系统和显示系统。电子经纬仪采用了光电扫描、自动计数及电子显示系统。另外,电子经纬仪的竖轴补偿器也采用了电子纠正方法,与光学经纬仪的补偿器有所区别,操作过程采用菜单或指令。

一些精度较高的电子经纬仪中,采用双轴补偿器来抵消竖轴倾斜对水平角和竖直角观测的影响。双轴液体补偿器在其补偿范围内(±3′),补偿精度可达±0.1″。

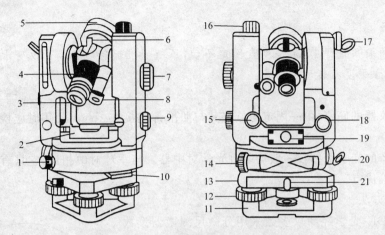

图 3-4　DJ₂ 光学经纬仪的构造

1—照准部制动螺旋；2—照准部水准管；3—目镜；4—望远镜调焦筒；5—物镜；6—粗瞄器；7—测微轮；8—读数显微镜目镜；
9—度盘换向手轮；10—水平度盘变换手轮；11—基座底板；12—脚螺旋；13—基座；14—照准部微动螺旋；
15—望远镜微动螺旋；16—望远镜制动螺旋；17—竖盘照明反光镜；18—竖盘指标补偿器开关；
19—光学对中器；20—水平度盘照明反光镜；21—轴座固定螺旋

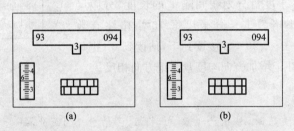

图 3-5　DJ₂ 光学经纬仪的读数窗

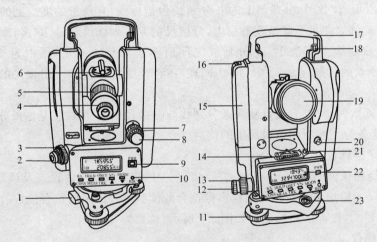

图 3-6　电子经纬仪

1—轴套锁定钮；2—光学对中器目镜调焦螺旋；3—光学对中器物镜调焦螺旋；4—目镜调焦螺旋；5—物镜调焦螺旋；
6—光学瞄准器；7—望远镜制动螺旋；8—望远镜微动螺旋；9—电源开关键；10—显示窗照明开关键；11—脚螺旋；
12—水平微动螺旋；13—水平制动螺旋；14—管水准器；15—电池盒；16—电池盒按钮；17—手柄；18—手柄固定螺钉；
19—物镜；20—光电测距仪数据接口；21—管水准器校正螺钉；22—显示窗；23—圆水准器

技能点 2　经纬仪的操作步骤

一、经纬仪的安置

经纬仪的安置包括对中和整平。对中的目的是使仪器的中心与测站点处在同一条铅垂线上,整平的目的是使仪器竖轴竖直,水平读盘处在水平状态。

安置步骤如下:

1. 初步对中

(1)打开脚架,将脚架置于测站点正上方,使架头大致水平,把仪器置于脚架上,旋转光学对中器目镜调焦螺旋,使分划板上圆圈清晰,推或拉光学对中器使测站点清晰。

(2)使一条架腿固定,两手分别握住两条架腿,移动两条架腿的同时从光学对中器中观察,使分划板圆圈对准测站点。

对中后注意踩实脚架。

2. 初步整平

调节架腿高度,使圆水准器气泡居中。

3. 精确整平

(1)旋转照准部,使管水准器气泡与任意两个脚螺旋平行,同时相向旋转此两脚螺旋,使气泡居中(图 3-7(a))。

(2)将照准部旋转 90°,旋转另外一个脚螺旋,使管水准器气泡居中(图 3-7(b))。

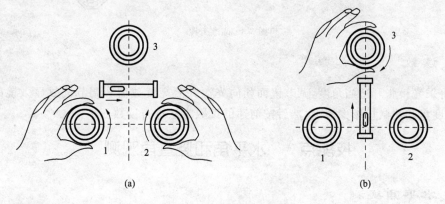

(a)　　　　　　　　　　　　　　(b)

图 3-7　精确整平原理

(3)将仪器旋转至任意位置,检查气泡是否居中,若有偏离,再旋转相应的脚螺旋,反复进行,直至照准部旋转到任一位置时气泡都居中。

4. 精确对中

光学对中器检查测站点是否偏离分划板圆圈中心,若偏离,则进行如下调节:

(1)松开三脚架连接螺旋,平移经纬仪,圆圈中心对准测站点后旋紧连接螺旋。

(2)重新检查整平,若管水准器气泡偏离中心,则重复步骤 3、4,直至整平与对中都满足条件。

经验提示

● 对中工作应与整平工作穿插进行,直到既对中又整平为止。

●对中和整平工作是仪器使用的基础,必须掌握,任何测量角度或坐标的仪器都需要对中和整平,如电子经纬仪、全站仪、GPS等。

二、瞄准

瞄准工具如图3-8所示。松开望远镜制动螺旋,将望远镜指向天空或在物镜前放置一张白纸,旋转目镜,使十字丝分划板成像清晰;然后用望远镜上的粗瞄装置找到目标,再旋转调焦螺旋,使被测目标影像清晰;最后旋紧照准部制动螺旋,并旋转水平微动螺旋,精确对准目标,使目标位于十字丝分划板中心或与竖丝重合。测量水平角瞄准时应尽量对准目标底部,以避免由于目标倾斜而带来的瞄准误差。

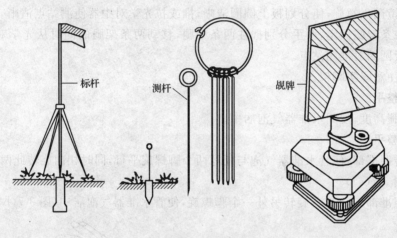

图 3-8　瞄准工具

三、读数

先将采光镜张开适当角度,调节镜面朝向光源并照亮读数窗。调节读数显微镜的对光螺旋,使度盘和测微尺影像清晰,然后按前述的读数方法进行读数。

技能点3　水平角和竖直角观测

一、水平角观测

在角度观测中,为了消除某些误差,需要在盘左、盘右两个位置分别进行观测。

1.测回法

测回法用于观测两个方向之间的单角,如图3-9所示。

观测步骤如下:

(1)在盘左位置精确瞄准左目标A,调整水平度盘为0°或稍大,读数为$a_左$。

(2)松开水平制动螺旋,顺时针转动照准部,瞄准右目标B,读取水平度盘读数$b_左$。计算上半测回水平

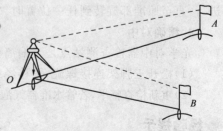

图 3-9　用测回法观测水平角

角 $\beta_{\text{上}}=b_{\text{左}}-a_{\text{左}}$，以上用盘左进行测角称为上半测回。

（3）松开水平及竖直制动螺旋，成盘右位置，瞄准右目标 B，读取水平度盘读数 $b_{\text{右}}$，逆时针旋转至左目标 A，读数为 $a_{\text{右}}$。计算下半测回水平角 $\beta_{\text{下}}=b_{\text{右}}-a_{\text{右}}$，以上用盘右进行测角称为下半测回。

（4）上、下半测回合称一测回。

DJ$_6$ 光学经纬仪盘左、盘右两个半测回角值之差不超过 40″，即当 $\beta_{\text{上}}-\beta_{\text{下}}\leqslant 40''$ 时，取其平均值即为一测回角值：

$$\beta=(\beta_{\text{上}}+\beta_{\text{下}})/2 \tag{3-2}$$

DJ$_6$ 光学经纬仪测回法观测记录手簿见表 3-1。

表 3-1　　　　　　　　　　DJ$_6$ 光学经纬仪测回法观测记录手簿

测站	竖盘位置	目标	水平度盘读数 /(° ′ ″)			半测回角值 /(° ′ ″)			一测回角值 /(° ′ ″)			备注
0	左	A	0	00	06	35	10	48	35	10	54	
		B	35	10	54							
	右	A	180	00	18	35	11	00				
		B	215	11	18							

当测角精度要求较高时，往往要测几个测回，为了减少度盘分划误差的影响，各测回间应根据测回数 n 按 $180°/n$ 变换水平度盘位置。例如观测四个测回，$180°/4=45°$，第一测回盘左时起始方向的读数应配置在 $0°$ 稍大些，第二测回盘左时起始方向的读数应配置在 $45°$ 左右，第三测回盘左时起始方向的读数应配置在 $90°$ 左右，第四测回盘左时起始方向的读数应配置在 $135°$ 左右。

2.方向观测法

在一个测站上需要观测两个以上的方向时，一般采用方向观测法。如图 3-10 所示，仪器安置在 O 点上，观测 A、B、C、D 各方向之间的水平角。

观测步骤如下：

（1）盘左观测

选择方向中一明显目标，例如 A，作为起始方向（或称零方向），精确瞄准 A，水平度盘配置在 $0°$ 或稍大些，读取读数记入记录手簿中。

顺时针方向依次瞄准 B、C、D，读取读数记入记录手簿中。

再次瞄准 A，读取水平度盘读数，此次观测称为归零（A 方向两次水平度盘读数之差称为半测回归零差）。

（2）盘右观测

按逆时针方向依次瞄准 A、D、C、B、A，读取水平度盘读数，记入记录手簿中，检查半测回归零差。

如果要观测 n 个测回，则每测回仍应按 $180°/n$ 的差值变换水平度盘的起始位置。

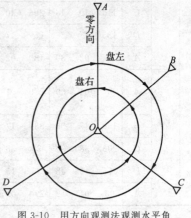

图 3-10　用方向观测法观测水平角

(3)检核(见表 3-2)

表 3-2　　　　　　　　　　　　　　方向观测法各项限差

仪　器	半测回归零差/(″)	一测回内 2C 互差/(″)	同一方向值各测回互差/(″)
DJ$_2$	12	18	12
DJ$_6$	18	—	24

半测回中零方向有两次读数,两次读数之差为半测回归零差。

同一方向盘左读数减去盘右读数±180°,称为两倍照准误差,简称 2C。

$$平均读数＝[盘左读数＋(盘右读数±180°)]/2$$

在计算平均读数后,由于起始方向 OA 需要归零,有两个平均读数,见表 3-3 中的目标 A,故应再取平均值,写在表中括号内,作为 A 的方向值。

计算归零方向值:将计算出的各方向的平均读数分别减去起始方向 OA 的两次平均读数(括号内之值),即得各方向的归零方向值。

同一方向值各测回互差检核:将各测回同一方向的归零方向值进行比较,其差值不应大于规定值;取各测回同一方向归零方向值的平均值作为该方向的最后结果;如果欲求水平角值,则只需将相关两平均归零方向值相减即可。

DJ$_6$ 光学经纬仪方向观测法记录手簿见表 3-3。

表 3-3　　　　　　　　　　　　DJ$_6$ 光学经纬仪方向观测法记录手簿

测站	测回	目标	水平度盘读数 盘左/(° ′ ″)	水平度盘读数 盘右/(° ′ ″)	2C/(″)	平均读数 /(° ′ ″)	归零方向值 /(° ′ ″)	各测回平均 归零方向值 /(° ′ ″)	备注
0	1	A	0　02　42	180　02　42	0	(0　02　38) 0　02　42	0　00　00	0　00　00	
		B	60　18　42	240　18　30	12	60　18　36	60　15　58	60　15　56	
		C	116　40　18	296　40　12	6	116　40　15	116　37　37	116　37　28	
		D	185　17　30	5　17　36	−6	185　17　33	185　14　55	185　14　47	
		A	0　02　30	180　02　36	−6	0　02　33			
	2	A	90　01　00	270　01　06	−6	(90　01　09) 90　01　03	0　00　00		
		B	150　17　06	330　17　00	6	150　17　03	60　15　54		
		C	206　38　30	26　38　24	6	206　38　27	116　37　18		
		D	275　15　48	95　15　48	0	275　15　48	185　14　39		
		A	90　01　12	270　01　18	−6	90　01　15			

二、竖直角观测

1. 竖直度盘的构造

竖直度盘(竖盘)部分包括竖盘、竖盘指标水准管和竖盘指标水准管微动螺旋,如图 3-11 所示。

竖盘固定在望远镜横轴的一端,其面与横轴垂直。望远镜绕横轴旋转时,竖盘也随之转动,而竖盘指标不动。竖盘的注记形式有顺时针和逆时针两种。当望远镜视线水平,竖盘指标水准管气泡居中时,盘左竖盘读数应为 $90°$,盘右竖盘读数则为 $270°$。竖盘指标是测微尺的零分划线,竖盘指标与竖盘指标水准管固连在一起,当旋转竖盘指标水准管微动螺旋使指标水准管气泡居中时,竖盘指标即处于正确位置。

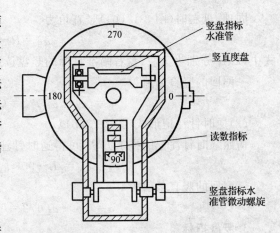

图 3-11　竖直度盘的构造

2.竖直角计算公式

(1)顺时针注记形式(图 3-12(a))

盘左时,视线水平的读数为 $90°$,随着望远镜逐渐抬高(仰角),竖盘读数在减少(图 3-13(a))。

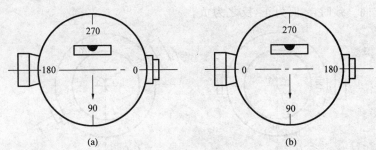

图 3-12　竖直度盘的注记形式

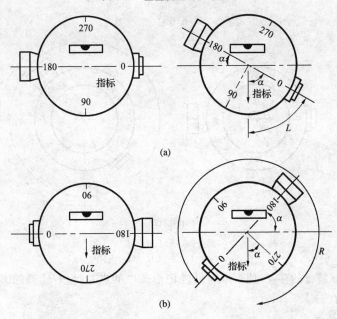

图 3-13　竖直角观测公式推导略图(顺时针注记形式)

竖直角为

$$\alpha_左 = 90° - L \tag{3-3}$$

同理,盘右时(图 3-13(b))竖直角为

$$\alpha_右 = R - 270° \tag{3-4}$$

式中,L、R 分别为盘左、盘右瞄准目标的竖盘读数。

一测回的竖直角值为

$$\alpha = (\alpha_左 + \alpha_右)/2 = (R - L - 180°)/2 \tag{3-5}$$

(2)逆时针注记形式(图 3-12(b))

仿照顺时针注记的推求方法,可得逆时针注记的竖直角计算公式:

$$\alpha_左 = L - 90°,\ \alpha_右 = 270° - R \tag{3-6}$$

一测回的竖直角值为

$$\alpha = (\alpha_左 + \alpha_右)/2 = (L - R + 180°)/2 \tag{3-7}$$

3. 竖盘指标差

当视线水平时,盘左竖盘读数为 90°,盘右为 270°。但指标不恰好指在 90°或 270°,而与正确位置相差一个小角度 x,x 称为竖盘指标差(图 3-14)。当竖盘指标的偏移方向与竖盘注记的增加方向一致时,x 值为正,反之为负。

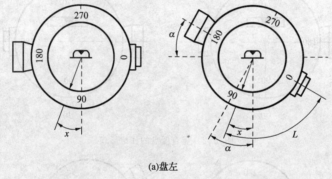

(a)盘左

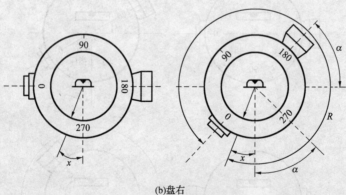

(b)盘右

图 3-14 竖盘指标差

$$x = (\alpha_右 - \alpha_左)/2 = (R + L - 360°)/2 \tag{3-8}$$

由于竖盘指标差 x 的存在,使得顺时针注记形式中的盘左、盘右读得的 L、R 均大了一个 x($\alpha_左$ 小了 x,$\alpha_右$ 大了 x)。

正确的竖直角为

$$\alpha_左 = 90° - (L - x),\ \alpha_右 = (R - x) - 270° \tag{3-9}$$

$$\alpha = (\alpha_左 + \alpha_右)/2 = [90° - (L - x) + (R - x) - 270°]/2 = (R - L - 180°)/2 \tag{3-10}$$

用盘左、盘右各观测一次竖直角,然后取其平均值作为最后结果,即可消除指标差的影响。

4.竖直角观测

观测步骤如下:

(1)在盘左位置用水平中丝照准目标,调整竖盘指标水准管气泡居中后,读取竖盘读数 L,记入记录手簿表 3-4 中。

表 3-4　　　　　　　　　　　　　竖直角观测记录手簿

测站	目标	盘位	竖盘读数 /(°′″)	半测回竖直角 /(°′″)	指标差/(″)	一测回竖直角 /(°′″)	备　注
0	A	左	85　35　36	4　24　24	−6	+4　24　18	顺时针注记竖盘
		右	274　24　12	4　24　12			
	B	左	127　03　42	−37　03　42	3	−37　03　39	
		右	232　56　24	−37　03　36			

(2)在盘右位置用水平中丝照准目标,调整竖盘指标水准管气泡居中后,读取竖盘读数 R,记入记录手簿中,测回观测结束。

竖直角测定应在目标成像清晰稳定的条件下进行;盘左、盘右两盘位照准目标时,其目标成像应分别位于竖丝左右附近的对称位置;观测过程中,若发现指标差绝对值大于 $30''$,应予以校正;DJ$_6$ 光学经纬仪竖盘指标差的变化范围不应超过 $\pm15''$。

三、角度观测注意事项

1.仪器误差

仪器误差有三轴误差(视准轴误差、横轴误差、竖轴误差)、照准部偏心差和度盘误差等。

(1)视准轴误差:视准轴不与横轴垂直的情况会产生视准轴误差,常用 c 来表示。

测量时,采用盘左盘右观测法,若盘左观测 c 为正值,则盘右观测 c 为负值。在盘左盘右观测取水平方向平均值时,视准轴误差 c 的影响被抵消,即视准轴误差被抵消。

(2)横轴误差:这种误差的产生是由于横轴不垂直于竖轴。

(3)竖轴误差:竖轴不平行于垂线而形成的误差。

(4)仪器构件偏心差:主要有照准部偏心差和度盘偏心差。

(5)度盘分划误差:包括长周期误差和短周期误差,现代精密光学经纬仪的度盘分划误差为 $1''\sim2''$。在工作上要求多测回观测时,各测回配置不同的度盘位置,其观测结果可以削弱度盘分划误差的影响。

2.角度观测误差

(1)仪器对中误差的影响

安置经纬仪时,测站点的对中不够准确所引起的观测水平角的误差称为仪器对中误差。为了消除或减小对中误差对水平角的影响,对短边测角必须十分注意仪器的对中。

(2)目标偏心误差的影响

目标偏心误差是由于目标点上所竖立的目标与地面点的标志中心不在同一铅垂线上所引起的测角误差。为了减小目标偏心对水平角观测的影响,作为照准目标的标杆应竖直,并尽量照准标杆的底部。对于短边,照准目标最好采用垂球线或测钎。边长越短,越应注意目标的偏心误差。

（3）瞄准误差的影响

瞄准目标的精确度与人眼的分辨率 P 及望远镜的放大倍率 V 有关。在实际操作中，对光时视差未消除，或者目标构形和清晰度不佳，或者瞄准的位置不合理，实际的瞄准误差可能要大得多。因此，在观测中选择较好的目标构形，做好对光和瞄准工作，是减小瞄准误差影响的基本方法。

（4）读数误差的影响

读数装置的质量、照明度以及读数判断的准确性等是产生读数误差的原因。

3.外界环境的影响

外界环境的影响包括大气密度、大气透明度的影响，目标相位差、旁折光的影响以及温度、湿度的影响等。

外界环境对测角精度的影响主要表现在观测目标成像的质量、观测视线的弯曲、觇牌或脚架的扭转等方面。

经验提示

任何测量数据的误差均由仪器、观测者和外界环境三大因素组成。

4.角度观测的注意事项

保证测角的精度，满足测量的要求。

（1）观测前应先检验仪器，发现仪器有误差应立即进行校正，并采用盘左、盘右取平均值和用十字丝交点照准等方法，减小或消除仪器误差对观测结果的影响。

（2）安置仪器要稳定，脚架应踏牢，对中、整平应仔细，短边时应特别注意对中，在地形起伏较大的地区观测时应严格整平。

（3）目标处的标杆应竖直，并根据目标的远近选择不同粗细的标杆。

（4）观测时应严格遵守各项操作规定。例如，照准时应消除视差；水平角观测时切勿误动度盘；竖直角观测时，应在读取竖盘读数前显示指标水准管气泡居中等。

（5）水平角观测时，应用十字丝交点附近的竖丝照准目标根部；竖直角观测时，应用十字丝交点附近的横丝照准目标顶部。

（6）读数应准确，观测时应及时记录和计算。

（7）各项误差应在规定的限差内，超限必须重测。

课题二　经纬仪的检验及校正

技能点1　经纬仪的轴线及轴线间应满足的几何条件

一、经纬仪的轴线类型

从测角原理可知，经纬仪的主要轴线有望远镜的视准轴 CC、仪器的旋转竖轴 VV、望远镜的旋转横轴 HH 以及管水准轴 LL，如图 3-15 所示。

二、轴线面应满足的几何条件

(1) $LL \perp VV$

仪器在装配时,已保证水平度盘与竖轴相互垂直,因此只要竖轴竖直,水平度盘就处在水平位置。竖轴的竖直是通过照准部水准管气泡居中来实现的,故要求管水准轴垂直于竖轴,即 $LL \perp VV$。

(2) $CC \perp HH$

测角时望远镜绕横轴旋转,视准轴所形成的面(视准面)应为竖直的平面,这要通过两个条件来实现,即视准轴应垂直于横轴,即 $CC \perp HH$,以保证视准面成为平面。

(3) $HH \perp VV$

横轴应垂直于竖轴,即 $HH \perp VV$。当竖轴竖直时,横轴即水平,视准面就成为竖直的平面。

(4) 十字丝竖丝垂直于横轴 HH

测角时要用十字丝瞄准目标,故应使十字丝竖丝垂直于横轴 HH。

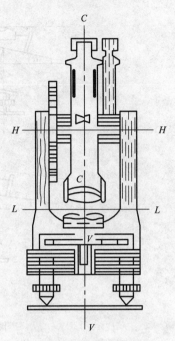

图 3-15　经纬仪的轴线

(5) 光学对中器的光学垂线与竖轴重合

如果使用光学对中器对中,则要求光学对中器的光学垂线与竖轴重合。

技能点 2　经纬仪的检验与校正

由于仪器长期在野外使用,其轴线关系可能被破坏,从而产生测量误差。因此,测量规范要求正式作业前应对经纬仪进行检验。必要时需对调节部件加以校正,使之满足要求。DJ_6 光学经纬仪应进行下述检验。

一、照准部管水准轴的检验与校正

1. 检验

先整平仪器,照准部管水准轴平行于任意一对脚螺旋,转动该对脚螺旋使气泡居中(图 3-16(a)),再将照准部旋转 180°(图 3-16(b)),若气泡仍居中,则说明此条件满足,否则需要校正。

2. 校正

用校正针拨动管水准器一端的校正螺钉,先松一个后紧一个,使气泡退回偏离格数的一半(图 3-16(c)),再转动脚螺旋使气泡居中(图 3-16(d))。

重复检验与校正,直到管水准器在任何位置时气泡偏离量都在一格以内为止。

二、十字丝竖丝的检验与校正

1. 检验

用十字丝竖丝一端瞄准细小点状目标并转动望远镜微动螺旋,使其移至竖丝另一端,若目标点始终在竖丝上移动,则说明此条件满足,否则需要校正(图 3-17(a))。

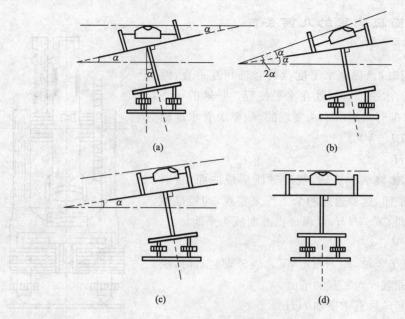

图 3-16　照准部管水准轴的检验与校正

2. 校正

旋下十字丝分划板护罩(图 3-17(b)),用小改锥松开十字丝分划板的固定螺钉,微微转动十字丝分划板,使竖丝端点至点状目标的间隔减小一半,再返转到起始端点。

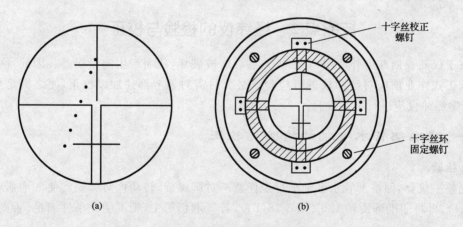

图 3-17　十字丝竖丝的检验与校正

重复上述检验与校正,直到无显著误差为止,最后将固定螺钉拧紧。

三、视准轴的检验与校正

方法一:

(1)检验

如图 3-18(a)所示,盘左瞄准远处与仪器同高点 A,读取水平度盘读数 $\alpha_{左}$,倒转望远镜盘右再瞄准 A 点,读取水平度盘读数 $\alpha_{右}$。若 $\alpha_{左}=\alpha_{右}\pm180°$,则说明此条件已满足;若差值超过 $2'$,则需要校正。

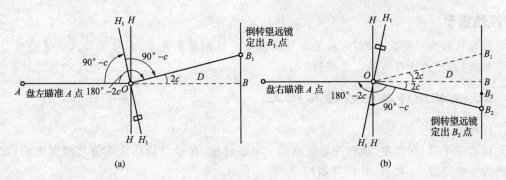

图 3-18 视准轴的检验与校正

(2)校正

计算正确读数 $\alpha'_右=[\alpha_右+(\alpha_左\pm180°)]/2$，转动水平微动螺旋，使水平度盘读数为 $\alpha'_右$，此时目标偏离十字丝交点，用校正针拨动十字丝左右校正螺旋，使十字丝交点对准 A 点。

如此重复检验与校正，直到差值在 $2'$ 内为止。最后旋上十字丝分划板护罩。

方法二：

(1)检验

如图 3-18(b)所示，在平坦场地选择相距 100 m 的 A、B 两点，仪器安置在两点中间的 O 点，在 A 点设置和经纬仪同高的点标志（或在墙上设同高的点标志），在 B 点设一根水平尺，该尺与仪器同高且与 OB 垂直。检验时用盘左瞄准 A 点标志，固定照准部，倒转望远镜，在 B 点尺上定出 B_1 点的读数，再用盘右同法定出 B_2 点的读数。若 B_1 与 B_2 重合，则说明此条件满足，否则需要校正。

(2)校正

在 B_1、B_2 点间 1/4 处定出 B_3 读数，使 $B_3=B_2-(B_2-B_1)/4$。拨动十字丝左右校正螺旋，使十字丝交点与 B_3 点重合。

如此反复检验与校正，直到 $B_1B_2\leqslant2$ cm 为止。最后旋上十字丝分划板护罩。

四、横轴的检验与校正

1.检验

在离建筑物 10 m 处安置仪器（图 3-19），盘左瞄准墙上高目标点标志 P（垂直角大于 30°），将望远镜放平，十字丝交点投在墙上定出 P_1 点。盘右瞄准 P 点，同法定出 P_2 点。若 P_1、P_2 点重合，则说明此条件满足；若 $P_1P_2>5$ mm，则需要校正。

2.校正

用水平微动螺旋使十字丝交点瞄准 P_M 点，然后抬高望远镜，此时十字丝交点必然偏离 P 点。打开支架处横轴一端的护盖，调整支撑横轴的偏心轴环，抬高或降低横轴一端，直至十字丝交点瞄准 P 点。

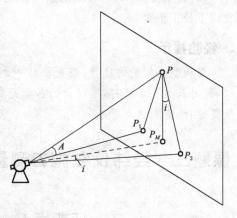

图 3-19 横轴的检验与校正

经验提示

经纬仪的横轴是密封的,一般能保证横轴与竖轴的垂直关系,故使用时只需进行检验。如需校正,则可由仪器检修人员进行。

五、竖盘指标差的检验与校正

1. 检验

仪器整平后,在盘左、盘右先后瞄准同一明显目标,在竖盘指标水准管气泡居中的情况下读取竖盘读数 L_0 和 R_0 并计算指标差。

2. 校正

校正时先计算盘右的正确读数 $R_0 = R - x$,保持望远镜在盘右位置瞄准原目标不变,旋转竖盘指标水准管微动螺旋使竖盘读数为 R_0,这时竖盘指标水准管气泡不再居中,用校正针拨动竖盘指标水准管的校正螺钉使气泡居中。

此项检校需反复进行,直至指标差 x 不超过限差为止。

六、光学对中器的检验与校正

为使对中器的光轴与竖轴重合,必须要校正对中器(否则当仪器瞄准时,竖轴不是处于真正的定位点上)。

1. 检验

(1)观测对中器并调整仪器位置,使地面点标记成像于分划板的中心点。

(2)绕竖轴转动仪器180°进行检查,如果中心标记仍在圆的中心,就无须调整,否则应按下列方法进行调整。

2. 校正

(1)逆时针方向旋转取下校正螺钉保护盖,用校正针调整四个螺钉,使中心标记朝中心圆方向移动,移动距离为偏移量的1/2。

(2)平移仪器,使仪器地面点标记移到中心圆内。

(3)转动仪器180°,观测地面点标记,若处于中心圆的中心则表明校正完毕,否则要重复以上校正步骤。

经验提示

要调整分划板的位置,应先松动一边的调整螺钉,然后根据松开量拧紧另一边的调整螺钉,逆时针为松动螺钉,顺时针为拧紧螺钉,松和紧的转动应尽可能小一些。校正工作必须反复进行,直到满足要求。

课题三　经纬仪在施工测量中的基本应用

技能点 1　已知水平角的测设

已知水平角的测设就是根据地面已知的一条直线方向,在直线的一个端点安置经纬仪,定出水平角的另一条直线方向,使两条直线方向的水平角等于设计的水平角。

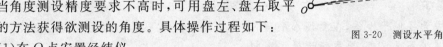

如图 3-20 所示,设地面已知方向为 OA,O 为角顶,β 为已知角,AB 为欲定的方向线。

图 3-20 测设水平角

一、一般方法

当角度测设精度要求不高时,可用盘左、盘右取平均值的方法获得欲测设的角度。具体操作过程如下:

(1)在 O 点安置经纬仪。

(2)先用盘左位置照准 A 点,使水平度盘读数为 L(L 的读数应稍大于 0)。

(3)顺时针方向转动照准部,使水平度盘读数恰好为 $L+\beta$,沿视线方向定出 B_2 点。

(4)用盘右位置照准 A 点,重复上述步骤,测设 β 角并定出 B_1 点。

(5)最后取 B_1、B_2 两点连线的中点 B,则 $\angle AOB$ 就是要测设的 β 角,AB 方向线就是要定出的方向。

二、归化法(精确方法)

1. 思路

当测设水平角的精度要求较高时,可先用一般方法按已知角值测设出 OB' 方向线(图 3-21),然后对 $\angle AOB'$ 进行多测回水平角观测,设其观测值为 β'。根据 β' 与 β 之间的差值 $\Delta\beta$ 及 OB' 边的长度 $D_{OB'}$,通过计算对 B' 点位置进行改正。

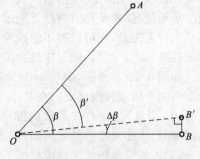

图 3-21 用归化法测设水平角

2. 具体操作过程

(1)初设:按前述一般方法测设出 OB 方向线,在实地标出 B' 点位置。

(2)测定:用经纬仪对 $\angle AOB'$ 进行多测回水平角观测,设其观测值为 β'。

(3)计算:可以按下式计算垂距 BB':

$$\Delta\beta=\beta-\beta',\ BB'=D_{OB'}\cdot\tan\Delta\beta=D_{OB'}\cdot\frac{\Delta\beta}{\rho} \tag{3-11}$$

其中,ρ 为常数 $206265''$。

(4)改正:从 B' 点起沿 AB' 边的垂直方向量出垂距 $B'B$,定出 B 点,则 OB 即为测设角值为 β 的另一方向线。

经验提示

必须注意,从 P 点起向外还是向内量垂距,要根据 $\Delta\beta$ 的正负号来决定。若 $\beta'<\beta$,则 $\Delta\beta$ 为正值,则从 P 点向外量垂距,反之则向内改正。

【例 3-1】 已知测设水平角 $\beta=90°00'00''$,现用一般方法测设出 AB' 方向(参考图3-21),经多测回观测得 $\beta'=\angle AOB'=90°00'17''$。已知 AB' 的平距为 60 m,求垂距 BB' 值,使得 $\angle AOB=90°00'00''$。

解 计算测设数据：

$\Delta\beta=\beta-\beta'=-17''$，$D_{AB'}=60.000$ m，则

$$BB'=D_{AB'}\cdot\frac{\Delta\beta}{\rho}=60.000\times\frac{-17''}{206265''}=-0.005 \text{ m}$$

测设方法：过 B' 点作 AB 的垂线，在 B' 点沿 $\angle AOB'$ 内侧量垂距 5 mm，定出 B 点，则 $\angle AOB$ 即为要测设的 β 角。

经验提示

实践中为了便于操作，在测设水平角时，可使经纬仪水平度盘读数为零，直接测设水平角。为了减少照准误差，要尽量选择远定向。

技能点 2   建筑物轴线投测

在多层和高层建筑物的施工中，为了保证施工质量，必须重点控制建筑物的竖向偏差。也就是说，施工测量的主要问题是如何精确地将轴线向上引测以确定出各楼层的定位轴线。施工规范规定，竖向误差在本层内不得超过 5 mm，全楼的累积误差不得超过 20 mm。

建筑物轴线投测一般采用经纬仪，施测时将经纬仪安置在建筑物附近设立的轴线控制桩上进行竖向投测，称为经纬仪引桩投测法，也称经纬仪竖向投测法。

在建筑物平面定位之后，一般在地面标出建筑物的各轴线，并根据建筑物的施工高度和施工场地情况，在距建筑物尽可能远的地方引测轴线控制桩，用于后期施工的轴线引测。当基础工程完工后，便可以利用轴线控制桩将各轴线精确地投测在建筑物基础底部，并做标记标定各投测点。然后，随着建筑物施工高度的逐层升高，便可利用经纬仪逐层引测轴线。

如图 3-22(a)所示，CC' 和 $33'$ 为某建筑物的中心轴线，C、C'、3 和 $3'$ 点为这两条轴线在地面引测的轴线控制桩点。在基础工程施工完后，将经纬仪安置在控制桩 C 上，照准控制桩 C' 点，用盘左、盘右在基础底部进行投测，并取其投测点的中点 b 作为向上引测的标记点，并标记于建筑物的基础侧面；同法得到 b'、a 和 a' 标志点。同时将轴线恢复到基础面层上，施工人员依据轴线进行楼层施工，当施工完第一层之后，由于砌筑的墙体影响了轴线控制桩间的相互通视，因而用经纬仪进行轴线引测时，必须依据基础侧面投测的标记将轴线由基础底部投测到各楼层面上。

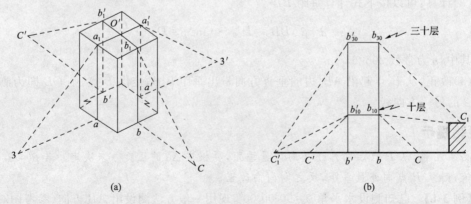

图 3-22   轴线投测

具体投测过程：将经纬仪分别安置在 CC' 和 $33'$ 轴的各控制桩点上，照准基础底部侧面标志，由 b、b'、a 和 a' 用盘左、盘右两个盘位向上投测到楼层楼板上，并取其中点作为该层中

心轴线的投影点,如图中的 b_1、b_1'、a_1 和 a_1' 所示,则 $b_1 b_1'$ 和 $a_1 a_1'$ 两线的交点 O' 即为该层轴线点的投影中心。随着建筑物的逐层升高,便可将轴线点逐层向上引测。

当楼层逐渐增高而轴线控制桩距离建筑物又较近时,望远镜的仰角将较大,这样操作极不方便,同时投测精度也将随仰角的增大而降低。为此,应将原定位轴线控制桩引测到距离建筑物更远的安全地方或附近大楼的屋顶上。

具体操作:将经纬仪安置在某楼层已投测好的中心轴线的交点处,照准原有的轴线控制桩 C、C'、3 和 $3'$ 点,将轴线重新引测到远处或附近大楼的屋顶上,如图 3-22(b)中的 C_1 和 C_1' 即为新的 CC' 轴的控制桩点。更高的各层中心轴线的引测可将经纬仪安置在新的引桩上,按以上相同的操作继续进行。如图 3-22(b)中的 b_{30} 和 b_{30}' 点便是该建筑物第 30 层上 CC' 轴引测的中心投影点,同法可引测到 $33'$ 轴的中心投影点 a_{30} 和 a_{30}',两引测轴线的交点即为该层的轴线投影中心。

投测时,经纬仪一定要经过严格校验才能使用。为了减小外界条件的不利影响,投测工作应在阴天且无风的情况下进行。

▶ 经验提示

本技能点所讲的知识主要应用于民用建筑施工测量,要和相关单元联系起来学习。

技能点 3　吊装测量

装配式单层厂房主要由柱子、梁、吊车轨道、屋架、天窗和屋面板等主要构件组成。一般工业厂房都采用预制构件在现场安装的方法进行施工。为了配合施工人员搞好施工,一般要进行吊装测量。

一、柱子的安装测量

1. 柱子安装前的准备工作

(1)对基础中心线及其间距、基础顶面和杯底标高进行复核,符合设计要求后才可以进行安装工作。

(2)把每根柱子按轴线位置进行编号,并检查柱子的尺寸是否符合图纸的尺寸要求,如柱长、断面尺寸、柱底到牛腿面的尺寸、牛腿面到柱顶的尺寸等,无误后才可进行弹线,如图 3-23 所示。

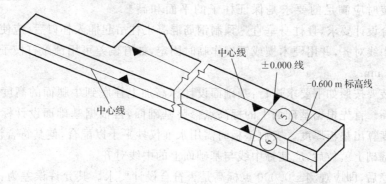

图 3-23　柱身弹线示意图

(3)在柱身的三面用墨线弹出柱中心线,在每个面的中心线上画出上、中、下三点水平标记,并精密量出各标记间的距离。

（4）调整杯底标高并检查牛腿面到柱底的长度，看其是否符合设计要求，如不相符，就要根据实际柱长修整杯底标高，以使柱子吊装后牛腿面的标高基本符合设计要求。具体做法：在杯口内壁测设某一标高线（如一般杯口顶面标高为 -0.500 m，则向下量取 10 cm 即为 -0.600 m 标高线，见图 3-24），然后根据牛腿面设计标高，用钢尺在柱身上量出 ±0.000 和某一标高线（如 -0.600 m 标高线）的位置，并涂画红三角"▼"标志，如图 3-24 所示。分别量出杯口内某一标高线至杯底的高度以及柱身上某一标高线至柱底的高度，并进行比较。最后修整杯底，高的地方凿去一些，低的地方用水泥砂浆填平，使柱底与杯底吻合。

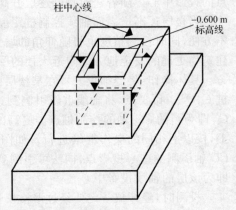

图 3-24　投测柱列轴线示意图

2. 柱子安装时的测量

在以上各项准备工作完成后，即可进行柱子的吊装就位。当柱底接近杯口时，吊钩停止下落，用手调整柱子，使柱身上的中心线与杯口顶面中心线重合，同时保证柱子粗略垂直后再慢慢下落，让柱子在杯口中就位，在杯口处用木楔块或钢楔块将柱子固定后松开吊钩。

如图 3-25 所示，在柱子两相互垂直的柱列轴线上，距柱子 1.5 倍柱高处安置经纬仪，首先瞄准柱身杯口处的中心线，固定照准部，抬高望远镜，再瞄准柱身顶部的中心线，调整与该轴线垂直方向上的两侧楔块，让顶部柱身中心线与望远镜的十字丝竖丝重合。同理，调整另外方向上的两楔块，使另外方向上的柱身中心线与望远镜的十字丝竖丝重合。当两个相互垂直方向上的柱身中心线均与望远镜的十字丝竖丝重合时，牛腿柱安装测量工作即完成，在杯口中用规定强度的细石混凝土将牛腿柱固定。

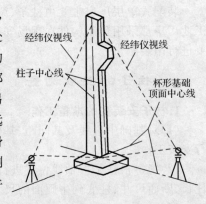

图 3-25　柱子垂直校正测量

柱子安装时应满足的要求是保证柱子的平面和高程位置均符合设计要求，且柱身垂直。预制钢筋混凝土柱吊起插入杯口后，应使柱底三面的中线与杯口中线对齐，并用硬木楔或钢楔作临时固定，如有偏差可用锤敲打楔子拨正。其偏差限值为 ±5 mm。

钢柱吊装要按照如下要求进行：基础面设计标高加上柱底到牛腿面的高度应等于牛腿面的设计标高。首先根据基础面上的标高点修整基础面，再根据基础面设计标高与柱底到牛腿面的高度算出垫板厚度。安放垫板时需用水准仪抄平予以配合，使其符合设计标高。

钢柱在基础上就位后，应使柱中线与基础面上的中线对齐。

柱子立稳后，即应观测 ±0.000 点标高是否符合设计要求。其允许误差为：一般的预制钢筋混凝土柱子应不超过 ±3 mm，钢柱应不超过 ±2 mm。

在实际工作中，一般是一次把成排的柱子都竖起来，然后再进行垂直校正。这时可把两台经纬仪分别安置在纵、横轴线一侧，偏离中心线不得大于 3 m，安置一次仪器即可校正几根柱子。但在这种情况下,柱子上的中心标点或中心墨线必须在同一平面上,否则仪器必须安置在中心线上。

二、吊车梁的安装测量

吊车梁的安装测量工作主要是测设吊车梁的中线位置和梁的标高位置,以满足设计要求。

1. 吊车梁安装时的中心线测设

根据厂房矩形控制网或柱子中心线端点,在地面上定出吊车梁中心线(也即吊车轨道中心线)控制桩,然后用经纬仪将吊车梁中心线投测在每根柱子的牛腿上,并弹以墨线,投点误差为±3 mm。吊装时使吊车梁中心线与牛腿上的中心线对齐。

2. 吊车梁安装时的标高测设

吊车梁顶面标高应符合设计要求。根据±0.000标高线,沿柱子侧面向上量取一段距离,在柱身上定出牛腿面的设计标高点,作为修平牛腿面及加垫板的依据。同时在柱子上端比梁顶高5~10 cm处测设一标高点,据此修平梁顶面。梁顶面置平以后,应安置水准仪于吊车梁上,以柱子牛腿上测设的标高点为依据,检测梁顶面的标高是否符合设计要求,其容许误差应不超过±3~±5 mm。

三、吊车轨道的安装测量

吊车轨道的安装测量工作主要是进行轨道中心线和轨顶标高的测量,使其符合设计要求。

1. 在吊车梁上测设轨道中心线

(1)用平行线法测设轨道中心线

吊车梁在牛腿上安放好后,第一次投在牛腿上的中心线已被吊车梁所掩盖,所以在梁面上需投测轨道中心线,以便安装吊车轨道。

具体测设方法:如图 3-26 所示,先在地面上沿垂直于柱中心线的方向 AB 和 $A'B'$ 各量一段距离 AE 和 $A'E'$,令 $AE=A'E'=e+1$(e 为柱列纵轴线到吊车轨道中心线的距离),则 EE' 为与吊车轨道中心线相距 1 m 的平行线。然后将经纬仪安直在 E 点,照准 E' 点,固定照准部,将望远镜逐渐仰视以向上投点。这时指挥一人在吊车梁上横放一根 1 m 长的木尺,并使木尺一端在视线上,则另一端即为轨道中心线的位置,同时在梁面上划线标记此点位。用同样方法定出轨道中心线的其他各点,再用同样方法测设吊车轨道的另一条中心线位置。也可以按照轨道中心线的间距,根据已定好的一条轨道中心线,用悬空量距的方法定出来。

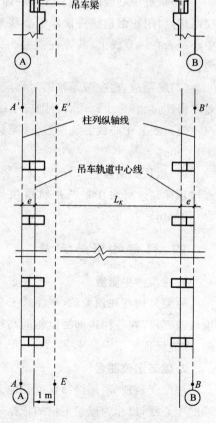

图 3-26　吊车梁安装示意图

（2）根据吊车梁两端投测的中心线点测设轨道中心线

根据地面上的柱子中心线控制点或厂房矩形控制网点测设出吊车梁（吊车轨道）中心线点，然后根据此点用经纬仪在厂房两端的吊车梁面上各投一点，两根吊车梁共投测四点，其投点容许误差为±2 mm。再用钢尺丈量两端所投中心线点的跨距，看其是否符合设计要求，如超过±5 mm，则以实测长度为准予以调整。将仪器安置在吊车梁一端中心线点上，照准另一端点，在梁面上进行中心线投点加密，一般每隔18～24 m加密一点。若梁面过窄，不能安置三脚架，则应采用特殊仪器架来安置仪器。

轨道中心线最好在屋面安装后进行测设，否则当屋面安装完毕后，应重新检查中心线。在测设吊车梁中心线时，应将其方向引测在墙上或屋架上。

2. 吊车轨道安装时的标高测设

在吊车轨道面上投测好中心线点后，应根据中心线点弹出墨线，以便安放轨道垫板。在安装轨道垫板时，应根据柱子上端测设的标高点测设出垫板标高，使其符合设计要求，以便安装轨道。梁面垫板标高测设时的容许误差为±2 mm。

3. 吊车轨道的校核

在吊车梁上安装好吊车轨道后，必须进行轨道中心线检查测量，以校核其是否成一直线；还应进行轨道跨距及轨顶标高的测量，看其是否符合设计要求。检测结果要做出记录，作为竣工验收资料。轨道安装竣工校核测量容许误差应满足以下各检查要求：

（1）轨道中心线的检查：安置经纬仪于吊车梁上，照准预先在墙上或屋架上引测的中心线两端点，用正倒镜法将仪器中心移至轨道中心线上，而后每隔18 m投测一点，检查轨道中心是否在一直线上，其容许误差为±2 mm。若超限，则应重新调整轨道，直至达到要求为止。

（2）跨距检查：在两条轨道对称点上，用钢尺精密丈量其跨距尺寸，其实测值与设计值相差不得超过±3～±5 mm，否则应予以调整。

轨道安装中心线经调整后，必须保证轨道安装中心线与吊车梁实际中心线的偏差小于±10 mm。

（3）轨顶标高检查：吊车轨道安装好后，必须根据在柱子上端测设的标高点（水准点）检查轨顶标高。必须在每两条轨道接头处各测一点，中间每隔6 m测量一点，其容许误差为±2 mm。

四、屋架的安装测量

1. 柱顶抄平测量

屋架是搁在柱顶上的，在屋架安装之前，必须根据各柱面上的±0.000标高线，利用水准仪或钢尺，在各柱顶部测设相同高程数据的标高点，以作为柱顶抄平的依据。据此安装屋架，才能保证屋架安装平齐。

2. 屋架定位测量

屋架安装前，需用经纬仪或其他方法在柱顶上测设出屋架的定位轴线，并应弹出屋架两端的中心线，以作为屋架定位的依据。屋架吊装就位时，应使屋架的中心线与柱顶上的定位线对准，其容许误差为±5 mm。

3. 屋架垂直控制测量

在厂房矩形控制网边线上的轴线控制桩上安置经纬仪(图 3-27),照准柱子上的中心线,固定照准部,然后将望远镜逐渐抬高,观测屋架的中心线是否在同一竖直面内,以此进行屋架的竖直校正。当观测屋架顶有困难时,也可在屋架上横放三把 1 m 长的小木尺进行观测,其中一把安放在屋架上弦中点附近,另外两把分别安放在屋架的两端,使木尺的零刻划正对屋架的几何中心,然后在地面上距屋架中心线为 1 m 处安置经纬仪,观测三把尺子的 1 m 刻划是否都在仪器的竖丝上,以此即可判断屋架的垂直度。

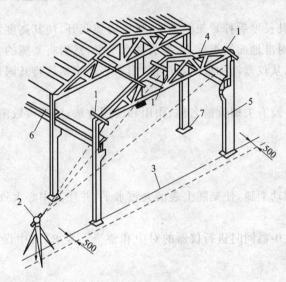

图 3-27　屋架安装示意图
1—卡尺;2—经纬仪;3—定位轴线;4—屋架;5—柱子;6—吊木架;7—基础

也可用悬吊垂球的方法进行屋架垂直度的校正。屋架校至垂直后,即可将屋架用电焊方法固定。屋架安装的竖直容许误差为屋架高度的 1/250,但不得超过 ± 15 mm。

经验提示

本技能点所讲的知识主要应用于工业厂房施工测量,要和相关单元联系起来学习。

单元实训

一、DJ$_6$ 光学经纬仪的认识与使用

(一)实训目的

熟悉和学会使用 DJ$_6$ 光学经纬仪。

(二)实训内容

1. 了解 DJ$_6$ 光学经纬仪各部件及有关螺旋的名称和作用。

2. 掌握经纬仪的对中、整平、瞄准和读数方法。

3. 练习用经纬仪盘左位置测量两个方向之间的水平角。

（三）实训安排

1. 学时数：课内 2 学时；每小组 2～4 人。

2. 仪器：DJ$_6$ 光学经纬仪、小铁钉、记录本、测伞。

3. 场地：平地安置仪器，远处选择两个背景清晰的直立目标。

（四）实训方法与步骤

1. 认识经纬仪

（1）安置

松开架腿，调节其长度后拧紧架腿螺旋；将三脚架张开，使其高度约与胸口平齐，移动三脚架，使其中心大致对准地面站点标志，架头基本水平，然后将架腿的尖端踩入土中（或插在坚硬路面的凹陷处）；从仪器箱中取出经纬仪，用中心连接螺旋将其固连到脚架上。

（2）认识

了解仪器各部件及有关螺旋的名称、作用和使用方法；熟悉读数窗内度盘和分微尺的影像刻划和注记。

2. 使用经纬仪

（1）对中

安置经纬仪时挪动架腿，使架腿上表面大致水平，并使其中心大致对准地面测站点。

（2）整平

练习使用光学对中器同时进行仪器的对中和整平。要求：对中误差即气泡偏离中心不超过 1 格。

（3）照准

先松开照准部和望远镜的制动螺旋，将望远镜指向明亮的背景或天空，旋转目镜调焦螺旋，使十字丝清晰；然后转动照准部，用望远镜上的瞄准器对准目标，再通过望远镜瞄准，使目标影像位于十字丝附近，旋转对光螺旋，进行物镜调焦，使目标影像清晰，消除视差；最后旋转水平和望远镜微动螺旋，使十字丝竖丝单丝与较细的目标影像重合，或双丝将较粗的目标夹在中央。

（4）读数

打开反光镜，调节反光镜的角度，使读数窗明亮，旋转读数显微镜的目镜，使读数窗内的影像清晰。上方注有"H"的小窗为水平度盘影像，下方注有"V"的小窗为竖直度盘影像。采用分微尺读数法，首先读取分微尺所夹的度盘分划线在分微尺上所指的小于 1° 的分数（估读至 0.1′），再将其与度注记值相加，即得到完整的读数。

（五）注意事项

1. 用光学对中器同时进行仪器的对中和整平，然后松开中心连接螺旋，使仪器在脚架上面做少量平移，精确对中，其后一定要拧紧连接螺旋，以防仪器脱落。

2. 照准目标时，应尽量照准目标底部。

实训报告 1

实训名称：DJ$_6$ 光学经纬仪的认识与使用

实训日期：＿＿＿＿＿＿＿＿　专业：＿＿＿＿＿＿＿　班级：＿＿＿＿＿＿＿　姓名：＿＿＿＿＿＿＿

（一）实训记录

表 3-5　　　　　　　　　　　水平读盘读数观测报告

_____年___月___日 天气_____ 观测_____　记录_____　检查_____

测站	盘位	目标	水平读盘读数/(° ′ ″)	备注
0		A		
		B		
		C		
		D		

（二）实训成果

此次实训,仪器对中相对地面标志点偏离____ mm,整平后照准部水准管气泡偏离____格。共观测____个水平方向读数,读数分别为_____。

（三）实训答题

1.用光学对中器同时使仪器对中、整平时,将地面点标志调入对中器小圆圈应采用_____的方法,使水准管气泡居中应采用_____的方法,其原理是_____。

2.控制照准部水平方向转动用_____和_____;控制望远镜竖直方向转动用_____和_____;使十字丝清晰,应转动_____;使目标影像清晰,应旋转_____;配置水平度盘用_____。

3.只要目标是竖直的,即使照准目标不同的高度,其间的水平角值_____变化,这是因为_____,但在实际观测时还是应尽量照准目标的底部,这是因为_____。

（四）存在的问题

二、经纬仪水平角、竖直角的观测

（一）实训目的

1.掌握用测回法测量水平角。

2.掌握竖直角测量和竖盘指标差的测定方法。

（二）实训内容

1.每小组再次练习经纬仪的安置,然后用测回法测量一个水平角,两个测回。

2.每小组在指定测站测量两个以上目标点的竖直角,各一个测回,同时计算不同目标点观测的竖盘指标差。

（三）实训安排

1.学时数:课内 2 学时;每小组 2～4 人。

2.仪器：DJ₆光学经纬仪、小铁钉、记录本、测伞。

3.场地：平地安置仪器,选择远处两个背景清晰的直立目标测定水平角,选择远处两个背景清晰且分别高于和低于测站高度的直立目标测定竖直角。

（四）实训方法与步骤

1.安置经纬仪

在指定测站上安置经纬仪,对中、整平方法同实训一。

2.用测回法测量水平角

（1）第一测回

①盘左,瞄准左目标 A,将水平度盘配置在 $0°00'$ 附近（可稍大若干秒）,读取水平度盘读数 a_1；顺时针转动照准部,瞄准右目标 B,读取水平度盘读数 b_1,计算上半侧回角值 $\beta_{左1} = b_1 - a_1$。

②盘右,瞄准右目标 B,读取水平度盘读数 b_2；逆时针转动照准部,瞄准左目标 A,读取水平度盘读数 a_2,计算下半测回角值 $\beta_{右1} = b_2 - a_2$。

③计算第一测回角度平均值 $\beta_1 = \dfrac{\beta_{左1} + \beta_{右1}}{2}$。

（2）第二测回

①仍以盘左开始,瞄准左目标 A,将水平度盘读数配置在 $90°00'$ 附近（可稍大若干秒）,然后按与第一测回相同的步骤测定 $\beta_{左2}$、$\beta_{右2}$,并计算第二测回角度平均值 $\beta_2 = \dfrac{\beta_{左2} + \beta_{右2}}{2}$。

②计算两个测回的角度平均值 $\beta_{均} = \dfrac{\beta_1 + \beta_2}{2}$。

在上述观测的同时,将读数和计算值记入表 3-6 相应的栏目中。

3.竖盘的认识

（1）了解竖盘的特点以及竖盘指标水准管及其微动螺旋等的作用和使用方法。

（2）照准：松开照准部和望远镜制动螺旋,通过望远镜瞄准目标,旋转水平和望远镜微动螺旋,使十字丝横丝与目标顶端（或需测量竖直角的部位）精确相切。

（3）读数：旋转竖盘指标水准管微动螺旋,使竖盘指标水准管气泡居中,仍采用分微尺读数法读取读数窗下方注有"V"的竖盘读数（估读至 $0.1'$）。

4.竖直角的测量

（1）盘左,瞄准目标 A,以中横丝与目标顶端相切,使竖盘指标水准管气泡居中,读取竖盘读数为 L,计算盘左竖直角 $\alpha_左 = 90° - L$。

（2）倒转望远镜成盘右,仍以中横丝与目标 A 顶端相切,使竖盘指标水准管气泡居中,读取竖盘读数为 R,计算盘左竖直角 $\alpha_右 = R - 270°$。

（3）计算一测回角度平均值

$$\alpha = \frac{\alpha_左 + \alpha_右}{2} \tag{1}$$

在上述观测的同时,将读数和计算值记入表 3-7 相应的栏目中。

（4）按相同步骤测定目标 B 的竖直角。

5.竖盘指标差的测定

根据观测所得同一目标盘左、盘右竖直角或盘左、盘右的竖盘读数,代入式(2)或式(3)中计算竖盘指标差:

$$x=\frac{\alpha_左-\alpha_右}{2} \tag{2}$$

$$x=\frac{R+L-360°}{2} \tag{3}$$

将计算结果填入表 3-7 中,即得到竖盘指标差的测定值。

(五)注意事项

1.水平角观测中,如果观测 n 个测回,则在每个测回开始即盘左的起始方向,应旋转度盘变换手轮配置水平度盘读数,使其递增 $\frac{180°}{n}$。配置完毕,应将度盘变换手轮的盖罩关上,以免碰动度盘。同一测回内由盘左变为盘右时,不得重新配置水平度盘读数。

2.水平角观测中,同测回内两个半测回角值较差应不超过 $\pm40''$;各测回之间的角值较差应不超过 $\pm24''$。

3.垂直角观测中,照准目标时,盘左、盘右必须均照准目标的顶端或同一部位。

4.垂直角观测时,凡装有竖盘指标水准管的经纬仪,必须旋转竖盘指标水准管微动螺旋使气泡居中,方能进行竖盘读数。

5.垂直角观测时,算得竖直角和指标差应带有符号,尤其是负值的"—"号不能省略。

6.垂直角观测时,如测量两个以上目标(或同一目标多个测回)的竖直角,则可以根据各自算得的竖盘指标差之间的较差来检查观测成果的质量。DJ₆ 光学经纬仪竖盘指标差之间的较差应不超过 $\pm30''$。

实训报告 2

实训名称:经纬仪水平角、竖直角的观测

实训日期:＿＿＿＿＿＿＿　专业:＿＿＿＿＿＿　班级:＿＿＿＿＿＿　姓名:＿＿＿＿＿＿

(一)实训记录

1.用测回法观测水平角

绘制示意图:

表 3-6 测回法观测手簿

_____年____月____日 天气_____ 观测_____ 记录_____ 检查_____

测站	目标	竖盘位置	水平度盘读数 /(° ′ ″)	半测回角值 /(° ′ ″)	一测回角值 /(° ′ ″)	备注
		左				
		右				
		左				
		右				

2.竖直角观测

绘制示意图：

表 3-7 竖直角观测手簿

_____年____月____日 天气_____ 观测_____ 记录_____ 检查_____

测站	目标	竖盘位置	竖盘读数 /(° ′ ″)	半测回角值 /(° ′ ″)	一测回角值 /(° ′ ″)	竖盘指标差 /(″)	备注
		左					
		右					
		左					
		右					

(二)实训成果

1.此次实训共观测_____个水平角,每个单角观测_____个测回。半测回角值较差容许值为_____,测回间角值较差容许值为_____。此次实训半测回角值最大较差容许值为_____,测回间角值最大容许值为_____,说明实训成果_____要求。

2.此次实训共观测_____个目标的竖直角,每个竖直角观测_____个测回,测得的竖直角分别为_____和_____。

3.此次实训竖盘指标差 x 的较差容许值为_____,竖盘指标差 x 的最大较差为_____,说明实训成果_____要求。

（三）实训答题

1.同一方向盘左、盘右水平读数的大数应相差_____,否则说明_____。

2.配置水平度盘读数的目的是_____,它只能在_____时进行。同一测回内由盘左变为盘右时,不得重新配置水平度盘读数,这是因为_____。

3.竖直角观测时,应先用_____和_____控制照准部和望远镜的转动,以便用_____与目标相切;然后用_____使竖盘指标水准管气泡居中,这样才能进行竖盘读数。

4.竖直角观测时,只需对目标进行照准和读数,而水平方向不需要读数,这是因为_____。

5.同一目标竖盘的盘左、盘右读数之和理论上应等于_____,如果不等于该值,则原因可能有两点,一是_____,二是_____。

6.若测得的竖直角为正值,则说明该角为_____;若为负值,则说明该角为_____。若算得的竖盘指标差为正值,则说明竖盘指标线偏于_____;若为负值,则说明竖盘指标线偏于_____。

7.若测量两个以上目标（或同一目标多个测回）的竖直角,可算得多个竖盘指标差。如指标差之间的较差较小,则说明_____;如指标差之间的较差偏大,则说明_____,这是因为_____。

（四）存在的问题

三、经纬仪的检验与校正

（一）实训目的

1.了解光学经纬仪的主要轴线及轴线间应满足的几何条件。

2.掌握光学经纬仪的检验与校正方法。

（二）实训内容

1.了解 DJ_6 光学经纬仪主要轴线的名称和所在的位置。

2.每小组对仪器各组成部分和相关螺旋的有效性进行一般检查。

3.每小组进行经纬仪的六项检验与校正。

（三）实训安排

1. 学时数：课内 2 学时；每小组 2～4 人。

2. 仪器：DJ_6 光学经纬仪、校正针、小铁钉、记录本、测伞。

3. 场地：一较平整场地，可观测到远处不同高度的直立目标。

（四）实训方法与步骤

实训流程：照准部管水准轴—十字丝竖丝—视准轴—横轴—光学对中器—竖盘指标差。

1. 照准部管水准轴的检验与校正

检验：安置仪器并粗平后，转动照准部使其水准管与任意一对脚螺旋的连线方向平行，转动该对脚螺旋使水准管气泡严格居中，此为第一位置。松开照准部制动螺旋，照准部平转 180°后为第二位置。若照准部水准管气泡仍居中，则表明照准部管水准轴垂直于仪器竖轴；否则表明二者不垂直，应予以校正。

校正：仪器处于第二位置不动，用校正针拨动照准部水准管的校正螺钉，使气泡移回偏离量的一半，则二者垂直。

2. 十字丝竖丝垂直于横轴的检验与校正

检验：安置仪器并整平后，以十字丝竖丝的一端照准约 20 m 处一固定目标点。转动望远镜微动螺旋，使该目标点的影像移至十字丝竖丝的另一端。若目标点影像仍在竖丝上，则表明十字丝竖丝垂直于仪器横轴；否则表明二者不垂直，应予以校正。

校正：旋下十字丝分划板护罩，用小螺丝刀松开十字丝分划板的固定螺钉，轻转十字丝分划板，使目标点影像移回偏离量的一半，则二者垂直。

3. 望远镜视准轴垂直于横轴的检验与校正

检验：在平坦地面上安置仪器并整平，在距仪器 50 m 左右处插测钎标定一点 A。盘左照准 A 点后，纵转望远镜，于视线方向上约 50 m 处用测钎标定一点 B_1。平转照准部，盘右照准 A 点后，纵转望远镜，于视线方向上与 B_1 等距处用测钎标定另一点 B_2。若 B_1、B_2 两点重合，则表明望远镜视准轴垂直于横轴；否则表明二者不垂直，应予以校正。

校正：连接 B_1、B_2 两点，于其连线上用测钎标定 B 点，使 $B_2B＝B_2B_1/4$，拔掉 B_1、B_2 两点上的测钎。保持仪器位置不动，旋下十字丝分划板护罩，用校正针拨动十字丝分划板左、右两个校正螺钉，使望远镜视准轴照准 B 点，则二者垂直。

4. 横轴垂直于仪器竖轴的检验与校正

检验：在距建筑物约 15 m 处安置仪器并整平。盘左照准墙上高处固定点 P（应使高度角尽可能大一些），转动望远镜，使视准轴大致水平（可用竖盘读数约为 90°控制），沿视线方向在墙上标定一点 A。变为盘右，依同法在与点 A 同高处标定另一点 B。若 A、B 两点重合，则表明横轴垂直于仪器竖轴；否则表明二者不垂直，应予以校正。

校正：为保证光学经纬仪的密封性，该项校正应由专业维修人员在室内进行。

5. 光学对中器的检验与校正

检验：安置仪器于地面标定点上，严格对中和整平，此为第一位置；照准部平转 180°后为第二位置。若仍对中，则表明光学对中器视准轴与仪器竖轴共线；否则表明二者不共线，应予以校正。

校正:仪器处于第二位置不动,用校正针拨动光学对中器十字丝分划板的校正螺钉,使地面标定点影像移回偏离量的一半即可。

光学对中器安装于照准部上的称为可动式,安装于基座上的称为固定式。上述检验与校正的方法仅适用于可动式。至于固定式,则要在专用设备上将仪器横置后进行检验与校正。

6.竖盘指标差的检验与校正

检验:选定远近适中、轮廓分明、影像清晰、成像稳定的固定目标。盘左、盘右分别照准该目标,在竖盘读数指标水准管气泡严格居中(或自动归零补偿器处于工作状态)的情况下,分别读取盘左竖盘读数 L 和盘右竖盘读数 R,计算竖盘水平始读数 $MO=\frac{1}{2}(L-R-180°)$ 和竖盘指标差 $x=MO-90°$。若 $MO=90°$(即 $x=0$),则竖盘读数指标位置正确;否则竖盘读数指标位置不正确,应予以校正。

校正:竖盘读数指标水准管气泡严格居中(或自动归零补偿器处于工作状态),转动望远镜,使盘左竖盘读数为 MO,或使盘右竖盘读数为 $MO+180°$,则望远镜视准轴必处于水平位置。转动竖盘指标水准管微动螺旋,使盘左竖盘读数由 MO 变为 $90°$,或使盘右竖盘读数变为 $270°$,则竖盘指标水准管气泡必不居中。打开竖盘指标水准管护盖,用校正针拨动水准管上、下两个校正螺钉,使水准管气泡重新居中即可。若为自动归零补偿器式,则用校正针拨动自动归零补偿器校正螺旋,使其为理论读数。

(五)注意事项

1.轴线间几何关系不满足的误差一般较小,故应仔细检验,以免过大的检验误差掩盖了轴线间几何关系误差,导致错误的检验结果。

2.后一项检验结果是以前一项几何关系得以满足为前提条件的,故规定的检验与校正顺序不得颠倒。

3.各项检验与校正均应反复进行,直至满足几何关系。对于第三项检验与校正,当第 n 次检验结果 $h_n-h=(a_n-b_n)-(a-b)\leqslant\pm3$ mm 时,即认为符合要求,不必再进行校正。

4.拨动各校正螺钉需使用专用工具,且遵循"先松后紧"的原则,以免损坏校正螺钉。

5.拨动各校正螺钉时,应轻轻转动且用力均匀,不得用力过猛或强行拨动。

6.最后一次检验与校正完成后,校正螺钉应处于稍紧的状态,以免在使用或运输过程中轴线间几何关系发生变化。

7.在照准部水准管的检验与校正中,应使照准部在任何位置时,水准管气泡的偏离量均不超过 1 格。

实训报告3

实训名称:经纬仪的检验与校正

实训日期:＿＿＿＿＿＿　专业:＿＿＿＿＿＿　班级:＿＿＿＿＿＿　姓名:＿＿＿＿＿＿

（一）实训记录

表 3-8　　　　　　　　　　　测回法观测手簿

_____年___月___日　天气___　观测_____　记录_____　检查_____

1.一般检查	三脚架是否牢稳			螺旋孔等处是否清洁				
	水平轴及竖轴是否灵活			望远镜成像是否清晰				
	制动及微动螺旋是否有效			其他				
2.管水准轴垂直于竖轴	检验（即照准部转180°）的次数			1	2	3	4	5
	气泡偏差的格数							

3.十字丝竖丝垂直于水平轴	检验的次数		误差是否显著	
	1			
	2			

4.视准轴垂直于水平轴	第一次检验	水平度盘读数		第二次检验	水平度盘读数	
		a_1（盘左）			a_1（盘左）	
		a_2（盘右）			a_2（盘右）	
		$a_2'=[(a_1\pm180°)+a_2]$			$a_2'=[(a_1\pm180°)+a_2]$	
		$2C=[a_1-(a_2\pm180°)]$			$2C=[a_1-(a_2\pm180°)]$	
	第一次检验	目标	横尺读数	第二次检验	目标	横尺读数
			b_1（盘左）			b_1（盘左）
			b_2（盘右）			b_2（盘右）
			$(b_2-b_1)/4$			$(b_2-b_1)/4$
			$b_2-(b_2-b_1)/4$			$b_2-(b_2-b_1)/4$

5.水平轴垂直于竖轴（仪器距目标约 10 m）	检验的次数		a、b 两点之间的距离	
	1			
	2			

6.竖盘指标差

第一次（校正前）						第二次（校正后）					
测站	目标	盘位	竖盘读数 /(° ′ ″)	竖直角 α /(° ′ ″)	指标差 x /(″)	测站	目标	盘位	竖盘读数 /(° ′ ″)	竖直角 α /(° ′ ″)	指标差 x /(″)

7.光学对中器	检验的次数		误差是否显著	
	1			
	2			

（二）实训成果

1.照准部管水准轴的检验与校正：检验时照准部转 180°，气泡 _____，说明 _____；校正后照准部转180°，气泡_____，说明_____。

2.视准轴的检验与校正：照准平点得 $c=$ _____，说明_____；校正后 $c=$ _____，说明_____。

3.横轴的检校：照准高点得 $c=$ _____，说明_____。

4.十字丝竖丝的检验与校正：检验时点状标志偏离竖丝 _____，说明 _____；校正后点状标志偏离竖丝 _____，说明_____。

5.竖盘指标管水准轴的检验与校正：检验得竖盘指标差 $x=$ _____，说明 _____；校正后 $x=$ _____，说明_____。

（三）实训答题

1.照准部管水准轴的检验与校正，其目的是_____；如果该条件不满足，其原因是_____。

2.视准轴的检验与校正，其目的是_____；如果该条件不满足，其原因是_____。

3.横轴的检验与校正，其目的是_____；如果该条件不满足，其原因是_____。

4.十字丝竖丝的检验与校正，其目的是_____；如果该条件不满足，其原因是_____。

5.竖盘指标管水准轴的检验与校正，其目的是_____；如果该条件不满足，其原因是_____。

6.在照准部管水准轴的检验与校正中，只要用校正针拨动照准部管水准轴的校正螺钉，令气泡返回偏离量的一半，就可使条件满足，其理由是_____；如果校正后仍有剩余误差，可通过_____来整平仪器。

7.在视准轴的检验与校正中，应选择 _____ 作为照准目标，是因为_____；而在横轴的检验与校正中，应选择 _____ 作为照准目标，是因为_____。

8.仪器检验与校正后，若仍存在剩余的视准轴误差和横轴误差，则可通过_____来消除它们对水平角观测的影响。

9.在竖盘指标管水准轴的检验与校正中，得到的竖盘指标差是正值，说明_____；如是负值，则说明_____；如果校正后仍有剩余的指标差，则可通过_____来消除它对竖直角观测的影响。

（四）存在的问题

四、已知水平角的测设

（一）实训目的
1.练习水平角的测设。

2.掌握经纬仪在测设工作中的操作步骤。

（二）实训内容

每小组测设一个角度，角度测设的限差不大于±40″。

（三）实训安排

1.学时数：课内 1 学时；每小组 2～4 人。

2.仪器：经纬仪、木桩、小钉、花杆、记录本、测伞。

3.场地：平整场地。

（四）实训方法与步骤

1.设地上有 O、A 两点，拟测设 $\angle AOB = \beta$，安置经纬仪于 O 点，在盘左置水平度盘读数为 $0°00'00''$，照准 A 点。

2.置测微尺读 β 的分秒数，转动照准部，使度盘准确读 β 值，在视线方向定出 B' 点。

3.用测回法检测 $\angle AOB'$，测两个测回，设平均角值为 β，比设计角值小 $\Delta\beta$，超过了容许误差。

4.将 $\Delta\beta$ 代入公式 $BB' = D_{OB'} \cdot \dfrac{\Delta\beta}{\rho}$ 计算支距改正数。

5.从 B' 起，在 OB' 的垂直方向上根据改正数 BB' 为正号或负号向外（或内）量取 BB' 毫米，定出 B 点，则 $\angle AOB$ 即为所设的水平角 β。

6.再检测 $\angle AOB$，其值与设计值之差不应超过容许误差。

（五）注意事项

按精度要求衡量观测标准。

实训报告 4

实训名称：已知水平角的测设

实训日期：＿＿＿＿＿＿   专业：＿＿＿＿＿＿   班级：＿＿＿＿＿＿   姓名：＿＿＿＿＿＿

（一）实训记录

表 3-9　　　　　　　　　　水平角测设检查记录手簿

＿＿＿＿年＿＿月＿＿日　天气＿＿＿　观测＿＿＿＿＿＿　记录＿＿＿＿＿　检查＿＿＿＿＿

设计角值 ＝＿＿＿＿＿＿

测站	目标	竖盘位置	水平度盘读数 /(° ′ ″)	半测回角值 /(° ′ ″)	一测回角值 /(° ′ ″)	备注
		左				
		右				
		左				
		右				

改正数 $BB' = $ ＿＿＿＿＿＿

（二）存在的问题

单元小结

　　角度测量是基本的测量工作,本单元着重介绍经纬仪的使用和测角方法。要求学生掌握测角的原理和方法,并能在实践中加以应用。本单元的主要知识点如下:

　　1.水平角

　　水平角是一点至两目标方向线在水平面上投影的夹角,用 β 表示,$\beta=$ 右目标读数－左目标读数。

　　2.竖直角

　　竖直角是在同一竖直面内照准方向线与水平线所夹的锐角。仰角为正,俯角为负。

　　3.视准误差

　　视准轴不垂直于水平轴而相差一个 C 角,称为视准误差。

　　4.指标差 x

　　指标差是经纬仪在竖盘指标水准管气泡居中后,竖盘指标与正确位置偏差的一个值。

　　5.经纬仪的使用方法

　　对中、整平、照准、读数。

　　6.角度观测方法

　　角度观测方法见表 3-10。

表 3-10　　　　　　　　　　　　　　角度观测方法

项目	程　序
水平角	(1)安置仪器:对中,整平 (2)盘左照准左目标 A 读数 a_1,照准右目标 B 读数 b_1,$\beta_1=b_1-a_1$ (3)盘右照准右目标 B 读数 b_2,照准左目标 A 读数 a_2,$\beta_2=b_2-a_2$ (4)取平均值 $\beta=(\beta_1+\beta_2)/2$($\Delta\beta=\beta_1-\beta_2$,不超过$\pm40''$)
竖直角	(1)安置仪器:对中,整平 (2)盘左观测:照准目标 A,竖盘指标水准管气泡居中,读数 L,$a_1=90°-L$ (3)盘右观测:照准目标 A,竖盘指标水准管气泡居中,读数 R,$a_2=R-270°$ (4)取平均值:$a=(a_1+a_2)/2$(测回间的角值互差不大于$\pm25''$)

　　7.已知水平角的测设

　　根据精度要求选择合适的水平角测设方法进行测设。

　　8.建筑物轴线投测。

　　9.吊装测量。

单元测试

1. 何为水平角？用经纬仪照准同一竖直面内不同高度的两目标时，其水平度盘的读数是否相同？

2. 何谓竖直角？照准某一目标时，若经纬仪高度不同，则该点的竖直角是否一样？

3. 经纬仪的安置包括哪几个步骤？

4. 采用盘左与盘右观测水平角时，能消除哪些仪器误差？

5. 整平的目的是什么？如何使水准管气泡居中？

6. 经纬仪有哪些轴线？各轴线间应满足什么关系？

7. 简述影响水平角测量精度的因素及消除误差的方法。

8. 表 3-11 为某测站测回法观测水平角的记录，试计算出所测的角度值。

表 3-11　　　　　　　　　　测回法观测水平角记录手簿

测站	目标	竖盘位置	水平度盘读数 /(° ′ ″)	半测回角值 /(° ′ ″)	一测回角值 /(° ′ ″)	备注
0	A	左	00　00　06			
	B		78　48　54			
	A	右	180　00　36			
	B		258　49　06			

9. 方向观测法观测水平角的数据列于表 3-12 中，试进行各项计算。

表 3-12　　　　　　　　　　方向观测法观测水平角记录手簿

测回数	测站	目标	水平度盘读数		2C /(° ′ ″)	平均方向值 /(° ′ ″)	归零方向值 /(° ′ ″)	各测回归零方向值的平均值 /(° ′ ″)
			盘左/(° ′ ″)	盘右/(° ′ ″)				
1	2		3	4	5	6	7	8
1	0	A	00　00　54	180　00　24				
		B	79　27　48	259　27　30				
		C	142　31　18	322　31　00				
		D	288　46　30	108　46　06				
		A	0　00　42	180　00　18				
		△						
2	0	A	90　01　06	270　00　48				
		B	169　27　54	349　27　36				
		C	232　31　30	42　31　00				
		D	18　46　48	198　46　36				
		A	90　01　00	270　00　36				
		△						

10.什么叫竖盘指标差？怎样用竖盘指标差来衡量竖直角观测成果是否合格？

11.角度观测中有哪些误差？应注意哪些问题？

12.表3-13为某测站竖直角的观测记录，试在表中计算出所测的角度值。

表 3-13   竖直角观测记录簿

测站	目标	竖盘位置	竖盘读数 /(° ′ ″)			半测回角值 /(° ′ ″)	指标差	一测回竖直角 /(° ′ ″)	备注
0	A	左	81	20	45				顺时针注记竖盘
		右	278	38	15				
	B	左	96	43	24				
		右	263	15	30				

13.试述柱基的放样方法。

14.如何进行柱子的竖直校正？

15.简述水平角的一般测设方法。

单元四
水平距离测量与测设

学习目标

　　掌握距离测量的方法,包括钢尺量距、视距测量和光电量距;掌握水平距离的概念;掌握钢尺量距的一般方法和精密量距;掌握直线定线的概念和方法;掌握视距测量的基本原理和施测方法;掌握已知水平距离的测设方法。

学习要求

知识要点	技能训练	相关知识
钢尺量距	(1)根据工地实际情况选用钢尺量距方法 (2)利用钢尺等工具进行短距丈量 (3)利用钢尺等工具进行长距丈量	(1)水平距离的概念 (2)目估定线和经纬仪定线的方法 (3)钢尺量距的一般方法 (4)钢尺量距的精密方法和相关计算 (5)钢尺量距的误差及注意事项
视距测量	(1)根据工地实际情况选用视距测量方法 (2)利用经纬仪等测量工具进行距离测量	(1)视距测量的基本原理 (2)视距测量的观测与计算 (3)视距测量的注意事项
水平距离的测设	根据工程实际情况选择已知水平距离的测设方法并进行测设	用钢尺测设已知水平距离的一般方法和精密方法

单元导入

　　在工程建设中,经常需要解决这样的问题:两个点位之间的水平距离是多少?如何将图纸上设计好的水平距离在施工场地用测量标志标定出来并指导施工?这些问题均需要使用一定的测量仪器和工具,采用一定的方法和程序,按照一定的要求来解决。水平距离的测量与测设就是解决这些问题的基本技能,其主要任务一是测量地面上两点间的水平距离,二是在地面上测设设计点的平面位置。这些基本技能不仅在工程建设中得以体现,在日常生活中也会通过量距解决一些实际问题。

课题一　钢尺量距和视距测量

技能点 1　直线定线

　　地面上两点间的距离是指这两点沿垂线方向在大地水准面上投影点间的弧长。在测区面积不大的情况下,可用水平面代替水准面。两点间连续投影在水平面上的长度称为水平距离,不在同一水平面上的两点间的长度称为两点间的倾斜距离。

测量地面两点间的水平距离是确定地面点位的基本测量工作。测量距离的方法有多种,常用的有钢尺量距、视距测量、光电量距、GPS 测距等。可根据不同的测距精度要求和作业条件(仪器、地形)选用测距方法。

当地面上两点间的距离超过尺子的全长或地面地势起伏较大时,一尺段无法完成丈量工作,量距前必须在通过直线两端点的竖直面内定出若干个分段点,以便分段丈量,此项工作称为直线定线。

一、目估定线

一般量距用目估定线。如图 4-1 所示,A、B 为地面上相互通视的两点,现要在 AB 线的竖直面内定出 1、2 等分段点。定线工作可由甲、乙两人进行。首先在待测距离两个端点 A、B 上竖立标杆。作业员甲立于 A 点标杆后 1~2 m 处,用眼睛自 A 点标杆后面瞄准 B 点标杆,乙持另一标杆沿 BA 方向走到离 B 点约一尺段长的 1 点附近,按照甲指挥的手势左右移动标杆,直到标杆位于 AB 直线上,然后将标杆竖直插下,得 1 点。同法得出 2 点,以此类推。直线定线一般由远及近进行。

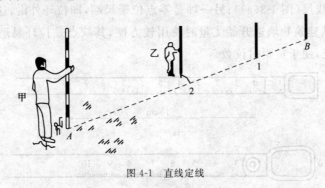

图 4-1　直线定线

经验提示

从直线远端 B 走向近端 A 的定线方法称为走近定线;反之,称为走远定线。走近定线比走远定线准确。在平坦地区的一般量距中,直线定线工作常与量距工作同时进行,即边定线边丈量。

二、经纬仪定线

当量距精度要求较高时,应使用经纬仪定线(图 4-2),其方法同目估法,只是将经纬仪

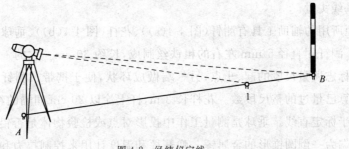

图 4-2　经纬仪定线

安置在 A 点,用望远镜瞄准 B 点,固定照准部制动螺旋,然后将望远镜向下俯视,用手指挥标杆处人员移动标杆,使之与十字丝纵丝重合,在标杆所在的位置打下木桩,再根据十字丝纵丝在木桩上钉小钉,准确定出 1 点的位置。以此类推,进行定线。

技能点 2　普通钢尺量距方法

一、量距工具

钢尺量距是利用具有标准长度的钢尺直接量测地面两点间的距离,又称为距离丈量。钢尺量距时,根据不同的精度要求,所用的工具和方法也不同。普通钢尺是钢制带尺,常用钢尺宽 10～15 mm,厚 0.2～0.4 mm;长度有 20 m、30 m 和 50 m 几种,卷放在圆形皮盒内或金属尺架上。钢尺的基本分划为厘米,在米及分米处有数字注记。一种钢尺的基本分划为厘米,在尺端 10 cm 内为毫米分划;另一种钢尺的基本分划为毫米,即整个尺内都刻有毫米分划。

根据钢尺的零分划位置不同,钢尺分为两种:一种是在钢尺前端有一条刻线作为尺长的零分划线,称为刻线尺(图 4-3(a));另一种是零点位于尺端,即拉环外沿,这种尺称为端点尺(图 4-3(b))。当从建筑物墙边开始丈量时使用较方便,其缺点是拉环易磨损。钢尺在分米和米处都刻有注记,便于量距时读数。

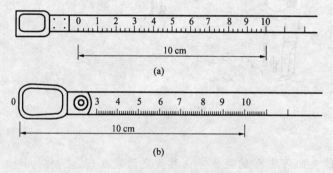

图 4-3　钢尺

量距工具还有皮尺,其外形同钢卷尺,用麻皮制成,基本分划为厘米,零点在尺端。

皮尺精度低,只用于精度要求不高的距离丈量。钢尺量距最高精度可达 1/10000。由于其在短距离量距中使用方便,故常在工程中使用。钢瓦尺因受温度变化而引起的尺长伸缩变化小,量距精度高,可达 1/1000000,故可用于精密量距,但量距十分烦琐,常用于精度要求很高的基线丈量。

钢尺量距所用的辅助工具有测钎(图 4-4(a))、花杆(图 4-4(b))、垂球(图 4-4(c))、弹簧秤和温度计。测钎用直径 5 mm 左右的粗铁丝制成,长约 30 cm。它的一端被磨尖,便于插入土中,用来标志所量尺段的起、止点;另一端做成环状,便于携带。测钎 6 根或 11 根为一组,它用于计算已量过的整尺段数。花杆长 3 m,杆上涂以 20 cm 间隔的红、白漆,以便远处清晰可见,用于标定直线。垂球是测量工作中投影对点或检验物体是否铅垂的器具,其上端系有细绳,下端为一倒圆锥形的金属锤。弹簧秤和温度计用来控制拉力和测定温度。

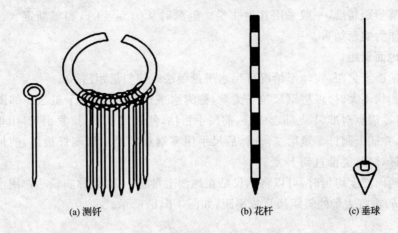

(a) 测钎　　　　　　(b) 花杆　　　(c) 垂球

图 4-4　钢尺量距的辅助工具

二、普通钢尺量距方法

钢尺量距一般采用整尺法,在精密量距时采用串尺法。钢尺量距的基本要求是直、平、准。直,就是量两点间的直线长度,要求定线直;平,就是要量出两点间的水平距离,要求尺身水平;准,要求对点、投点、读数要准确,要符合精度要求。

目估定线或经纬仪定线后即可进行丈量工作。丈量工作一般需要三人,分别担任前后尺手和记录员。根据不同地形,可采用水平量距法和倾斜量距法。

1.平坦地区量距

在平坦地区,量距精度不高时可采用整尺法,直接将钢尺沿地面丈量(图 4-5),不用加温度改正,也不用弹簧秤标定施加的拉力。量距前,先将待测距离的两个端点 A、B 用木桩(桩上钉一小钉)或直接在柏油或水泥路面上钉小钉标志出来。丈量时,后尺手持钢尺零端对准地面标志点,前尺手拿一组测钎持钢尺末端,前后尺手按定线方向沿地面拉紧钢尺。前尺手在钢尺末端分划处垂直插下一个测钎,这样就量定一个尺段。然后,前后尺手同时将钢尺抬起(悬空,勿在地面拖拉)前进。后尺手走到第一根测钎处,用零端对准测钎,前尺手拉紧钢尺,在整尺端处插下第二根测钎。依此逐次继续丈量。每量完一尺段,后尺手要注意收回测钎。最后一尺段不足一整尺时,前尺手在 B 点标志处读取尺上的刻划值。后尺手手中的测钎数为整尺段数,不足一个整尺段的距离为余长 Δl,则水平距离 D 可按下式计算:

$$D = nl + \Delta l \tag{4-1}$$

式中　n——尺段数;

　　　l——钢尺长度;

　　　Δl——不足一个整尺段的余长。

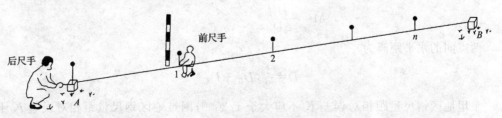

图 4-5　普通钢尺量距

为了提高量距精度,一般采用往返丈量。返测时从 B 量至 A,要重新定线。取往返距离的平均值作为丈量结果。

2. 倾斜地面量距

在倾斜地面上量距,视地形情况可用水平量距法或倾斜量距法。

当地面起伏不大时,可将钢尺拉平丈量,称为水平量距法,简称平量法。如图 4-6(a)所示,后尺手将零端点对准 A 点标志中心,前尺手目估,使钢尺水平,拉紧钢尺,用垂球尖将尺端投于地面,并插上测钎。量第二段时,后尺手用零端对准第一根测钎根部,前尺手同法插上第二个测钎,以此类推直到 B 点。

当倾斜地面坡度均匀时,可以将钢尺贴在地面上量斜距 L,简称斜量法。用水准测量方法测出高差 h,再将丈量的斜距换算成平距,如图 4-6(b)所示。

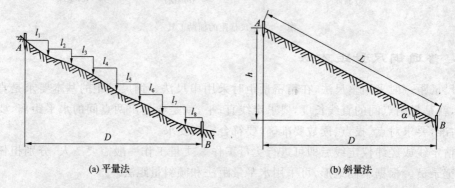

(a) 平量法　　　　　　　　(b) 斜量法

图 4-6　倾斜地面量距

水平距离 D 为

$$D=\sqrt{L^2-h^2}$$

或

$$D=L+\Delta D_h$$

式中,ΔD_h 为量距的倾斜改正,$\Delta D_h=-\dfrac{h^2}{2L}$。

若测得地面的倾角为 α,则

$$D=L\cos\alpha$$

为了提高测量精度,防止丈量错误,通常采用往返丈量,取平均值作为丈量结果。用相对误差衡量测量精度,即

$$\begin{cases} K=\dfrac{|D_{往}-D_{返}|}{\dfrac{D_{往}+D_{返}}{2}}=\dfrac{|\Delta D|}{\overline{D}}=\dfrac{1}{M} \\ M=\dfrac{\overline{D}}{|\Delta D|} \end{cases} \tag{4-2}$$

两点间的水平距离为

$$\overline{D}=\frac{1}{2}(D_{往}+D_{返})$$

平坦地区钢尺量距相对误差 K 不应大于 1/3000;困难地区钢尺量距相对误差 K 不应大于 1/1000。

【例 4-1】 例如 AB 往测长为 327.47 m，返测长为 327.35 m，则相对误差是多少？

解

$$K=\frac{|D_{往}-D_{返}|}{\dfrac{D_{往}+D_{返}}{2}}=\frac{|327.47-327.35|}{\dfrac{327.47+327.35}{2}}=\frac{0.12}{327.41}=\frac{1}{2728}$$

技能点 3　精密钢尺量距方法

一、精密钢尺量距方法

当量距精度要求在 $1/1000$ 以上时，要用精密量距法。精密量距前要先清理场地，将经纬仪安置在测线端点 A，瞄准 B 点，先用钢尺进行概量。在视线上依次定出比钢尺一整尺略短的尺段，并打上木桩，木桩要高出地面 $2\sim3$ cm，桩上钉一白铁皮。若不打木桩则安置三脚架，三脚架上安放带有基座的轴杆头。利用经纬仪进行定线（图 4-7），在白铁皮上划一条线，使其与 AB 方向重合，并在其垂直方向上划一线，形成十字，作为丈量标志。量距采用经过检定的钢尺或钢瓦尺，丈量组由五人组成，两人拉尺，两人读数，一人指挥并读温度和记录。丈量时后尺手要用弹簧秤控制施加给钢尺的拉力（图 4-8），这个力应是钢尺检定时施加的标准力（30 m 钢尺一般施加 100 N）。前后尺手应同时在钢尺上读数，估读到 0.5 mm。每尺段要移动钢尺前后位置三次，三次测得的距离之差不应超过 $2\sim3$ mm。同时记录现场温度，估读到 0.5 ℃。用水准仪测量尺段木桩顶间高差，往返高差不应超过 ±10 mm，这种量距法称为串尺法。

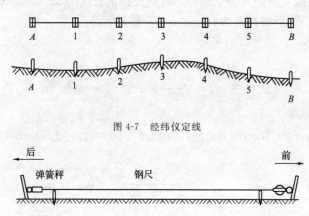

图 4-7　经纬仪定线

图 4-8　精密量距

二、成果整理

精密钢尺量距时，由于钢尺长度有误差并受量距时环境的影响，故量距结果应进行以下几项改正，才能保证满足距离测量的精度要求。

1. 尺长改正

钢尺名义长度 l_0 一般和实际长度不相等，每量一段都需加入尺长改正。在标准拉力、标准温度下经过检定的实际长度为 l'，其差值 Δl 为整尺段的尺长改正，即

$$\Delta l=l'-l_0$$

任一长度 l 的尺长改正为

$$\Delta l_d = \frac{\Delta l}{l_0} \times l \tag{4-3}$$

2. 温度改正

受温度影响,钢尺长度会伸缩。当野外量距时的温度 t 与检定钢尺时的温度 t_0 不一致时,就要进行温度改正,其改正公式为

$$\Delta l_t = \alpha(t - t_0)l \tag{4-4}$$

式中,α 为钢尺膨胀系数,其值为 $0.0000125/\text{℃}$。

3. 倾斜改正

设沿地面量的斜距为 l,测得高差为 h,换算成平距 d 要进行倾斜改正,公式为

$$\Delta l_h = d - l = \sqrt{l^2 - h^2} - l = l\left(\sqrt{1 - \frac{h^2}{l^2}} - 1\right)$$

上式用级数展开为

$$\Delta l_h = l\left[(1 - \frac{h^2}{2l^2} - \frac{h^4}{8l^4} - \cdots) - 1\right]$$

当高差不大时,h 与 l 的比值很小,取前两项得倾斜改正为

$$\Delta l_h = -\frac{h^2}{2l}$$

综上所述,每一尺段改正后的水平距离为

$$d = l + \Delta l_d + \Delta l_t + \Delta l_h$$

【例 4-2】 某尺段实测距离为 29.902 m,钢尺检定长度为 30.005 m,检定温度为 20 ℃,丈量时温度为 12.3 ℃,所测高差为 0.252 m,求水平距离。

解

(1)尺长改正

$$\Delta l_d = \frac{\Delta l}{l_0} \times l = \frac{0.005}{30} \times 29.902 = 0.005 \text{ m}$$

(2)温度改正

$$\Delta l_t = \alpha(t - t_0)l = 0.0000125 \times (12.3 - 20) \times 29.902 = -0.003 \text{ m}$$

(3)倾斜改正

$$\Delta l_h = -\frac{h^2}{2l} = -\frac{0.252^2}{2 \times 29.902} = -0.001 \text{ m}$$

水平距离为

$$d = l + \Delta l_d + \Delta l_t + \Delta l_h = 29.902 + 0.005 - 0.003 - 0.001 = 29.903 \text{ m}$$

经验提示

量距时,钢尺对点误差、测钎安置误差及读数误差都会使量距产生误差,这些误差是偶然误差,所以量距时应采用多次丈量取平均值的方法,以提高量距精度。此外,钢尺基本分划为 1 mm,一般读数也到毫米,若不仔细也会产生较大误差,所以测量时要认真仔细。

技能点 4   视距测量

一、视距测量原理

视距测量是利用望远镜内的视距装置配合视距尺,根据几何光学和三角测量原理来测

定距离和高差的方法。最简单的视距装置是在测量仪器(如经纬仪、水准仪)的望远镜十字丝分划板上刻制上下对称的两条短线,称为视距丝,如图4-9所示。视距测量中的视距尺可用普通水准尺,也可用专用视距尺。

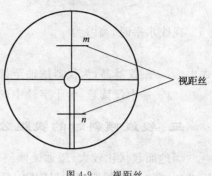

图4-9 视距丝

视距测量精度一般为$1/300\sim1/200$,精密视距测量可达$1/2000$。由于视距测量用一台经纬仪即可同时完成两点间平距和高差的测量,操作简便,所以当地形起伏较大时,常用于碎部测量和图根控制网的加密。

二、视线水平时的视距公式

如图4-10所示,设望远镜视准轴水平。R为视距尺;L_1为望远镜物镜,焦距为f_1;L_2为调焦物镜,焦距为f_2。V为仪器中心线,即仪器竖轴。K为十字丝分划板,b为十字丝分划板至调焦物镜L_2之间的距离。δ为仪器中心线至望远镜物镜L_1之间的距离。当望远镜瞄准视距尺时,移动L_2使标尺像落在十字丝面上。通过上下两个视距丝m、n就可读取视距尺上M、N两点的读数。其差称为尺间隔l,即

$$l=N-M$$

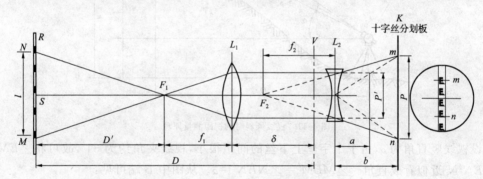

图4-10 视线水平时的视距测量原理

由图4-10可知,待测距离D为

$$D=D'+f_1+\delta \tag{4-5}$$

根据成像原理,设

$$K=\frac{f_1(f_2-b_\infty)}{f_2P},c=\frac{-f_1\Delta b}{f_2P}l+f_1+\delta$$

则

$$D'=\frac{f_1}{P'}l$$

代入式(4-5)中,可得

$$D=Kl+c \tag{4-6}$$

式中 K——视距乘常数,一般设计为100;

c——视距加常数,其值很小,可以忽略不计。

所以视线水平时的视距公式为

$$D=Kl=100l \tag{4-7}$$

视线水平时,高差为

$$h=i-s \tag{4-8}$$

式中　i——仪器高,为仪器横轴至桩顶的距离;

　　　s——中丝读数,为十字丝中丝在标尺上的读数。

三、视线倾斜时的视距公式

当地面起伏比较大,望远镜倾斜才能瞄到视距尺(图 4-11)时,视线不再垂直于视距尺,因此需要将 B 点视距尺的尺间隔 l(即 M、N 读数差)转算到垂直于视线的尺间隔 l',图 4-11 中为 $M'N'$,求出斜距 D',然后再求水平距离 D。

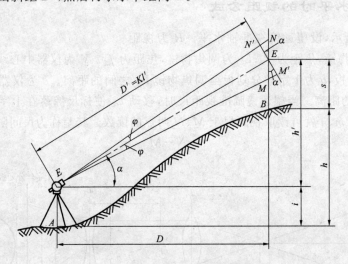

图 4-11　视线倾斜时的视距测量原理

设视线竖直角为 α,由于十字丝上下丝的间距很小,视线夹角约为 $34'$,故可将 $\angle EM'M$ 和 $\angle EN'N$ 近似看成直角。$\angle MEM'=\angle NEN'=\alpha$。从图中 B 端可见:

$$\begin{cases} M'E+EN'=(ME+EN)\cos\alpha \\ l'=l\cos\alpha \\ D'=Kl'=Kl\cos\alpha \end{cases} \tag{4-9}$$

水平距离为

$$D=D'\cos\alpha=Kl\cos^2\alpha \tag{4-10}$$

初算高差为

$$h'=D'\sin\alpha=Kl\cos\alpha\sin\alpha=\frac{1}{2}Kl\sin2\alpha \tag{4-11}$$

A、B 两点的高差为

$$h=h'+i-s=\frac{1}{2}Kl\sin2\alpha+i-s \tag{4-12}$$

在实际工作中,可以使中丝读数等于仪器高 i,则上式可简化为

$$h=\frac{1}{2}Kl\sin2\alpha \tag{4-13}$$

四、视距测量的观测与计算

视距测量主要用于地形测量,测定测站点至地形点的水平距离及高差。其观测步骤如下:

(1)在测站上安置经纬仪,量取仪器高 i(桩顶至仪器横轴中心的距离),精确到厘米。

(2)瞄准竖直于测点上的标尺,并读取中丝读数 s 值。

(3)用上下视距丝在标尺上读数,将两数相减得视距间隔 l。

(4)使竖盘水准管气泡居中,读取竖盘读数,求得竖直角 α。

视距测量的计算可直接用式(4-10)和式(4-13)计算水平距离和高差。

经验提示

视距测量可以在测水平角的同时进行水平距离和高差的测量,快捷方便。但是从实验分析资料来看,测量水平距离的精度较低,所以只有在对距离要求不很精确时使用,仅用于地形图测绘的碎部测量。

课题二　钢尺在施工中的应用

技能点 1　一般方法

钢尺在施工中的应用主要是放样已知水平距离,即根据已知的起点、线段方向和两点间的水平距离找出另一端点的地面位置。

一般方法为从已知起点开始,沿给定方向按已知长度值,用钢尺直接丈量定出另一端点。为了检核,应丈量两次,取其平均值作为最终结果,如图 4-12 所示。

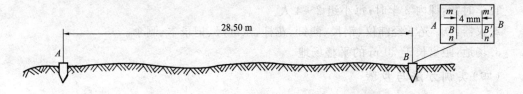

图 4-12　已知水平距离的测设

技能点 2　精确方法

当放样精度要求较高时,先按一般方法放样,再对所放样距离进行精密改正,即进行三项改正,要注意三项改正数的符号与量距时的符号相反。计算公式为

$$D_{放} = D - \Delta l_d - \Delta l_t - \Delta l_h \tag{4-14}$$

【例 4-3】 设要放样 AB 的水平距离 $D=29.9100$ m,使用的钢尺名义长度为 30 m,实际长度为 29.9950 m,钢尺检定时的温度为 20 ℃,钢尺膨胀系数为 0.0000125/℃,A、B 两点的高差 $h=0.385$ m,实测时温度为 28.5 ℃。求放样时在地面上应量出的长度为多少?

解　尺长改正为

$$\Delta l_{\mathrm{d}} = \frac{29.9950 - 30}{30} \times 29.9100 = -0.0050 \text{ m}$$

温度改正为

$$\Delta l_{\mathrm{t}} = 0.0000125 \times (28.5 - 20) \times 29.9100 = 0.0032 \text{ m}$$

倾斜改正为

$$\Delta l_{\mathrm{h}} = -\frac{0.385^2}{2 \times 29.9100} = -0.0025 \text{ m}$$

则放样长度为

$$D_{\text{放}} = D - \Delta l_{\mathrm{d}} - \Delta l_{\mathrm{t}} - \Delta l_{\mathrm{h}} = 29.9100 - (-0.0050) - 0.0032 - (-0.0025) = 29.9143 \text{ m}$$

单元实训

一、钢尺量距及视距测量

(一)实训目的

1.了解丈量工具的构造和使用方法。

2.掌握经纬仪定线的方法。

3.掌握用钢尺量距的一般方法。

4.掌握视距测量的观测和计算方法。

(二)实训内容

1.每小组采用目估法进行定线并往返丈量长于 70 m 的 A、B 两点间的距离。

2.每小组利用视距测量测定 A、B 两点间的距离。

(三)实训安排

1.学时数:课内 2 学时;每小组 2~4 人。

2.仪器:DJ$_6$ 光学经纬仪、钢尺、测钎、花杆、水准尺、记录本、测伞。

3.场地:距离长于 70 m 的平整场地。

(四)实训方法与步骤

1.目估定线

(1)在地面上选定长于 70 m 的直线,在 A、B 两点用测杆架各竖立一侧杆,并使其竖直。

(2)测量员甲站在 A 点测杆的外侧 1~2 m 处,面向 A、B 杆准备指挥。

(3)测量员乙带两根测杆,由 A 向 B 方向前进,至适当距离处 C,站在测线的外侧立杆。

(4)测量员甲通过 A、B 杆的同一侧边缘,查看 C 杆是否在视线上,如不在,则以手势左或右(切记不可来回摆动)指挥其移动,待甲看到乙所持测杆已移至视线上时,将手向下一挥,这时乙便将测杆竖直立在地面上。

(5)测量员甲再检查 C 杆的位置,如离开测线,再重新指挥,乙则按照甲的指挥,对杆进行少量的移动,直至准确处于直线上时,乙即将杆垂直插在地面上,至此完成了该点的定线工作。

(6)乙继续前进,同法定其他各点。

2.钢尺量距的一般方法

长距离丈量是在前述定线的基础上进行的。但本实训要求丈量的长度不大，故可在两端点间边定线边丈量，即将前述 A、B 杆保留，将定线时所插的测钎拔下来，然后按下述步骤进行丈量：

(1)后尺手持一测钎和尺的零端立于 A 点，前尺手持尺的末端和一根标杆，并携带五根测钎向 B 方向前进，到达一整尺时止步。

(2)用三点定一条直线的方法，乙根据甲的指挥用标杆标定中间点1的点位后，两人同时下蹲，并用适当均匀的拉力把尺拉紧、拉平和拉稳。此时甲应将尺的零点刻划正确对准 A 点地面标志，乙则拔去标杆使尺通过标杆脚孔的中心，待甲发出丈量信号"好"时，乙即紧贴尺的末端刻划，在地面上竖直地插下第一根测钎，这样就量完了第一个尺段。

(3)两人同时携尺前进，当甲到达第一根测钎处时喊"停"。同法丈量第二尺段。自此，甲应在每量完一尺段的距离后，即收取乙所插在地面上的测钎，以做计数用。如果积满五根或十根，则应做记录，并将测钎交还给乙，以便再用。

(4)丈量至 B 点时，最后一段距离一般不足一整尺，可在尺上准确读取尾数 Δl，尾数视需要而读至厘米或毫米。

(5)A、B 两点间的水平距离按式(4-1)计算。

将往返两次丈量结果的差数的绝对值与往返丈量结果的平均值之比化为分子为1的形式，作为衡量丈量结果的精度，称为相对误差 K。K 值越大，精度越高；反之，则精度越低。

3.视距测量

(1)沿用钢尺量距中选择的两个点 A、B。

(2)仪器安平在 A 点，量仪器高，在 B 点立水准尺。

(3)瞄准水准尺，使中丝对准仪器高，固定度盘及望远镜，读上下丝读数使竖盘水准管气泡居中，读竖盘读数并记录。

(4)取另一竖盘位置，用同样方法再测一次，取平均值作为往测最后结果。

(5)将仪器移至 B 点，A 点立水准尺，重复步骤(3)、(4)的操作，进行 AB 线的返测。

(6)计算方法

①由竖盘读数计算竖角及指标差。

②由上下丝读数计算视距间隔。

③计算视距和高差。

(五)注意事项

1.注意钢尺零刻线及终端刻线的位置以及米、分米的注记特点，以防读错。

2.钢尺质脆易断，不要脚踏、车压，应轻拉轻卷。

3.在丈量中应避免打环，出现环套时需解开后再拉，以防折断；前进中不得在地上拖拉钢尺，以防磨损。

4.在拉钢尺时，抻到终端刻线外约 10 cm 处，需用摇把卡在尺的拉手上，以免钢尺根部连接处被拉断。

5.丈量结束后，如钢尺被水浸湿，则必须用干布或纸擦拭，干后再卷入盒内，以防生锈。

6.钢尺应抬平，拉力应力求均匀。在斜坡或坑洼不平地带，应采用测钎或垂球将尺的端点投在地面上，以直接丈量水平距离。

7.每一尺段端点的定线要准确,使钢尺在直线内丈量。

8.测钎要插直,测钎数不要记错(不足整尺的最后不计算在内)。

9.视距测量中水准尺必须立直。

实训报告 1

实训名称:钢尺量距及视距测量

实训日期:_____　专业:_____　班级:_____　姓名:_____

(一)实训记录

1.钢尺量距

表 4-1　　　　　　　　　　钢尺量距记录手簿

_____年___月___日 天气___ 观测_____ 记录_____ 检查_____ 钢尺长 $l =$_____m

线段名称	观测次数	整尺段数 n	余尺段 Δl/m	距离($D=nl+\Delta l$)/m	平均距离/m	相对精度
	往					
	返					
	往					
	返					

2.视距测量

表 4-2　　　　　　　　　　视距测量记录手簿

_____年___月___日 天气___ 观测_____ 记录_____ 检查_____

测站:_____　仪器高 i:_____　测站高程:_____

测点	视距间隔/m	中丝读数/m	竖盘度数/(° ′ ″)	竖直角/(° ′ ″)	高差/m	平距/m	高程/m

(二)存在的问题

二、已知水平距离的测设

(一)实训目的

1.练习水平距离的测设方法。

2.掌握钢尺在测设工作中的操作步骤。

(二)实训内容

每小组测设一段距离,相对误差不大于 1/5000。

（三）实训安排

1.学时数：课内1学时；每小组2～4人。

2.仪器：钢尺、木桩、小钉、花杆、记录本、测伞。

3.场地：平整场地。

（四）实训方法与步骤

1.设在地上测设一段水平距离 AB，使其等于设计长度 D，从 A 点起沿地面指定方向 AB，量一段距离等于 D，打下 $10 \text{ cm} \times 10 \text{ cm}$ 的木桩，桩上钉一小钉以标志 B' 点。

2.用钢尺精密测定距离 AB'，加尺长温度及高差改正后，得 AB' 的水平距离 D'，根据设计长度 D 求得 B' 点的改正数 $\Delta D = D' - D$。

3.根据 ΔD 为正号或负号，将 B' 点在 AB 方向内或向外改动 ΔD，定出 B 点，则 AB 为所设的水平距离。

4.再检测距离 AB，其与设计值的相对误差不大于 $1/5000$。

（五）注意事项

按精度要求衡量观测标准。

实训报告2

实训名称：已知水平距离的测设

实训日期：_____　专业：_____　班级：_____　姓名：_____

（一）实训记录

表 4-3　　　　　　　　　　水平距离测设检查记录手簿

_____年_____月_____日　天气_____　观测_____　记录_____　检查_____

设计距离＝_____m　　钢尺长 l ＝_____m

线段名称	观测次数	整尺段数 n	余尺段 $\Delta l /\text{m}$	距离（$D = nl + \Delta l$）$/\text{m}$	平均距离$/\text{m}$	相对精度
	往					
	返					
	往					
	返					

改正数 ΔD＝_____m

（二）存在的问题

单元小结

本单元着重介绍了钢尺量距、视距测量和钢尺在施工中的应用。知识点如下：

1.钢尺量距

钢尺量距是利用钢尺进行距离丈量的方法。钢尺量距方法分为一般方法和精密方法，一般方法的精度要求在 1/3000 以上,精密方法的精度要求在 1/10000 以上。钢尺量距一般只适用于平坦地区。

2.视距测量

视距测量是利用光学仪器(如水准仪或经纬仪)进行距离丈量的方法。视距测量的精度较低,一般仅为 1/300～1/200。用水准仪进行视距测量时,要求地面起伏不能大于仪器高度。若用经纬仪进行视距测量,则无此限制。视距测量可用于平坦地区,也可用于山区。

3.钢尺在施工中的应用

钢尺在施工中的主要应用是已知水平距离的测设工作,应掌握水平距离测设的一般方法和精密方法。精密放样时,在地面上标定已知长度要结合地形情况、实际尺长及丈量时的温度等进行尺长改正、温度改正和倾斜改正。

 单元测试

1.距离测量的方法主要有哪几种?

2.用钢尺丈量了 AB、CD 两段距离,AB 的往测值为 206.32 m,返测值为 206.17 m;CD 的往测值为 102.83 m,返测值为 102.74 m。问这两段距离的丈量精度是否相同?为什么?

3.试述钢尺精密量距的工作步骤。

4.某钢尺的尺长方程式为 $L_t = 30.0000 + 0.0070 + 0.0000125 \times (t - 20) \times 30$。用此钢尺在 10 ℃条件下丈量一段坡度均匀、长度为 170.380 m 的距离。丈量时的拉力与钢尺检定拉力相同,并测得该段距离两端点高差为 —1.8 m,试求其水平距离。

5.简述水平距离的测设方法及步骤。

6.在地面上欲测设一段水平距离 AB,其设计长度为 28.000 m,所使用的钢尺尺长方程式为 $L_t = 30 + 0.005 + 0.0000125 \times (t - 20) \times 30$。测设时钢尺的温度为 15 ℃,钢尺的拉力与检定时的拉力相同,概量后测得 A、B 两点间桩顶的高差 $h = +0.400$ m,试计算在地面上需要量出的实际长度。

7.用竖盘顺时针注记的光学经纬仪(竖盘指标差忽略不计)进行视距测量,测站点高程 $H_a = 56.87$,仪器高 $i = 1.45$,视距测量结果见表 4-4,计算完成表中的各项。

表 4-4　　　　　　　　　　　　　　　　视距测量结果

点号	上下丝读数/m	中丝读数/m	竖盘读数/(° ′ ″)	竖直角/(° ′ ″)	水平距离/m	高差/m	高程/m
1	2.154 1.745	1.95	92 54				
2	1.987 1.256	1.62	90 24				
3	2.486 1.763	2.12	88 42				
4	0.985 0.489	0.73	85 30				

单元五
坐标测量与测设

学习目标

能够进行小区域的控制测量,掌握图根导线的布设、施测、成果整理及计算方法;掌握点的平面位置的测设方法;掌握全站仪的操作,能正确使用全站仪进行坐标测量及施工放样工作。

学习要求

知识要点	技能训练	相关知识
坐标方位角的计算	直线坐标方位角的推算	正反坐标方位角的概念;直线坐标方位角的推算公式
坐标正反算	坐标正反算	坐标正算公式;坐标反算公式;根据坐标增量符号进行方位角象限的判断
平面控制测量	根据工程情况选择合理的导线布置形式并进行导线外业工作;导线的内业计算	导线测量外业工作的内容及施测要求;导线测量内业计算方法
点的平面位置的测设	根据工程现状合理地选择点位的测设方法;进行点的平面位置的测设	极坐标法、直角坐标法、角度交会法以及距离交会法
全站仪基本测量功能	全站仪的认识、设置及角度、距离测量	全站仪的操作;全站仪的相关设置;全站仪的基本测量
全站仪程序测量功能	全站仪坐标测量、放样测量	全站仪坐标测量、放样测量及其他程序功能

单元导入

地面点的空间位置是由地面点的坐标和高程决定的,坐标测量是平面控制测量和地形图测绘的基础。如何测定未知点的坐标?如何测设未知点位并在现场标定标志以指导施工?本单元将详细介绍解决这些问题的方法。

坐标测量和测设的方法很多,如常规的边角测量、全站仪测量等。其中边角测量应用较多,但随着全站仪的普及,全站仪测量逐渐成为最常用、最重要的一种方法,现已广泛应用于控制测量、地形测量、工程放样、安装测量、变形观测等领域中,成为实现测量工程内外业一体化、自动化、智能化的关键硬件系统。

课题一　图根导线测量

技能点 1　图根导线布设

一、控制测量概述

测绘的基本工作是确定地面上地物和地貌特征点的位置,即确定空间点的三维坐标。这样的工作若从一个原点开始,逐步依据前一个点测定后一个点的位置,必然会将前一个点的误差带到后一个点上。这种测量方法会使误差逐步积累,甚至会达到惊人的程度。所以为了保证所测点位的精度,减少误差积累,测量工作必须遵循"从整体到局部,先控制后碎部,由高级到低级"的组织原则。因此,必须首先建立控制网,然后根据控制网进行碎步测量和测设。由在测区内所选定的若干个控制点所构成的几何图形称为控制网。

控制网分为平面控制网和高程控制网两种。测定控制点平面位置(x、y)的工作称为平面控制测量,测定控制点高程(H)的工作称为高程控制测量。

在全国范围内建立的控制网称为国家控制网,它是全国各种比例尺测图的基本控制网,并为确定地球的形状和大小提供研究资料。国家控制网是用精密测量仪器和方法,依照施测精度并按照一、二、三、四等级建立的,其低级点受高级点逐级控制。

1.平面控制测量

平面控制测量是确定控制点的平面位置。建立平面控制网的经典方法有三角测量和导线测量。在图 5-1 中,A、B、C、D、E、F 组成互相邻接的三角形,观测所有三角形的内角,并至少测量其中一条边长作为起算边,通过计算就可以获得它们之间的相对位置。这种三角形的顶点称为三角点,构成的网形称为三角网,进行的这种控制测量称为三角测量。

又如图 5-2 所示,控制点 1~6 用折线连接起来,测量各边的长度和各转折角,通过计算同样可以获得它们之间的相对位置。这种控制点称为导线点,进行的这种控制测量称为导线测量。

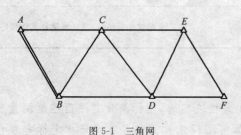

图 5-1　三角网　　　　　　　　　图 5-2　导线网

建立平面控制网的方法除了经典的三角测量和导线测量外,还有卫星大地测量,目前常用的是 GPS 卫星定位。如图 5-3 所示,在 A、B、C、D 控制点上,同时接收 GPS 卫星 S_1、S_2、S_3、S_4 发射的无线电信号,从而确定地面点位,称为 GPS 控制测量。

国家控制网是全国各种比例尺测图和工程建设的基本控制网,它为空间科学技术和军事提供精确的点位坐标、距离、方位资料,并为研究地球大小和形状、地震预报等提供重要资料。逐级控制分为一、二、三、四等三角测量和精密导线测量。图 5-4 所示为部分地区国家三角控制网。

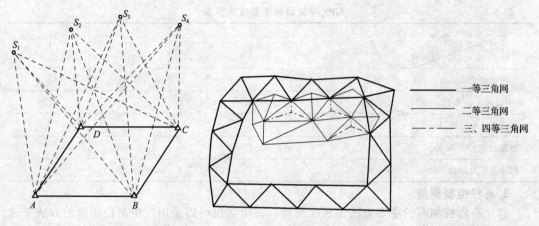

图 5-3　GPS 控制网　　　　　　　　　图 5-4　部分地区国家三角控制网

　　城市控制测量是为大比例尺地形测量建立控制网,作为城市规划、施工放样的测量依据。城市控制网一般分为二、三、四等三角网及一、二级小三角网或一、二、三级导线,然后再布设图根小三角网或图根导线。按 1985 年城市测量规范,其技术要求见表 5-1 和表 5-2。

表 5-1　　　　　　　　　　城市三角网及图根三角网的主要技术要求

等级	测角中误差 /(")	三角形最大 闭合差/(")	平均边长/km	起始边相 对中误差	最弱边相 对中误差	测回数		
						DJ$_1$	DJ$_2$	DJ$_6$
二等	±1.0	±3.5	9	1∶300000	1∶120000	12		
三等	±1.8	±7.0	5	首级 1∶200000	1∶80000	6	9	
四等	±2.5	±9.0	2	首级 1∶120000	1∶45000	4	6	
一级	±5	±15	1	1∶40000	1∶20000		2	6
二级	±10	±30	0.5	1∶20000	1∶10000		1	2
图根	±20	±60	不大于测图最大 视距的 1.7 倍	1∶10000				1

表 5-2　　　　　　　　　　城市导线及图根导线的主要技术要求

等级	测角中误差 /(")	方向角闭合差 /(")	附合导线 长度/km	平均边长 /m	测距中误差 /mm	全长相对 中误差
一级	±5	±10$\sqrt{n}$	3.6	300	±15	1∶14000
二级	±8	±16$\sqrt{n}$	2.4	200	±15	1∶10000
三级	±12	±24$\sqrt{n}$	1.5	120	±15	1∶6000
图根	±30	±60$\sqrt{n}$				1∶2000

　　注:n 为测站数。

　　随着科学技术的发展和现代化测量仪器的出现,三角测量这种传统定位技术大部分已被卫星定位技术所替代。1992 年国家制定的《GPS 控制测量规范》将 GPS 控制网分成 A～E 五级,见表 5-3。其中 A、B 级相当于国家一、二等三角点,C、D 级相当于城市三、四等三角点。我国已于 1992 年布设了覆盖全国的 A 级 GPS 网点 27 个,1996 年布设完成了全国 B 级 GPS 网点 730 个,城市控制网也基本采用 GPS 定位技术。

表 5-3　　　　　　　　　　　GPS 控制网的主要技术要求

项目 \ 级别	A	B	C	D	E
固定误差 a/mm	≤5	≤8	≤10	≤10	≤10
比例误差系数 $b(10^{-6})$	≤0.1	≤1	≤5	≤10	≤20
相邻点最小距离/km	100	15	5	2	1
相邻点最大距离/km	200	250	40	15	10
相邻点平均距离/km	300	70	10～15	5～10	2～5

2. 高程控制测量

建立高程控制网的主要方法是水准测量。在山区也可以采用三角高程测量的方法来建立高程控制网,这种方法不受地形起伏的影响,工作速度快,但其精度较水准测量低。

国家水准测量分为一、二、三、四等,逐级布设。一、二等水准测量是用高精度水准仪和精密水准测量方法进行施测,其成果用于全国范围的高程控制。三、四等水准测量除用于国家高程控制网的加密外,在小地区还用于建立首级高程控制网。

为了城市建设的需要所建立的高程控制称为城市水准测量,采用二、三、四等水准测量以及直接为测地形图用的五等水准测量(也称为图根水准测量),其技术要求见表 5-4。

表 5-4　　　　　　　　　城市与图根水准测量的主要技术要求

等级	每公里高差中数误差/mm		往返较差、附合或环线闭合差/mm		检测已测测段高差之差/mm
	偶然中误差 M_Δ	全中误差 M_W	平原微丘区	山岭重丘区	
二等	±1	±2	$\pm 4\sqrt{L}$	—	$\pm 6\sqrt{L_i}$
三等	±3	±6	$\pm 12\sqrt{L}$	$\pm 35\sqrt{n}$ 或 $\pm 15\sqrt{L}$	$\pm 20\sqrt{L_i}$
四等	±5	±10	$\pm 20\sqrt{L}$	$\pm 60\sqrt{n}$ 或 $\pm 25\sqrt{L}$	$\pm 30\sqrt{L_i}$
五等	±8	±16	$\pm 30\sqrt{L}$	$\pm 45\sqrt{L}$	$\pm 40\sqrt{L_i}$

注:1. L 为附合路线或环线长度,L_i 为检测测段长度,均以千米计。

　　2. 山区是指路线中最大高差超过 400 m 的地区。

在平原地区,可采用 GPS 技术进行四等水准测量。在地形比较复杂或地质构造复杂的地区,采用 GPS 技术时需进行高程异常改正。

二、图根导线的布设形式

导线测量布设灵活,要求通视方向少,边长可直接测定,适宜布设在视野不够开阔的地区,如城市、厂区、矿山建筑区、森林等;也适用于狭长地带的控制测量,如铁路、隧道、渠道等的控制测量。随着全站仪的普及,一测站可同时完成测距、测角工作。导线测量方法广泛用于控制网的建立,特别是图根导线的建立。

导线测量的布设形式有以下几种:

1. 闭合导线

导线的起点和终点为同一个已知点,形成闭合多边形,如图 5-5(a)所示,B 为已知点,P_1,……,P_n 为待测点,α_{AB} 为已知方向。

2. 附合导线

布设在两个已知点之间的导线称为附合导线。如图 5-5(b)所示，B 为已知点，α_{AB} 为已知方向，经过 P_i 点最后附合到已知点 C 和已知方向 α_{CD}。

3. 支导线

从一个已知点出发不回到原点，也不附合到另外已知点的导线称为支导线，也称为自由导线，如图 5-5(c)所示。由于支导线无法检核，故布设时应十分仔细，规范规定支导线不得超过三条边。

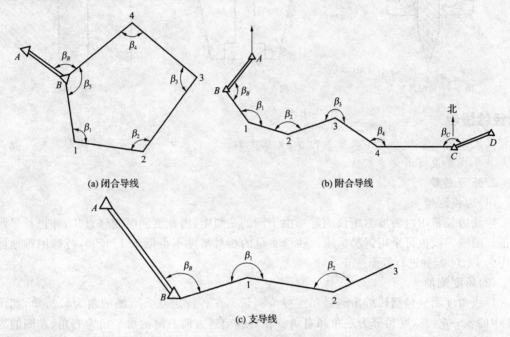

(a) 闭合导线　　　　　　　　　(b) 附合导线

(c) 支导线

图 5-5　导线测量的布设形式

▶**经验提示**

导线和水准路线的布设形式容易混淆，要特别注意区分。

技能点 2　图根导线测量的外业工作

导线测量的外业工作包括踏勘选点、边长测量和角度测量。

1. 踏勘选点

在踏勘选点前应尽量搜集测区的有关资料，如地形图、已有控制点的坐标和高程以及控制点的点之记。在图上规划导线布设方案，然后到现场选点、埋标志。

选点注意事项：

(1)导线点应选在土质坚硬、能长期保存和便于观测的地方。

(2)相邻导线点间通视良好，便于测角、量边。

(3)导线点视野开阔，便于测绘周围地物和地貌。

(4)导线边长应大致相等，避免过长、过短，相邻边长之比不应大于 3。

导线点选定后，应在地面上建立标志，如图 5-6 所示，并沿导线走向顺序编号，绘制导线略图。对等级导线点应按规范埋设混凝土桩，如图 5-7 所示，并在导线点附近的明显地物（房角、电杆）上用油漆注明导线点编号和距离，并绘制草图、注明尺寸，称为点之记，如图

5-8 所示。

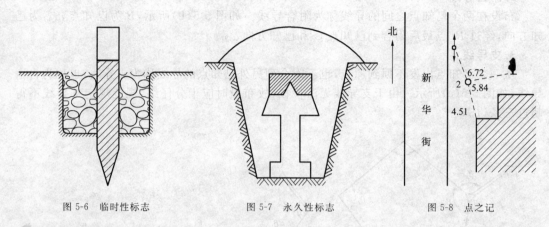

图 5-6　临时性标志　　　　图 5-7　永久性标志　　　　图 5-8　点之记

经验提示

点之记是测量外业工作的重要内容,是提交的资料成果之一,必须进行绘制。它可为其他人员寻找点位提供重要依据。

2. 外业测量

(1)边长测量

导线边长常用电磁波测距仪测定。由于测的是斜距,因此要同时测竖直角,并进行平距改正。图根导线也可采用钢尺量距。往返丈量的相对精度不得低于 1/3000,特殊困难地区允许为 1/1000,并进行倾斜改正。

(2)角度测量

导线角度测量包括转折角测量和连接角测量。在各待定点上所测的角为转折角,如图 5-5 中的 $\beta_1 \sim \beta_n$。这些角分为左角和右角。在导线前进方向右侧的水平角为右角,左侧的为左角,如图 5-5(b)所示。对角度测量精度的要求见表 5-2。导线应与高级控制点联测,才能得到起始方位角,这一工作称为连接角测量,也称导线定向,其目的是使导线点坐标纳入国家坐标系统或该地区的统一坐标系统。如图 5-5(b)所示,附合导线与两个已知点连接,应测两个连接角 β_B、β_C。如图 5-5(a)和图 5-5(c)所示,闭合导线和支导线只需测一个连接角 β_B。对于独立地区,当周围无高级控制点时,可假定某点坐标,用罗盘仪测定起始边的磁方位角作为起算数据。

技能点 3　图根导线测量的内业计算

一、基本计算

1. 坐标方位角的推算

在测量中,为了使测量成果坐标统一并能保证测量精度,常将线段首尾连接成折线,并与已知边 AB 相连。若 AB 边的坐标方位角 α_{AB} 已知,又测定了 AB 边和 B1 边的水平角 β_B (称为连接角)以及各点的转折角 β_1、β_2、β_3、……,利用正反方位角的关系和测定的转折角,就可以推算出连续折线上各线段的坐标方位角(图 5-9):

$$\alpha_{BA} = \alpha_{AB} + 180°$$

$$\alpha_{B1} = \alpha_{BA} + \beta_B - 360° = \alpha_{AB} + \beta_B - 180°$$

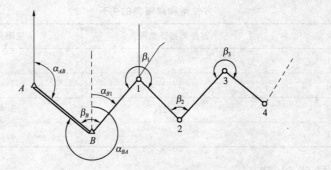

图 5-9 坐标方位角的推算

$$\alpha_{12} = \alpha_{B1} + \beta_1 - 180° = \alpha_{AB} + \beta_B + \beta_1 - 2 \times 180°$$

$$\alpha_{ij} = \alpha_{AB} + \sum \beta_{iL} - n \times 180° \qquad (5\text{-}1)$$

式中，β_{iL} 为折线推算前进方向的左角。

若测定的是右角，则用下式计算：

$$\alpha_{ij} = \alpha_{AB} - \sum \beta_{iR} + n \times 180° \qquad (5\text{-}2)$$

▌经验提示

左、右角的判断方法如下：

面向导线的前进方向，左手一侧的观测角为左角，右手一侧的则为右角。

2. 坐标正反算

（1）坐标正算公式

已知边长和方位角，由已知点计算待定点的坐标称为坐标正算。

如图 5-10 所示，A 为已知点，其坐标为 (x_A, y_A)，A 点到待定点 B 的边长为 D_{AB}（平距），方位角为 α_{AB}，则 B 点坐标为

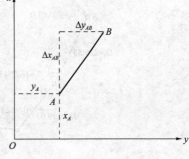

$$\begin{cases} x_B = x_A + \Delta x_{AB} = x_A + D_{AB} \cos\alpha_{AB} \\ y_B = y_A + \Delta y_{AB} = y_A + D_{AB} \sin\alpha_{AB} \end{cases} \qquad (5\text{-}3)$$

图 5-10 坐标计算

式中，Δx_{AB}、Δy_{AB} 为坐标增量。

（2）坐标反算公式

已知两点坐标，反求边长和方位角称为坐标反算，如图 5-10 所示。

方位角公式为

$$\alpha_{AB} = \arctan \frac{y_B - y_A}{x_B - x_A} = \arctan \frac{\Delta y_{AB}}{\Delta x_{AB}} \qquad (5\text{-}4)$$

边长计算公式为

$$D_{AB} = \sqrt{\Delta x_{AB}^2 + \Delta y_{AB}^2} = \frac{\Delta x_{AB}}{\cos\alpha_{AB}} = \frac{\Delta y_{AB}}{\sin\alpha_{AB}} \qquad (5\text{-}5)$$

注意，用式（5-4）计算的角是象限角（R），还应根据方位角与象限角的关系，将象限角换算成方位角。由于测量采用的坐标的定义与数学中的笛卡儿坐标的定义不同，所以象限的定义也不同，如图 5-11 所示。坐标方位角和象限角的关系见表 5-5。

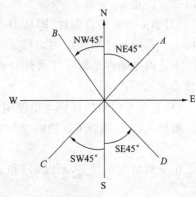

图 5-11 象限角

表 5-5　　　　　　　　　　　方位角和象限角的关系

象限	由方位角换算象限角	由象限角换算方位角
象限 I	$R = \alpha$	$\alpha = R$
象限 II	$R = 180° - \alpha$	$\alpha = 180° - R$
象限 III	$R = \alpha - 180°$	$\alpha = 180° + R$
象限 IV	$R = 360° - \alpha$	$\alpha = 360° - R$

二、附合导线计算

在进行导线内业计算之前,应全面检查导线外业工作记录和成果是否符合精度要求,然后绘制导线略图,注上实测边长、转折角、连接角和起始坐标,以便于计算导线坐标,如图 5-12 所示。

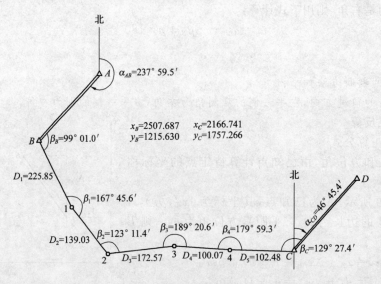

图 5-12　附合导线计算略图

由于附合导线是在两个已知点上布设的,因此测量成果应满足两个几何条件:

(1)方位角闭合条件:即从已知方位角 α_{AB},通过各 β_i 角推算出 CD 边方位角 α'_{CD},其应与已知方位角 α_{CD} 一致。

(2)坐标增量闭合条件:即从 B 点已知坐标 x_B、y_B,经各边长和方位角推算求得的 C 点坐标 x'_C、y'_C 应与已知点 C 的坐标 x_C、y_C 一致。

上述两个条件是附合导线外业观测成果检核条件,也是导线坐标计算平差的基础。其计算步骤如下:

(1)坐标方位角的计算与角度闭合差的调整

根据式(5-1)推算 CD 边的坐标方位角为

$$\alpha'_{CD} = \alpha_{AB} + \sum \beta_i - n \times 180°$$

由于测角存在误差,所以 α'_{CD} 和 α_{CD} 有差值,称为角度闭合差:

$$f_\beta = \alpha'_{CD} - \alpha_{CD} \tag{5-6}$$

图 5-12 中 $\alpha'_{CD} = 46°44.8'$,$\alpha_{CD} = 46°45.4'$,则 $f_\beta = -0.6'$。

根据表 5-2,图根导线角度闭合差的容许误差为

$$f_{\beta容} = \pm 40'' \sqrt{n} = \pm 1.6'$$

若 $f_\beta \geqslant f_{\beta容}$,则说明角度测量误差超限,要重新测角;若 $f_\beta < f_{\beta容}$,则只需对各角度进行调整。由于各角度是同精度观测,所以将角度闭合差反符号平均分配给各角,然后再计算各边方位角,最后检核计算的 α'_{CD} 和 α_{CD} 是否相等。

(2)坐标增量闭合差的计算与调整

利用上述计算的各边坐标方位角和边长,可以计算各边的坐标增量。各边坐标增量之和理论上应与控制点 B、C 的坐标差一致,若不一致,则产生的误差称为坐标增量闭合差 f_x、f_y。计算式为

$$\begin{cases} f_x = \sum \Delta x - (x_C - x_B) \\ f_y = \sum \Delta y - (x_C - x_B) \end{cases} \tag{5-7}$$

由于 f_x、f_y 的存在,使计算出的 C' 点与 C 点不重合,如图 5-13 所示。

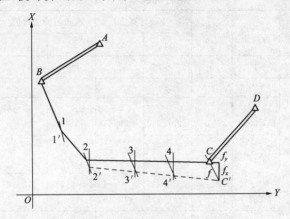

图 5-13 导线全长闭合差

CC' 用 f 表示,称为导线全长闭合差,用下式表示

$$f = \sqrt{f_x^2 + f_y^2} \tag{5-8}$$

f 值和导线全长 $\sum D$ 之比 K 称为导线全长相对闭合差,即

$$K = \frac{f}{\sum D} = \frac{1}{\sum D / f} \tag{5-9}$$

K 值的大小反映了测角和测边的综合精度。不同导线的相对闭合差容许值不同,见表 5-2。图根导线 K 值小于 1/2000,困难地区 K 值可放宽到 1/1000。

一般情况下量距有误差。若 $K > K_容$ 则应分析原因,必要时重测。当 K 值符合精度要求时,可以进行坐标增量调整。

图 5-12 中 $f_x = -0.149$ m,$f_y = +0.140$ m,$\sum D = 740.00$ m,则

$$f = \sqrt{f_x^2 + f_y^2} = +0.204 \text{ m}$$

$$K = \frac{0.204}{740.00} = \frac{1}{3627} < \frac{1}{2000}$$

调整的方法是将 f_x、f_y 反号按与边长成正比的原则进行分配,第 i 边的坐标增量改正值为

$$\begin{cases} U_{xi} = -\dfrac{f_x}{\sum D} D_i \\ U_{yi} = -\dfrac{f_y}{\sum D} D_i \end{cases} \tag{5-10}$$

计算完毕,改正后的坐标增量之和应与 B、C 两点的坐标差相等,以此作为检核。

(3)坐标计算

根据起始点 B 的坐标及改正后各边的坐标增量,按下式计算各点坐标:

$$\begin{cases} x_{i+1}=x_i+\Delta x_{i+1} \\ y_{i+1}=y_i+\Delta y_{i+1} \end{cases}$$

最后推算出的 C' 点坐标应与原来的 C 点坐标一致。

▶ 经验提示

在内业计算过程中,角度闭合差的调整和坐标增量的调整分别是为了消除测角误差和量距误差。

【例5-1】 附合导线计算数据如图 5-12 所示,计算未知点坐标。

解 计算见表 5-6。

表 5-6　　　　　　　　　　　　　　　　　　附合导线坐标计算

点号	观测角 (右角)	改正后 的角度	坐标 方位角	边长 /m	增量计算值		改正后的增量值		坐标		点号
					$\Delta x'$	$\Delta y'$	Δx	Δy	x	y	
1	2	3	4	5	6	7	8	9	10	11	12
$\dfrac{A}{B}$	+0.1 99°01.0′	99°01.1′	237°59.5′								B
			157°00.6′	225.85	+45 −207.911	−43 +88.210	−207.866	+88.167	2507.687	1215.630	
1	+0.1 167°45.6′	167°45.7′							2299.821	1303.797	1
			144°46.3′	139.03	+28 −113.568	−26 +80.198	−113.540	+80.172			
2	+0.1 123°11.4′	123°11.5′							2186.281	1383.969	2
			89°57.8′	172.57	+35 +6.133	−33 +172.461	+6.168	+172.428			
3	+0.1 189°20.6′	189°20.7′							2192.449	1556.397	3
			97°18.5′	100.07	+20 −12.730	−19 +99.257	−12.710	+99.238			
4	+0.1 179°59.3′	179°59.4′							2179.739	1655.635	4
			97°17.9′	102.48	+21 −13.019	−19 +101.650	−12.998	+101.631			
C	+0.1 129°27.4′	129°27.5′							2166.741	1757.266	C
			46°45.4′								
D											D
				$\sum D=$ 740.00	$\sum \Delta x'=$ −341.095	$\sum \Delta y'=$ +541.776					

$\alpha'_{CD}=46°44.8′$　　$f_{\beta容}=\pm40''\sqrt{n}$　　$\sum \Delta x=-341.095$　　$\sum \Delta y=+541.776$

$\alpha_{CD}=46°45.4′$　　　　$=\pm1.6′$　　　$x_C-x_B=-340.945$　　$y_C-y_B=+541.636$

$f_{\beta}=-0.6′$　　　　$f_{\beta}<f_{\beta容}$　　　　$f_x=-0.149$　　　　　$f_x=+0.140$

$$f=\sqrt{f_x^2+f_y^2}=+0.204$$

$$K=\frac{0.204}{740.00}=\frac{1}{3627}<\frac{1}{2000}$$

▶ 经验提示

在进行导线近似平差计算时应注意:

(1)当计算的方位角闭合差(角度闭合差)小于规范规定的方位角闭合差允许值时,才可继续往下算;若超限,则应检查原因实践中检查的顺序是:检查计算→检查数据(观测角的取用、起算方位角的取用)→检查手簿→外业重测。

(2)当计算的相对闭合差在规范规定的范围内时,可以进行坐标增量改正计算;若超限,则应检查原因,实践中检查的顺序是:检查计算→检查数据(平差后的方位角、导线边长)→检查手薄→外业重测。

三、闭合导线计算

闭合导线计算方法与附合导线相同,也要满足角度闭合条件和坐标闭合条件。

(1)角度闭合差的计算与调整

闭合导线测的是内角,所以角度闭合条件要满足 n 边形内角和条件

$$\sum \beta_{理} = (n-2) \times 180°$$

角度闭合差为

$$f_{\beta} = \sum \beta_{测} - \sum \beta_{理} = \sum \beta_{测} - (n-2) \times 180° \tag{5-11}$$

(2)坐标增量闭合差的计算与调整

闭合导线的起终点是同一个点,所以坐标增量理论值为零。坐标增量闭合差为

$$\begin{cases} f_x = \sum \Delta x_{计} \\ f_y = \sum \Delta y_{计} \\ f = \sqrt{f_x^2 + f_y^2} \\ K = \dfrac{f}{\sum D} = \dfrac{1}{\sum D / f} \end{cases} \tag{5-12}$$

角度闭合差 f_{β}、坐标增量闭合差 f_x、f_y 及导线全长闭合差 f 的检验和调整与附合导线相同。由起点坐标通过各点坐标增量改正计算,求定各点坐标,最后推回到 1 点坐标应相同,作为计算检核。

【例 5-2】 按图 5-14 所示的闭合导线数据计算未知点坐标。

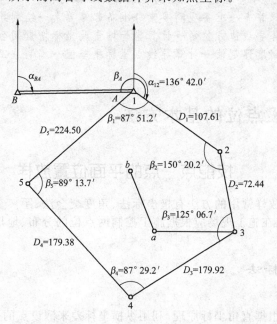

图 5-14 闭合导线计算略图

解 计算见表 5-7。

表 5-7   闭合导线坐标计算

点号	观测角（右角）	改正后的角度	坐标方位角	边长/m	增量计算值		改正后的增量值		坐标		点号
					$\Delta x'$	$\Delta y'$	Δx	Δy	x	y	
1	2	3	4	5	6	7	8	9	10	11	12
1	−0.2 87°51.2′	87°51.0′	136°42.0′	107.61	−1 −78.32	−3 +73.80	−78.33	+73.77	800.00	1000.00	1
2	−0.2 150°20.2′	150°20.0′							721.67	1073.77	2
			166°22.0′	72.44	−1 −70.40	−2 +17.07	−70.41	+17.05			
3	−0.2 125°06.7′	125°06.5′							651.26	1090.82	3
			221°15.5′	179.92	−3 −135.25	−4 −118.65	−135.28	−118.69			
4	−0.2 87°29.2′	87°29.0′							515.98	927.13	4
			313°46.5′	179.38	−3 +124.10	−4 −129.52	+124.07	−129.56			
5	−0.2 89°13.7′	89°13.5′							640.05	824.57	5
			44°33.0′	224.50	−4 +159.99	−6 +157.49	+159.95	+157.43			
1									800.00	1000.00	1
2			136°42.0′								2
Σ	540°01.0′	540°00′		763.85							

$f_{\beta} = +1'$

$f_{\beta容} = \pm 40'' \sqrt{n} = \pm 1.5'$

$f = \sqrt{f_x^2 + f_y^2} = 0.22'$

$K = \dfrac{f}{\sum D} = \dfrac{0.22}{763.85} = \dfrac{1}{3472}$

+284.09	+248.36	+284.02 +284.25
−283.97	−248.17	−284.02 −284.25
$f_x = 0.12$ $f_y = 0.19$	$\sum \dot{\Delta} x = 0$	$\sum \Delta y = 0$

经验提示

实践中,导线近似平差在施工现场的一般计算步骤为:

准备导线平差计算表→准备观测要素→准备起算要素→绘制导线外业草图→对观测角进行平差计算→计算导线边方位角→计算坐标增量及坐标增量闭合差→对坐标增量进行平差计算→计算导线精度评定值→计算导线点坐标平差值→编制施工导线点成果表→上报监理测量工程师审批。

课题二　测设点位的基本方法

技能点　点的平面位置放样

点的平面位置放样常用的方法有极坐标法、角度交会法、距离交会法和直角坐标法等。至于选用哪种方法,在施工现场应根据施工控制网点位的分布、地形、现场条件及精度要求进行选择。

一、直角坐标法

1.基本概念
直角坐标法是根据直角坐标原理,利用纵横坐标差来测设点的平面位置。

2.适用条件
当建筑场地已有相互垂直的主轴线或矩形方格网时,采用直角坐标法测设点的平面位置就比较方便。

3.图示说明

如图 5-15 所示,设 I、II、III、IV 为建筑场地的建筑方格网点,a、b、c、d 为需要测设的某厂房的四个角点,根据设计图上各点坐标,可求出建筑物的长度、宽度及测设数据。

【例 5-3】 根据图 5-15 中的各点坐标数据,简述利用直角坐标法来放样 a 点的过程。

解 (1)计算测设数据

建筑物的长度为

$ad=680.00-630.00=50.00$ m

建筑物的宽度为

$ab=550.00-520.00=30.00$ m

$\Delta x=520.00-500.00=20.00$ m

$\Delta y=630.00-600.00=30.00$ m

(2)测设方法

①在 I 点安置经纬仪,瞄准 IV 点,沿视线方向测设距离 30.00 m,定出 m 点;在 m 点安置经纬仪,瞄准 IV 点,按逆时针方向测设 90°角,由 m 点沿视线方向测设距离 20.00 m,定出 a 点,做出标志。用同样的方法可测设建筑物其余各点的位置。

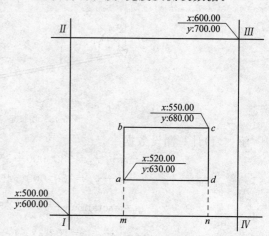

图 5-15　用直角坐标法测设点位

②校核:检查四角是否等于 90°,各边长是否等于设计长度,误差在限差以内。

二、极坐标法

1.基本概念

极坐标法是根据一个水平角和一段距离来测设点的平面位置。

2.适用条件

极坐标法适用于量距方便且待测设点距离控制点较近的建筑施工场地。

3.图示说明

如图 5-16 所示,A、B 为已知平面控制点,其坐标值分别为 $A(x_A,y_A)$、$B(x_B,y_B)$,P 为设计的建筑物特征点,其设计坐标为 $P(x_P,y_P)$,欲测设 P 点,需按坐标反算公式求出测设数据 β 和 D_{AP}。

$$\begin{cases} \alpha_{AB}=\arctan\dfrac{y_B-y_A}{x_B-x_A} \\ \alpha_{AP}=\arctan\dfrac{y_P-y_A}{x_P-x_A} \end{cases} \tag{5-13}$$

需要注意的是,上式等式左边的是坐标方位角,其值域为 $0°\sim360°$;而等式右边的 arctan 函数的值域为 $-90°\sim+90°$,两者是不一致的。具体处理方法参见相关内容。

则

$$\beta=\alpha_{AB}-\alpha_{AP} \tag{5-14}$$

$$D_{AP}=\sqrt{(x_P-x_A)^2+(y_P-y_A)^2} \tag{5-15}$$

【例 5-4】 如图 5-16 所示,已知 $\alpha_{AB}=102°32'51''$,$x_A=351.237$ m,$y_A=437.821$ m,$x_P=380.000$ m,$y_P=450.000$ m。现准备在 A 点架设仪器,利用极坐标法来放样 P 点,求测设数据 β 和 D,并简述测设过程(使用经纬仪和钢尺)。

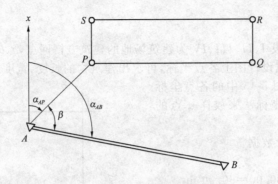

图 5-16　用极坐标法测设点位

解　(1)计算测设数据

$$x_P - x_A = 380.000 - 351.237 = 28.763 \text{ m}$$

$$y_P - y_A = 450.000 - 437.821 = 12.179 \text{ m}$$

$$\alpha_{AP} = \arctan \frac{y_P - y_A}{x_P - x_A} = 22°56'57''(位于第一象限)$$

$$\beta = \alpha_{AB} - \alpha_{AP} = 102°32'51'' - 22°56'57'' = 79°35'54''$$

$$D = \sqrt{(x_P - x_A)^2 + (y_P - y_A)^2} = 31.235 \text{ m}$$

(2)测设方法

①在 A 点安置经纬仪,瞄准 B 点,按逆时针方向测设 β 角,定出 AP 方向。沿 AP 方向测设水平距离 D,定出 P 点,做出标志。用同样的方法测设建筑物的另外三个角点。

②校核:检查建筑物四角是否等于 90°,各边长是否等于设计长度,其误差均应在限差以内。

三、角度交会法

1.基本概念

角度交会法是在两个或多个控制点上安置经纬仪,通过测设两个或多个已知水平角度,交会出待定点的平面位置。

2.适用条件

角度交会法适用于待定点离控制点较远且量距较困难的建筑施工场地。

3.图示说明

如图 5-17(a)所示,在已知点 A、B 上安置经纬仪,分别测设出相应的 β 角,通过两个观测者的指挥把标杆移到待定点的位置。当精度要求较高时,先在 P 点处打下一根大木桩,并在木桩上沿 AP、BP 绘出方向线及其交点 P。然后在已知点 C 上安置经纬仪,同样可测设出 CP 的方向。若交会没有误差,则此方向应通过前两方向线的交点,否则将形成一个示误三角形,如图 5-17(b)所示。若示误三角形的最大边长不超过 1 cm,则取三角形的重心作为待定点 P 的最终位置。若误差超限,则应重新交会。

【例 5-5】　如图 5-17(a)所示,已知控制点 A、B 和放样点 P 的坐标值:$x_A = 612.335$ m, $y_A = 248.731$ m,$x_B = 602.512$ m,$y_B = 300.109$ m,$x_P = 635.875$ m,$y_P = 286.362$ m。试计算用角度交会法来放样 P 点的测设数据并简述测设过程。

解　(1)计算测设数据

$$\alpha_{AB} = \arctan \frac{y_B - y_A}{x_B - x_A} = \arctan \frac{51.378}{-9.823} = -79°10'34'' = 100°49'26''$$

$$\alpha_{BA} = \alpha_{AB} + 180° = 280°49'26''$$

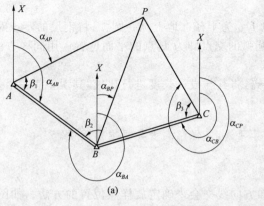

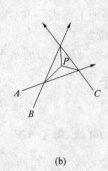

图 5-17 用角度交会法测设点位

$$\alpha_{AP}=\arctan\frac{y_P-y_A}{x_P-x_A}=\arctan\frac{37.631}{23.540}=57°58'19''$$

$$\alpha_{BP}=\arctan\frac{y_P-y_B}{x_P-x_B}=\arctan\frac{-13.747}{33.363}=-22°23'38''=337°36'22''$$

则

$$\beta_1=\alpha_{AB}-\alpha_{AP}=42°51'07''$$
$$\beta_2=\alpha_{BP}-\alpha_{BA}=56°46'56''$$

（2）测设方法

①在 A、B 两点同时安置经纬仪，同时测设水平角 β_1 和 β_2，定出两条方向线，在两条方向线相交处钉一根木桩，并在木桩上沿 AP、BP 绘出方向线及其交点。在实际工作中应由第三个控制点来交会校核。

②校核：最后丈量 P 点与其他放样点之间的水平距离，将其与设计长度进行比较，其误差应在限差以内。

四、距离交会法

1. 基本概念
距离交会法是根据两个控制点测设两段已知水平距离，交会定出待测点的平面位置。

2. 适用条件
距离交会法适用于场地平坦、量距方便且控制点离测设点不超过一尺段长的建筑施工场地。

3. 图示说明
如图 5-18 所示，A、B 为已知平面控制点，P、Q、R、S 为一建筑物的四个待测角点，其坐标均为已知。现根据 A、B 两点用距离交会法测设 P 点，其测设数据 D_{AP}、D_{BP} 根据 A、B、P 三点的坐标值分别计算。

【例 5-6】 已知数据同例 5-5，试计算用距离交会法来放样 P 点的测设数据，并简述测设方法。

解 （1）计算测设数据

$$D_{AP}=\sqrt{(x_P-x_A)^2+(y_P-y_A)^2}=44.387\ \text{m}$$
$$D_{BP}=\sqrt{(x_P-x_B)^2+(y_P-y_B)^2}=36.084\ \text{m}$$

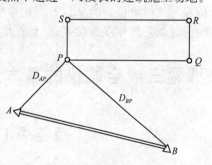

图 5-18 用距离交会法测设点位

（2）测设方法

①将钢尺的零点对准 A 点，以 D_{AP} 为半径在地上画一圆弧；将钢尺的零点对准 B 点，以 D_{BP} 为半径在地上再画一圆弧，两圆弧的交点即为 P 点的平面位置。用同样方法测设出 Q、R、S 的平面位置。

②校核：测量各条边的水平距离，将其与设计长度进行比较，其误差应在限差以内。

经验提示

实际工作中，测设数据至少计算两遍，以保证测设数据准确无误。

五、方向线交会法

方向线交会法是利用两条已知方向线交会来确定放样点位置的方法。如图 5-19 所示，A_1、A_2、B_1、B_2 为桥轴线控制点，Q_i 及 O_i' 为施工初期测定的各墩台轴线方向控制桩，在桥梁墩台施工过程中，利用桥轴线和墩台轴线方向交会可随时定出墩台的中心位置。

用方向线交会法放样时，两条方向线以正交最为有利，斜交时应注意控制交会角的范围以提高定位精度。

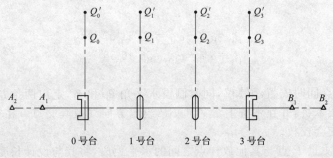

图 5-19   方向线交会法

六、全站仪坐标放样法

全站仪坐标放样法的本质是极坐标法，它能适合各类地形情况，而且精度高，操作简便，在生产实践中已被广泛采用（具体操作详见本单元课题四的技能点 2）。

放样前，将全站仪置于放样模式，向全站仪输入测站点坐标、后视点坐标（或方位角）、放样点坐标，准备工作完成后，用望远镜照准棱镜，按坐标放样功能键，则可立即显示当前棱镜位置与放样点位置的坐标差。根据坐标差值移动棱镜，直至坐标差值为零，此时棱镜所对应的位置就是放样点的位置，然后在地面上做出标志。

课题三   全站仪的基本测量功能

技能点 1   全站仪的构造与安装

一、全站仪概述

全站仪即全站型电子速测仪（Electronic Total Station），它是具有由电子测角、电子测距、电子计算和数据存储单元等组成的三维坐标测量系统，测量结果能自动显示，并能与外围设备交换信息的多功能测量仪器。

目前,全站仪已成为世界上许多著名厂家生产的主要仪器,如美国天宝、瑞士徕卡、日本索佳、拓普康、尼康以及中国北光、南方、苏光等。这些仪器的构造原理基本相同,具体操作步骤不尽相同,使用时应详细阅读说明书。为了学习方便,本课题以尼康 DTM—352C 型全站仪为例,说明其结构特点和使用方法。

二、尼康全站仪的构造

不同的尼康系列全站仪的外貌和结构各异,但其功能大同小异。图 5-20 所示为日本尼康公司生产的 DTM—352C 型全站仪。全站仪的外貌和电子经纬仪相似,不同的是多了一个可进行各项操作的键盘。

1. 仪器各部件名称

尼康 DTM—352 型全站仪的各部件名称如图 5-20 所示。

图 5-20 尼康 DTM—352C 型全站仪

1—盘左显示屏和面板;2—管水准器气泡;3—目镜调节环;4—望远镜目镜;5—望远镜调焦环;6—提柄;7—电池安装钮;
8—垂直微动螺旋;9—垂直制动钮;10—水平制动钮;11—水平微动螺旋;12—三脚基座固定钮;13—圆水准器气泡;
14—数据输出/外部电源输入接头(输入电压 7.2～11 V,DC);15—盘右显示屏和面板;16—物镜;
17—光学瞄准器(取景器);18—水平轴指示标记;19—光学对中器;20—三脚基座;21—脚螺旋

2. 主要技术指标(表 5-8)

表 5-8   尼康 DTM—352C 型全站仪的主要技术指标

项　目		技术指标
望远镜放大倍率		33×
成像		正像
精度(H&V)		2″
补偿器		双轴倾斜传感器补偿范围±3′
测距范围	免棱镜	200 m(仅限 DTM—352C 免棱镜型)
	一个 AP01 棱镜	2000～2300 m
	三个 AP01 棱镜	2600/3000 m
精度	棱镜	±(2+2 ppm×D) mm
	反射片	±(3+3 ppm×D) mm
键盘		双面 4＋21 键
数据内存		约 12000 点
质量(带电池)		5.3 kg

3. 键盘按键及其功能

尼康 DTM－352 型全站仪键盘如图 5-21 所示。

图 5-21　尼康 DTM－352C 型全站仪键盘

该键盘上共设置有 21 个按键(不含上、下、左、右四个选择键),其主要功能见表 5-9。

表 5-9　　　　　　　　　　尼康 DTM－352C 型全站仪的按键功能

按　键	主要功能
PWR	打开或关闭仪器
（照明键图标）	照明键,打开或关闭背景光。如果按一秒钟,则可以进入到 2 态切换窗口
MENU	显示菜单屏幕:1.工作;2.坐标几何;3.设置;4.数据;5.通讯;6.快捷键;7.校正;8.时间
MODE	在点(PT)域或代码(CD)域按下此键时,可以在字符、数字和列表/堆栈之间改变按键的输入模式;在基本测量屏幕(BMS)按下此键时,可以激活 Q 码模式(调用快速代码)
REC/ENT	记录已测量数据、移到下一个屏幕或者在输入模式下确认并接收输入的数据。如果在基本测量屏幕(BMS)按此键一秒钟,仪器将把测量值记录为 CP 记录值(在角度或重复菜单中得到的测量值或是在 BMS 中得到的测量值),而不是 SS 记录值(碎步点测量值);如果在 BMS 屏幕或放样观测屏幕按此键,仪器将在 COM 端口输出当前测量数据(PT、HA、VA 和 SD,数据记录设定必须是 COM)
ESC	返回到先前的屏幕。在数字或字符模式下删除输入
MSR1	在[MSR1]键的测量模式下设定开始进行距离测量,按一秒钟可显示测量模式的设定
MSR2	在[MSR2]键的测量模式下设定开始进行距离测量,按一秒钟可显示测量模式的设定
DSP	移到下一个可用的显示屏幕,按一秒钟可改变出现在 DSP1、DSP2 和 DSP3 屏幕上的域

（续表）

按键	主要功能
ANG	显示[角度]菜单
STN ABC 7	显示[测站设立]菜单。在数字模式中输入"7"，在字符模式中输入"A"、"B"、"C"或"7"
S-O DEF 8	显示[放样]菜单，按一秒钟可显示放样设定。在数字模式中输入"8"，在字符模式中输入"D"、"E"、"F"或"8"
O/S GHI 9	显示[偏移点测量]菜单。在数字模式中输入"9"，在字符模式中输入"G"、"H"、"I"或"9"
PRG JKL 4	显示[程序]菜单，此菜单中包含附加的测量程序。在数字模式中输入"4"，在字符模式中输入"J"、"K"、"L"或"4"
LG MNO 5	打开或关闭导向光发射器。在数字模式中输入"5"，在字符模式中输入"M"、"N"、"O"或"5"
DAT PQR 6	根据设定显示 RAW、XYZ 或 STN 数据。在数字模式中输入"6"，在字符模式中输入"P"、"Q"、"R"或"6"
USR STU 1	执行指定到[USR1]的功能键。在数字模式中输入"1"，在字符模式中输入"S"、"T"、"U"或"1"
USR VWX 2	执行指定到[USR2]的功能键。在数字模式中输入"2"，在字符模式中输入"V"、"W"、"X"或"2"
COD YZ 3	打开一个供输入代码的窗口，默认的代码值是最后输入的代码值。在数字模式中输入"3"，在字符模式中输入"Y"、"Z"、空格或"3"
HOT .-+ -	显示[目标高度](HOT)菜单。在数字模式中输入"5"，在字符模式中输入"－"或"＋"
*/= 0	显示气泡指示器。在数字模式中输入"0"，在字符模式中输入"＊"、"/"、"＝"或"0"

三、全站仪的安置

1.装入电池

打开电池盖，将电池装入仪器中。

2.安置仪器

(1)架设三脚架：使三脚架腿等长，三脚架头位于测点上方且近似水平，三脚架腿牢固地支撑在地面上。

(2)架设仪器：将仪器放在三脚架架头上，一只手握住仪器，另一只手旋紧中心螺旋。

3.对中整平

(1)初步对中：首先通过光学对中器的目镜进行观察，旋转对中器的目镜，使分划板上的十字丝看得最清晰，再旋转对中器的调焦环，使地面测点看得最清楚；然后调节脚螺旋，使测点位于光学对中器的最中心。

(2)粗略整平：伸缩三脚架架腿，使圆水准器气泡居中。

(3)精确整平：调节脚螺旋，使照准部管水准器气泡居中。

(4)精确对中：稍许松开中心螺旋，前后、左右平移(不能旋转)仪器，使测点位于光学对中器的最中心，然后旋紧中心螺旋。

(5)重复步骤(3)、(4)，直到完全对中、整平。

注：整平时也可借助屏幕上的电子气泡整平仪器。

4.调焦照准

(1)目镜调焦：调节目镜调焦螺旋，使十字丝清晰。

(2)照准目标：用粗瞄准器瞄准目标，使其进入视场，固紧两制动螺旋。

(3)物镜调焦：调节物镜调焦螺旋，使目标清晰；调节两微动螺旋，精确照准目标。

(4)消除视差：再次调焦以消除视差。

5.开机

(1)按[PWR]键打开仪器，开机屏幕出现，它显示当前温度、气压、日期和时间，如图5-22(a)所示。

(2)要改变温度或气压值，按[▲]或[▼]键把光标移到想改变的项目上，然后按[ENT]键，如图5-22(b)所示。

(3)如果希望初始化水平角，就旋转照准部，如图5-22(c)所示。

(4)使望远镜倾斜，直到它经过盘左的水平位置。

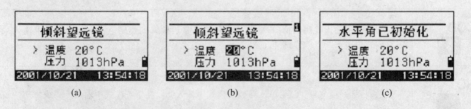

图 5-22　开机屏幕显示

技能点 2　全站仪的相关设置

一、距离测量参数设置

按 [MSR1]或[MSR2]键一秒钟，即可查看参数设置，见表5-10。

按[▲]或[▼]键在域之间移动光标，按[◀]或[▶]键在选择的域中改变数值。

表 5-10	距离测量参数设置
域	值
目标	棱镜/反射片
常数(棱镜常数)	$-999 \sim 999$ mm
模式	精确/正常
平均(平均常数)	$0 \sim 99$(连续)
记录模式	仅 MSR、仅记录、测量/记录

经验提示

尤其需要注意的是,使用不同的棱镜时,应在仪器内设置不同的棱镜常数。

二、竖直度盘与水平度盘补偿器零点差设置

(1)精确整平仪器。

(2)与水平面的角度在 $45°$ 范围内,盘左瞄准某一目标 P,读垂直角 VL。

(3)盘右读垂直角 VR。

(4)当垂直角位于"ZENITH",$VR + VL = 360°$,或将垂直角置于"HORIZON",$VR + VL = 180°$ 或 $540°$ 时,都不用重新设置。允许误差为 $\pm 20''$,超限需重新设置。

(5)重新设置需按下[MENU][7]键,进入检核屏幕。

(6)DTM-352 型全站仪为双轴补偿。用盘左对水平方向的目标进行一次测量,屏幕显示转向 F2(盘右),照准同一目标进行测量。

(7)观测完毕按[OK]键进行设置。

三、仪器参数设置

[HOT]菜单在任何观测屏幕下都可以使用。要显示[HOT]菜单,需按[HOT]键。

1. 改变目标高度

要改变目标高度,需按[HOT]键显示[HOT]菜单,如图 5-23 所示。然后按[1]键或选择"HT",再按[ENT]键。

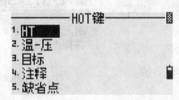 

图 5-23　改变目标高度

输入目标高度或者按[堆栈]软功能键显示 HT 堆栈。HT 堆栈存储最后输入的 20 个 HT 值。

2. 设定温度和气压

如果要设定当前的温度和气压,需按[HOT]键显示[HOT]菜单,然后按[2]键或选择"温-压"(图 5-23),再按[ENT]键,输入环境温度和气压(图 5-24),ppm 值被自动更新。

图 5-24　设定温度和气压

3. 目标设定

目标设定是指定目标类型、棱镜常数和目标高度的值。当您改变所选目标时,这三个设定都会改变。此功能可以用来在两种类型的目标(例如反射片和棱镜)之间进行快速切换。最多可以准备五个目标组。

按[HOT]键显示[HOT]菜单,然后按[3]键或选择目标并按[ENT]键,一个五目标组列表出现,如图 5-25所示。要选择一个目标组,按相应的数字键([1]~[5]),或按[▲]或[▼]键突出显示列表中的目标组并按[ENT]键。

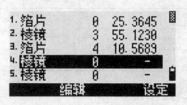

图 5-25　目标设定

要改变定义在目标组中的设定,应突出显示列表中的目标组,然后按[编辑]软功能键。

技能点 3　全站仪的基本测量

一、角度测量

全站仪的角度测量可分为测回法、方向观测法等,观测步骤与光学经纬仪相同,只是测回间配置度盘的方法不同。本技能点仅对不同点进行阐述。

如果要打开[角度]菜单,在基本测量屏幕(BMS)下按[ANG]键,如图 5-26 所示。要在此菜单中选择操作命令,需按相应的数字键或按[◀]或[▶]键突出显示操作命令,然后再按[ENT]键。

图 5-26　角度设置菜单

1. 设定水平角度为 0

如果要把水平角度重设为 0,需在[角度]菜单下按[1]键或选择"0 设定",显示将返回到基本测量屏幕中。

2. 输入水平角度

如果要显示 HA 输入屏幕,需按[2]键或在[角度]菜单中选择"输入"。用数字键输入水平角度(图 5-27),然后按[ENT]键。

例如,要输入 $123°45'50''$,键入[1][2][3][.][4][5][5][0],显示的数值四舍五入到最小的角度增量值。

图 5-27　水平角度的输入

二、距离测量

在进行距离测量前必须做到:电池电量已充足;仪器参数已按观测条件设置好;气象改正数、棱镜常数改正数和测距模式已设置完毕;已准确照准棱镜中心,返回信号强度适宜测量。

在基本测量屏幕(BMS)或任何观测屏幕下按[MSR1]或[MSR2]键可测量距离。

仪器进行测量期间,棱镜常数以较小字体显示。

如果平均计数设定为 0,测量将连续进行,直到按[MSR1]、[MSR2]或[ESC]键为止。每次测量时,距离都会被更新。

如果平均计数设定为 1～99 中的一个值,则平均后的距离将在最后一次照准后显示出来。域名 SD 变为 SDx,以表示平均后的数据。

课题四　全站仪的程序测量功能

高级测量包括坐标测量、放样测量、后方交会测量、面积测量、偏心测量、对边测量和悬高测量等。

技能点 1　全站仪坐标测量

坐标测量的基本原理是坐标正算,即根据已知点的坐标和已知边的坐标方位角来计算未知点的坐标。全站仪坐标测量的基本原理是同时观测角度和距离,然后经微处理器进行数据处理,由显示器显示测量结果。高程测量原理与三角高程测量原理相同。

一、建站

如果要打开[测站设立]菜单,在基本测量屏幕(BMS)下按[STN]键。

如果要从此菜单选择操作命令,按相应的数字键或按[◄]或[►]键突出显示操作命令,然后按[ENT]键。按[▲]或[▼]键上翻或下翻页面,最后使用的功能被突出显示。具体步骤见表 5-11。

表 5-11　　　　　　　　　　　尼康 DTM－352C 型全站仪建站步骤

序号	操作步骤	屏幕显示
1	按[1]键或在[测站设立]菜单中选择已知	测站设立 1. 已知 2. 后方交会 3. 快速 4. 远程BM 5. 后视检查
2	在 ST 域中输入一个点名称或编号。 (1)如果输入的是已有点,则它的坐标将显示出来,同时光标移到 HI(仪器高度)域 (2)如果是新点,则坐标输入屏幕将出现,输入这个点的坐标。在每个域之后按[ENT]键。在 CD 域按[ENT]键时,新点被存储 (3)如果指定的点有一个代码,则代码将在 CD 域中显示	输入测站 ST: HI:　　0.0000m CD: 列表　堆栈 X:　　4567.3080 Y:　　200.1467 PT:A-123 CD:POT
3	在 HI 域中输入仪器高度,然后按[ENT]键,后视屏幕出现,为定义后视点选择一个输入方法。 (1)用输入坐标的方法照准后视 (2)用输入方位角和角度的方法照准后视	输入测站 ST:A-123 HI:　0.0000　m CD:POT 后视 (XYZ) 1. 坐标 2. 角度

（续表）

序号	操作步骤	屏幕显示
4	（1）通过输入坐标照准后视按[1]键，输入点名称。如果点存在于任务中，它的坐标就会显示出来。在盘左照准 BS，按[ENT]键完成设定 （2）通过输入方位角照准后视按[2]键，在盘左照准 BS，按[ENT]键完成设定	输入后视点　　　　1 BS:■ HT:　　10.5689m CD: 　　　　　　列表　堆栈 测站　　　　　　1/2 AZ: 181°53'36" HD:　　　　　　　m SD:　　　　　　　m ＊照准后视并[MSR]/[ENT] 　　　　　　　　　　F2 测站　　　　　　1/2 AZ: 181°53'36" HD:　　　　　　　m SD:　　　　　　　m ＊照准后视并[MSR]/[ENT] 　　　　　　　　　　F2

二、三维坐标测量

测量步骤如下：

（1）建站。

（2）照准未知点，即可进行坐标测量，按[MSR1]或[MSR2]键，其操作步骤与距离测量相同。

技能点 2　全站仪放样测量

放样测量用于在实地测设出所需要的点位。在放样过程中，通过对照准目标点的角度、距离、坐标进行测量，仪器将显示输入放样值与实测值的差值，以指导放样。

一、通过角度和距离放样测量

测量步骤见表 5-12。

表 5-12　　　　尼康 DTM-352C 型全站仪通过角度和距离放样测量的步骤

序号	操作步骤	屏幕显示
1	建站（同本课题的技能点 1）	
2	显示[放样]菜单，按[S-O]键。要显示到目标的距离和角度的输入屏幕中，在[放样]菜单下按[1]键或选择"HA-HD"	放样 1. HA-HD 2. XYZ 3. 分割线 S-O 4. 参考线 S-O
3	输入数值并按[ENT]键。 （1）HD：从测站点到放样点的水平距离 （2）dVD：从测站点到放样点的垂直距离 （3）HA：从测站点到放样点的水平角度	角度和距离　　　　1 HD:　　　　　　　m dVD:　　　　　　　m HA:

（续表）

序号	操作步骤	屏幕显示
4	旋转仪器直到 dHA 接近 0°00′00″	S-O dHA← 1°00′00″ HD# 6.0000m ＊照准目标 并按[MSR]
5	照准目标并按[MSR1]或[MSR2]键。当测量完成时,目标位置与放样点之间的差值就显示出来。 (1)dHA:水平角度到目标点的差值 (2)R/L:右/左(横向误差) (3)IN/OUT:内/外(纵向误差) (4)CUT/FIL:挖/填 一旦完成测量,当 VA 改变时,挖/填值和 Z 坐标便更新	S-O 1/8 dHA← 9°00′00″ 右← 15.643 m 外→ 98.765 m 填↑ 48.000 m ＊按[ENT]记录
6	当目标处在希望的位置时,显示的误差均变成 0.0000 m	

二、通过已知坐标放样测量

测量步骤见表 5-13。

表 5-13　　　　尼康 DTM—352C 型全站仪通过已知坐标放样测量的步骤

序号	操作步骤	屏幕显示
1	建站(同本课题的技能点 1)	
2	显示[放样]菜单,按[S—O]键。要开始通过坐标放样,在[放样]菜单下按[2]键或选择"XYZ"	—放样— 1. HA-HD 2. XYZ 3. 分割线S-O 4. 参考线S-O
3	输入想要放样的点名称,然后按[ENT]键。如果发现了若干个点,则它们将显示在列表中。按[▲]或[▼]键上下移动列表,按[◄]或[►]键上下移动页面(若没有则提示输入待放样点坐标)	输入点 PT:A100* Rad: m CD: 从/到 列表 堆栈
4	突出显示列表中的点并按[ENT]键,使目标的角度变化量和距离显示出来	UP,A100,FENCE UP,A101, UP,A100-1,MANHOLE UP,A100-2, UP,A100-4, UP,A100-6,CODECODE UP,A1000,
5	旋转仪器,直到 dHA 接近于 0°00′00″,按[MSR1]或[MSR2]键。 (1)dHA:水平角到目标点的差值 (2)HD:到目标点的距离	PT:A100-2 dHA: 0°00′00″0 HD: 87.5412m ＊照准目标 并按[MSR]
6	请司尺员调整目标位置。当目标处在希望的位置时,显示的误差均变成 0.0000 m。 (1)dHA:水平角到目标点的差值 (2)R/L:右/左(横向误差) (3)IN/OUT:内/外(纵向误差) (4)CUT/FIL:挖/填	PT:A100-2 1/7 dHA 0°00′26″5 R← 0.055 m IN→ 0.920 m FIL↑ 0.036 m ＊按[ENT]记录

技能点 3　全站仪的其他程序功能

一、悬高测量

在工程建设中往往需要知道悬空点或人员难以接触和到达的点,该点无法安置棱镜,并需要确定该点的高度。如在电力工程中输电线的架设就必须测定线路某点对地面的高度,以便于道路从高压线下穿过等,利用全站仪中的悬高测量和悬高放样功能解决这一问题就很容易完成。

悬高测量原理如图 5-28 所示,在合适位置安置仪器,在待测物体正下方安置棱镜,则待测物体相对于地面点的高度就可以计算出来,计算公式如下:

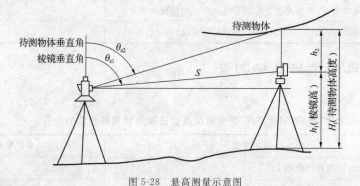

图 5-28　悬高测量示意图

$$H_t = h_1 + h_2$$
$$h_2 = S\sin\theta z_1 \times \cot\theta z_2 - S\cos\theta z_1$$

测量步骤见表 5-14。

表 5-14　　　　　　　　　尼康 DTM－352C 型全站仪悬高测量步骤

序号	操作步骤	屏幕显示
1	要进入悬高测量功能,需在[程序]菜单(显示[程序]菜单按[PRG]键)下按[5]键或选择"REM"	程序 1. 2点参考线 2. 弧段参考线 3. RDM(半径) 4. RDM(常数) 5. RDM
2	输入目标高度	REM HT: 0.0000　m Vh:　　　m ＊首先输入HT
3	照准目标点并按[MSR1]或[MSR2]键	REM HT:　　1.7746m Vh:　　　m ＊照准点并 按[MSR]
4	拧松垂直制动钮,转动望远镜,使它瞄准任选点,高程差(Vh)显示出来	REM HT:　　1.7746m Vh:　　1.775 m ＊按[ENT]更新 目标高度

二、对边测量

在测量过程中,经常会遇到需要测量不通视两点间距离的问题,利用全站仪的对边测量功能能够很好地解决这一问题。

对边测量是指间接地测定远处两点间的斜距、平距、高差,尽管这两点可能是不通视的。如图 5-29 所示,对边测量的方法有连续法和辐射法两种。连续法是指测定当前观测点与上一个观测点之间的距离,辐射法是指测定当前观测点与第一个观测点之间的距离。

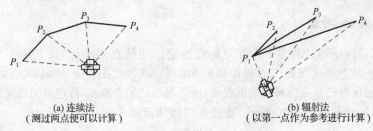

(a) 连续法
(测过两点便可以计算)

(b) 辐射法
(以第一点作为参考进行计算)

图 5-29 对边测量示意图

1. 当前点与第一个已测点之间的测量(辐射法)

测量步骤见表 5-15。

表 5-15 尼康 DTM－352C 型全站仪对边测量(辐射法)步骤

序号	操作步骤	屏幕显示
1	要进入 RDM(辐射法)功能,需在[程序]菜单下按[3]键或选择"RDM(半径)"	程序 1. 2点参考线 2. 弧段参考线 3. RDM(半径) 4. RDM(常数) 5. RDM
2	照准第一个点并按[MSR1]或[MSR2]键,测站点到第一个点的距离显示出来	RDM 1/2 rSD# m rVD# m rHD# m *照准点并按[MSR]
3	照准第二个点并按[MSR1]或[MSR2]键,第一点与第二点之间的距离显示出来	RDM 1/2 rSD# 0.440 m rVD# 0.440 m rHD# 0.004 m *照准点并按[MSR] 按[ENT]记录
4	要改变显示屏幕需按[DSP]键	RDM 2/2 rAZ# 34°00′00″ rV% OVER 100% rGD# 0.010:1 *照准点并按[MSR] 按[ENT]记录

表 5-15 的图中,rSD 表示两点间的斜距,rVD 表示两点间的垂直距离,rHD 表示两点间的水平距离,rAZ 表示第一点到第二点的方位角,rV% 表示坡度百分比((rVD/rHD)×100%),rGD 表示垂直坡度((rHD/rVD):1)。

2. 当前点与前一个测点间的测量(连续法)

测量步骤见表 5-16。

表 5-16   尼康 DTM—352C 型全站仪对边测量(连续法)步骤

序号	操作步骤	屏幕显示
1	要进入 RDM(连续法)功能,需在[程序]菜单下按[4]键或选择"RDM(常数)"	程序 1.2点参考线 2.弧段参考线 3.RDM(半径) 4.RDM(常数) 5.RDM
2	其他操作与 RDM 辐射法相同	

三、后方交会测量

后方交会测量用于通过对多个已知点的观测定出测站点的坐标,该方法不需要已知点之间互相通视,不必考虑大气折光对长距离测角的影响,因此在控制、监测等实际测量工作中应用广泛。一般在保证已知点位精确的前提下,所观测的已知点越多,待定点的精度也就越高。

后方交会测量原理如图 5-30 所示,通过观测已知点求未知点的三维坐标。

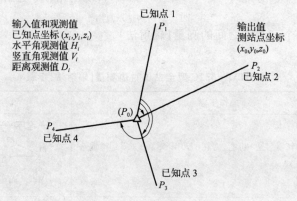

图 5-30   后方交会测量原理示意图

测量步骤见表 5-17。

表 5-17   尼康 DTM—352C 型全站仪后方交会测量步骤

序号	操作步骤	屏幕显示
1	在[建站]菜单下按[2]键或选择"后交"	建站 1.已知 2.后交 3.快速 4.远程水准点 5.BS检查
2	输入第一个点的名称(PT)和目标高(HT),按[ENT]键,照准第一个已知点按[MSR]键,需要盘右观测按[F2]键,直接按[ENT]键则处理下一个点	站点 HA:≠ 0° 00′ 00″ HD:≠ 207.9466m SD:☰ 362.5420m *按[回车]键到下一点 F2
3	测量第二个点并回车,当有了足够的点的测量数据后,便可计算测站点坐标	测站 2/2 X: 199.4976 Y: 712.5026 Z: -283.9518 *按[增加]至下一点 添加 查看 显示 记录

四、面积测量

利用全站仪的面积测量功能可以进行土地面积测量工作,并能自动计算显示所测地块的面积,特别适用于小范围的土地面积量算。

测量步骤见表5-18。

表 5-18 尼康 DTM-352C 型全站仪面积测量步骤

序号	操作步骤	屏幕显示
1	在屏幕菜单下按[2]键显示[计算]菜单,按[3]键则可进行面积周长计算	计算 1.反算 2.方向&距离 3.面积和周长 4.直线和偏心 5.输入XYZ
2	按[测量]键测量第一个点的坐标,然后继续测量该几何图形所有点的坐标	输入点　非.01 PT: 测量　　列表　堆栈
3	测量完成后按[▼]键计算面积和周长	面积:　15.0000㎡ 周长:　16.0000㎡ *按[回车]键记录

五、偏心测量

当棱镜难以直接安置在目标点(如树木、烟囱、水池的中心等)时,可使用全站仪的偏心测量功能。所谓全站仪偏心测量就是棱镜不能安置在待测点的铅垂线上(图5-31),而是安置在相关的某处,间接地测定待测点的位置。偏心测量可用于观测至不通视点的距离和角度测量。

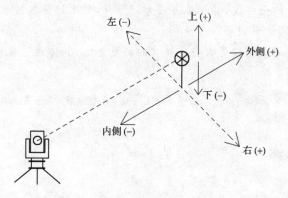

图 5-31　偏心测量示意图

偏心测量的方法很多,这里仅介绍带尺偏心测量。测量前需用尺子丈量出偏心的距离值。测量步骤见表5-19。

表 5-19　　　　　　　　　　尼康 DTM-352C 型全站仪偏心测量步骤

序号	操作步骤	屏幕显示
1	在屏幕菜单下按［O/S］［1］键进入［偏心］菜单	偏心 Up Out　1.尺子 L—·—R　2.角度 In　3.2核镜杆 Down　4.HA定线 5.输入HD
2	出现测量屏幕,按［MSR］键对照准的目标点进行测量	HA::　33° 41′ 24″ VA::　90° 00′ 00″ SD:: HT:　1.7600m *照准点按［测量］键 HT
3	输入偏心距离,用上下箭头将光标放在相应的栏目中	距离偏心 R/L : O/I : U/D : *(+)=右 (−)=左 距离偏心 R/L :　25.0000 O/I :　4.0000 U/D :　3 *(+)=上 (−)=下
4	计算出的坐标将显示出来	X:　−4.3780 Y:　27.7936 Z:　4.2618 PT: 102 CD: YVV 列表　堆栈

■ 经验提示

● 不同厂家、型号的全站仪,其测量方法大同小异,只不过是按键和操作位置不同,使用新的仪器之前要详细阅读说明书。

● 不同厂家、型号的全站仪还有一些特有的测量功能,具体详见说明书。

单元实训

一、图根导线测量

(一)实训目的

1.掌握图根导线外业测量的内容和方法,进一步提高测角和量距的技术水平。

2.掌握图根导线计算的内容和方法。

（二）实训内容

1.在测区内选定四点,组成闭合多边形,进行闭合导线外业测量。

2.利用本组在外业工作中所得的数据,独立计算图根导线中各点的坐标。

（三）实训安排

1.学时数:课内 2 学时(外业测量),课外 2 学时(内业计算);每小组 2～4 人。

2.仪器:DJ$_6$ 经纬仪、钢尺、测钎、计算器、记录本、测伞。

3.场地:稍有起伏,相邻导线点间应互相通视,50 m×60 m 的区域。

（四）实训方法与步骤

1.选点

(1)在测区内选定四点,组成闭合多边形,并以大钉标志,逆时针方向编号。

(2)导线点应选在地势较高、视野开阔且便于施测碎部的地方。

(3)相邻导线点间应互相通视,并便于丈量距离。

(4)为实习方便,导线边长以 50～60 m 为宜。

2.测角

(1)在导线起点安置罗盘仪,测出起始边的磁方位角,用以确定测区的方位。

(2)将经纬仪安置在导线点 2 上(另一台则安置在点 4 上),对中误差不大于 3 mm,在 1、3 点上竖立测钎。

(3)按逆时针方向用测回法测出各内角(先后视左目标,再前视右目标),两半测回之差不大于 40″。

(4)导线内角测完后,需检查内角闭合差,不得大于 $f_{\beta容}=\pm40''\sqrt{n}$,式中 n 为导线角数。

3.量距

用钢尺直接往返丈量各边的边长,精度要求不大于 1/2000。

4.计算准备

(1)检查并复核记录:检查边长和水平角的观测数据是否齐全、精度是否符合要求以及起始边磁方位角的有无等。

(2)绘制导线略图:用任意小比例尺,按平均边长和平均水平角,用分度器和比例尺绘制导线略图,以作为计算的参考。

(3)填写导线计算表:参照略图,按原始记录将平均边长(精确至厘米)、平均水平角及起始边的坐标方位角填入相应栏中。

5.闭合导线计算

(1)角度闭合差的计算和调整。

(2)坐标方位角的推算。

(3)坐标增量的计算。

(4)坐标增量闭合差的计算和调整。

(5)坐标计算。

（五）注意事项

1.由于边长较短,故测角时应注意尽可能减小照准目标和对中误差。

2.量距时钢尺要抬平,拉力要均匀。

3.记录要按格式认真填写,一定要写明测站和点号,切不可随意乱记。

4.计算过程中共有六步校核,即每计算一步都要进行校核,无误后方可进行下一步计算,以免大量返工。

实训报告 1

实训名称:图根导线测量

实训日期:＿＿＿＿＿＿ 专业:＿＿＿＿＿ 班级:＿＿＿＿＿ 姓名:＿＿＿＿＿＿

（一）实训记录

1.外业测量

表 5-20   图根导线测量外业测量记录

＿＿＿＿年＿＿月＿＿日 天气＿＿ 观测＿＿＿＿＿ 记录＿＿＿＿ 检查＿＿＿＿

测点	盘位	目标	水平度盘读数 /(°′″)	水平角		距离
				半测回值 /(°′″)	一测回值 /(°′″)	
A	左					$DAD=$
	右					$DAB=$
B	左					$DBA=$
	右					$DBC=$
C	左					$DCB=$
	右					$DCD=$
D	左					$DDC=$
	右					$DDA=$

角度闭合差计算:$f_\beta=$

	AB	BC	CD	DA
各边平均值				
各边相对误差				

2.内业计算

表 5-21　　　　　　　　　　图根导线测量内业计算坐标值

_____年___月___日 天气____ 观测_____ 记录_____ 检查_____

点号	角度观测值 /(° ′ ″)	改正数 /(″)	改正后的角度 /(° ′ ″)	方位角 /(° ′ ″)	水平距离 /m	坐标增量		改正后的坐标增量		坐标		点号
						$\Delta x'$	$\Delta y'$	Δx	Δy	x	y	
Σ												

辅助计算　　　　　　　　　　　　　　　　　　　　　导线略图

（二）实训成果

半测回角值较差的容许值为_____，此次实训的较差为_____，说明实训成果_____要求。

（三）实训答题

粗平仪器，使圆水准器气泡居中，应伸缩_____；转动望远镜，照准目标，使十字丝精确照准目标影像，应旋转_____和_____；精平仪器，使管水准气泡居中，应旋转_____。

（四）存在的问题

二、点的平面位置测设

（一）实训目的

熟悉建筑场地点的平面位置测设的多种方法。

（二）实训内容

已知控制点坐标 $A(1000,500)$、$B(1000,530)$，方位角 $\alpha_{AB}=90°00'00''$，两个待测点的设计坐标 $P_1(1010,510)$、$P_2(1010,520)$，分别按直角坐标法、极坐标法和角度交会法进行 P_1、P_2 两个待测点的点位测设。

（三）实训安排

1.学时数：课外 2 学时（测设数据计算），课内 2 学时（现场测设）；每小组 4～5 人。

2.仪器:DJ$_6$光学经纬仪、钢尺、测钎、木桩、铁钉、锤子、记录本、测伞。

3.场地:长约 40 m,宽约 30 m。

（四）实训方法与步骤

1.内业计算

(1)用直角坐标法测设数据

分别计算由测站 A 和测站 B（均以 AB 为 Y 轴）按直角坐标法测设的 P_1、P_2 点的坐标增量 Δx_{ij}、Δy_{ij},列于表 5-22 中。

(2)用极坐标法测设数据

分别计算由测站 A（以 AB 为零方向）和测站 B（以 BA 为零方向）按极坐标法测设的 P_1、P_2 点的水平角 β_{ij} 和水平距离 D_{ij},列于表 5-23 中。

(3)用角度交会法测设数据

分别计算由测站 A（以 AB 为零方向）和测站 B（以 BA 为零方向）按角度交会法测设的 P_1、P_2 点的水平角 β_1 和 β_2（可由上述计算结果抄录）,列于表 5-24 中。

2.现场测设

首先设置控制点,沿场地一侧、间距为 30 m 打两根木桩,桩上钉小钉,为 A、B 控制点;在 A 点附近再设一木桩,为水准点 BM_0,然后进行以下测设:

(1)用直角坐标法测设

①在 A 点安置经纬仪,照准 B 点,自 A 点起沿视线方向用钢尺丈量 Δy_{AP_1} 以定 $1'$ 点;在 $1'$ 点安置经纬仪,照准 A 点,配置水平度盘读数为 $0°00'00''$,转动照准部使水平度盘读数为 $90°00'00''$,自 $1'$ 点起沿视线方向用钢尺丈量 Δx_{AP_1} 以定 P_1 点。

②在 B 点安置经纬仪,照准 A 点,自 B 点起沿视线方向用钢尺丈量 Δy_{BP_2} 以定 $2'$ 点;在 $2'$ 点安置经纬仪,照准 B 点,配置水平度盘读数为 $0°00'00''$,转动照准部使水平度盘读数为 $270°00'00''$,自 $2'$ 点起沿视线方向用钢尺丈量 Δx_{BP_2} 以定 P_2 点。

(2)用极坐标法测设

①在 A 点安置经纬仪,照准 B 点,配置水平度盘读数为 $0°00'00''$,转动照准部使水平度盘读数为 β_{AP_1},自 A 点起沿视线方向用钢尺丈量 D_{AP_1} 以定 P_1。

②在 B 点安置经纬仪,照准 A 点,配置水平度盘读数为 $0°00'00''$,转动照准部使水平度盘读数为 β_{BP_2},自 B 点起沿视线方向用钢尺丈量 D_{BP_2} 以定 P_2。

(3)用角度交会法测设

①在 A 点安置经纬仪,照准 B 点,配置水平度盘读数为 $0°00'00''$,转动照准部使水平度盘读数为 β_{AP_1},得方向线 AP_1;转动照准部使水平度盘读数为 β_{AP_2},得方向线 AP_2。

②在 B 点安置经纬仪,照准 A 点,配置水平度盘读数为 $0°00'00''$,转动照准部使水平度盘读数为 β_{BP_1},得方向线 BP_1;转动照准部使水平度盘读数为 β_{BP_2},得方向线 BP_2。

③根据方向线 AP_1 和 BP_1 交会得 P_1 点,根据方向线 AP_2 和 BP_2 交会得 P_2 点。

④对用三种方法测得的 P_1、P_2 点的不同位置进行比较,相互检核。

（五）注意事项

1.运用极坐标法和角度交会法测设点的平面位置时,测设的水平角均为左角。

2.在运用坐标反算公式计算两点间的方位角时,应注意根据分子 Δy 和分母 Δx 的符号判别待定方向所在的象限,从而由象限角正确地换算出方位角。

3.测设数据计算的正确性对点位的测设至关重要,应反复计算检核,才能用于现场测设。

实训报告 2

实训名称:点的平面位置测设

实训日期:_____ 专业:_____ 班级:_____ 姓名:_____

(一)实训记录

1.点位测设数据计算

(1)用直角坐标法测设数据

表 5-22 直角坐标法点位测设数据计算

测站(i)	目标(j)	零方向(k)	纵坐标增量 $\Delta x_{ij} = x_j - x_i$	横坐标增量 $\Delta y_{ij} = y_j - y_i$
A	P_1	B		
A	P_2	B		
B	P_1	A		
B	P_2	A		

(2)用极坐标法测设数据

表 5-23 极坐标法点位测设数据计算

测站(i)	目标(j)	零方向(k)	方位角 $\alpha_{ij} = \arctan \dfrac{y_j - y_i}{x_j - x_i}$	水平角 $\beta_{ij} = \alpha_{ij} - \alpha_{ik}$	水平距离/m $D_{ij} = \sqrt{(x_j - x_i)^2 + (y_j - y_i)^2}$
A	P_1	B			
A	P_2	B			
B	P_1	A			
B	P_2	A			

(3)用角度交会法测设数据(从表 5-23 中抄录)

表 5-24 角度交会法点位测设数据计算

测站(i)	目标(j)	零方向(k)	水平角 $\beta_{ij} = \alpha_{ij} - \alpha_{ik}$	测站(i)	目标(j)	零方向(k)	水平角 $\beta_{ij} = \alpha_{ij} - \alpha_{ik}$
A	P_1	B		B	P_1	A	
A	P_2	B		B	P_2	A	

2.点位和高程测设的检测

表 5-25 点位和高程测设的检测记录

_____年___月___日 天气___ 观测_____ 记录_____ 检查_____

点号	三种方法所得点位的最大较差/mm		P_1、P_2 的间距/m		
	X 方向	Y 方向	已知	实测	较差
P_1					
P_2					

（二）实训答题

1.测设点的平面位置和高程都必须遵循抄录工作_____的
基本原则。

2.点位测设的直角坐标法一般用于_____,角度交会法一般用于__
_____,极坐标法一般用于_____。

3.测设点位时要求测站至后视控制点的距离尽量长,这是为了_____
_____。

（三）存在的问题

三、全站仪的认识及使用

（一）实训目的

熟悉和学会使用全站仪进行常规测量。

（二）实训内容

1.了解各部件及键盘按键的名称和作用。

2.掌握全站仪的安置和使用方法。

3.练习用全站仪进行角度测量、距离测量、高程测量和坐标测量。

（三）实训安排

1.学时数:课内 2 学时;每小组 2～4 人。

2.仪器:全站仪、反射棱镜、记录本、测伞。

3.场地:稍有起伏,选择两个高低不同的目标点供观测。

（四）实训方法与步骤

1.安置全站仪及棱镜架（或棱镜杆）

在测站上安置全站仪,其方法与安置经纬仪相同;在目标点上安置棱镜架。

2.认识全站仪

了解仪器各部件（包括反射棱镜）及键盘按键的名称、作用和使用方法。

3.对中和整平

对中、整平和普通经纬仪相同。

4.仪器操作

（1）开机自检

打开电源,进入仪器自检,纵转望远镜并转动各部件 360°,进行竖直度盘和水平度盘初
始化,直到竖直度盘和水平度盘的读数显示出来。

（2）输入参数

输入参数包括棱镜常数、气象参数（温度、气压、湿度）等,本实训中此项可免。

（3）选定模式

选定模式包括角度测量模式、距离测量模式、程序模式（即菜单模式）,本实训中暂不练习。

（3）角度测量

进入角度测量模式:

①照准起始目标,其方向值的配置有以下三种:直接置零,在测角模式下按［置零］键,使

水平度盘读数为 $0°00'00''$；锁定配置，转动照准部，再通过旋转水平微动螺旋使水平度盘读数等于所需的方向值，然后按［锁定］键，在起始方向按回车键确认；键盘输入，照准起始方向后按［置盘］键，按照显示屏的提示，通过键盘输入所需的方向值。

②转动照准部照准第二目标（为反射棱镜的觇牌中心或标杆顶端，显示该目标的水平方向值及竖直角（或天顶距））。

（4）距离测量

进入距离测量模式（其测距方式分为单次测量、连续测量、跟踪测量，一般设置为单次测量）：

①照准目标，需照准其棱镜中心。

②按［测距］键，再选择显示模式：HR、HD、VD 模式，显示水平方向、水平距离、仪器中心至目标棱镜中心的高差；V、HR、SD 模式，显示竖盘读数、水平方向、倾斜距离。

以上内容可先以盘左位置练习，再以盘右位置练习。但坐标测量时，盘右仍需先照准后视点，将其水平度盘的方向值设置为起始方位角 α_{AM}，否则该方向值将自行 $\pm180°$，从而导致结果出错。测量数据记录在表 5-26 中。

5.测量完毕关机。

（五）注意事项

参见所使用全站仪的说明书。

实训报告 3

实训名称:全站仪的认识及使用

实训日期:_____ 专业:_____ 班级:_____ 姓名:_____

（一）实训记录

表 5-26　　　　　　　　　　全站仪测量记录

_____年_____月_____日　天气_____　观测_____　记录_____　检查_____

仪器高 $i=$ _____　　仪器型号_____

测站	目标	盘位	角度/(° ′ ″)		距离或高差/m	
		左	水平角		平距	
			竖直角		斜距	
			天顶距		高差	
	镜高 $L=$	右	水平角		平距	
			竖直角		斜距	
			天顶距		高差	
		左	水平角		平距	
			竖直角		斜距	
			天顶距		高差	
	镜高 $L=$	右	水平角		平距	
			竖直角		斜距	
			天顶距		高差	

注:竖直角和天顶距根据选择的竖直角测量模式填写其中一项;仪器屏幕上显示的符号"V"一般表示竖盘读数,可根据盘左或盘右的竖直角计算公式将其换算为目标竖直角。

（二）实训成果

1.目标_____盘左、盘右观测结果：

水平角较差_____；平均值为_____；高差较差_____；平均值为_____；

竖直角较差_____；平均值为_____；平距较差_____；平均值为_____；

斜距较差_____；平均值为_____。

2.目标_____盘左、盘右观测结果：

水平角较差_____；平均值为_____；高差较差_____；平均值为_____；

竖直角较差_____；平均值为_____；平距较差_____；平均值为_____；

斜距较差_____；平均值为_____。

（三）实训答题

1.全站仪主要由_____、_____、_____等部分组成,它不仅能全部完成测站上所有的_____、_____和_____测量,还能进行_____和_____等工作。

2.本次实训使用的全站仪型号是_____,其测角精度为_____,测距精度为_____,测距时的固定误差为_____,比例误差为_____。

3.该型号全站仪开机后应进行水平度盘初始化,就是将照准部(横向)和望远镜(纵向)各_____,以便使_____和_____自动归零。

4.该型号全站仪在进行角度测量时进入_____模式,这时照准零方向,按_____键置零,然后照准目标点,即可显示_____和目标点的_____;如需配置零方向的方向值,则应在照准零方向后按_____键,输入需配置的方向值,再按_____键即可,但此后照准目标显示的是_____,水平角则为_____,同时还可显示_____。

5.该型号全站仪在进行距离测量时进入_____模式,照准目标点的棱镜中心按_____键,同时显示_____、_____和_____;按_____键可使距离的显示在_____、_____和_____之间转换;显示的高差是指_____。

（四）存在的问题

四、全站仪三维坐标测量及点位放样测量

（一）实训目的

1.熟练使用全站仪进行三维坐标测量。

2.掌握用全站仪测设角度、距离和点位的三维坐标。

（二）实训内容

1.练习用全站仪进行坐标测量。

2.已知控制点坐标 $A(1000,500)$、$B(1000,530)$，方位角 $\alpha_{AB}=90°00'00''$，两个待测点的设计坐标 $P_1(1010,510)$、$P_2(1010,520)$。根据控制点 A、B，用全站仪先按极坐标法测设角度和距离以放出 P_1、P_2 两点，再按坐标法直接测设坐标，对所放的点位进行检测。

（三）实训安排

1.学时数:课内 2 学时;每小组 4～5 人。

2.仪器:全站仪、棱镜、记录本、测伞。

3.场地:长约 40 m,宽约 30 m。

（四）实训方法与步骤

1.建站。

2.三维坐标测量

照准目标点的棱镜中心,按[测量]键,即可显示目标点的三维坐标 (N_A,E_A,Z_A)。

3.点位放样测量

(1)测设数据准备。

(2)选定模式

采用放样模式,通过键盘输入测站点和待测点的坐标测设点位:

①进入角度测量模式,照准零方向目标,将水平度盘读数配置为起始方位角。

②进入放样测量模式,输入测站点的坐标 (x_0,y_0) 和仪器高。

③输入待测点的三维坐标 (x,y,H) 及棱镜高。

④在待测点的大致位置竖立棱镜杆,转动照准部照准棱镜中心,按[测量]键,根据显示屏显示的角差 $(dHR=$ 实测角值 $\beta'-$ 所需角值 $\beta)$ 左右移动棱镜杆,直至显示的角差为 0,即得所测设坐标的方向;根据显示屏显示的距离差 $(dHD=$ 实测距离 $-$ 所需距离 $D)$ 前后移动棱镜杆,直至显示屏显示的距离差为 0,即得所测坐标点的距离;根据显示屏显示的高差之差 $(dZ=$ 实测高差 $-$ 所需高差 $h)$ 上下改变棱镜的高度,直至显示的高差之差为 0,即得所测设坐标点的高程。

⑤重复上述步骤③、④,逐一测设 P_1、P_2 两点位。

⑥用坐标测量的方法测定所放样点位的坐标并进行检核。

（五）注意事项

参见所使用全站仪的说明书。

实训报告 4

实训名称:全站仪三维坐标测量及点位放样测量

实训日期:＿＿＿＿＿＿　专业:＿＿＿＿＿＿　班级:＿＿＿＿＿＿　姓名:＿＿＿＿＿＿

（一）实训记录

1. 三维坐标测量

表 5-27　　　　　　　　　　　　全站仪三维坐标测量记录

_____年___月___日　天气___　观测_____　记录_____　检查_____

测站点_____　N_A=_____　E_A=_____　Z_A=_____　仪器高 i=_____　仪器型号_____

后视点_____　后视方位角 α_{AM}_____　仪器型号_____

点号	坐标			备注
	N	E	Z	

2. 点位放样测量

表 5-28　　　　　　　　　　　　全站仪点位放样测量记录

_____年___月___日　天气___　观测_____　记录_____　检查_____

测站点_____　N_A=_____　E_A=_____　Z_A=_____　仪器高 i=_____　仪器型号_____

后视点_____　后视方位角 α_{AM}_____　仪器型号_____

点号	设计坐标			检核坐标			较差		
	x	y	H	x	y	H	Δx	Δy	ΔH
P_1									
P_2									
P_3									
P_4									

（二）存在的问题

单元小结

本单元着重介绍了坐标测量与测设的基本工作,学习本单元应主要掌握以下知识点:

1. 导线测量

导线测量分为外业和内业两部分工作。其外业工作主要有踏勘选点、测角、测边及导线定向,内业工作主要包括角度闭合差的计算与调整、坐标方位角的推算、坐标增量计算、坐标增量闭合差的计算与调整以及各点坐标的推算。角度闭合差的调整原则是将闭合差反号平均分配到各观测角上,而坐标增量闭合差的调整原则是将闭合差反号按各边长度成比例分配到各坐标增量上。导线计算的各个步骤之间相互联系,后一步以上一步计算结果为条件,因此各步计算要严格校核,以保证最后结果的准确无误。

2.坐标方位角的推算

坐标方位角的推算是本单元的重点内容之一,掌握坐标方位角的推算将为后续学习导线内业计算打下基础。要理解坐标方位角公式的推导过程,重点掌握坐标方位角的推算方法,尤其要注意公式中左右角和"+"、"-"号的使用以及如何根据坐标增量的符号确定坐标方位角的范围。

3.坐标正反算

坐标正反算是本单元的又一个重点内容。坐标正算是导线计算的基础,坐标反算是施工放样中计算放样数据的关键。学习这部分内容时,坐标反算是难点,需要进行坐标方位角象限的判断。

4.点的平面位置测设

测设点的平面位置可用直角坐标法、极坐标法、角度交会法和距离交会法,具体选用哪种方法应视具体情况而定。无论采用哪种方法,都必须先根据设计图纸上的控制点坐标和待放样点的坐标算出放样数据,画出放样示意草图,再到实地进行放样。

5.全站仪的基本测量功能

掌握全站仪的操作、相关设置和基本测量。

6.全站仪的程序测量功能

掌握全站仪的坐标测量、放样测量及其他程序功能。

 单元测试

1.试绘图说明导线的布设形式。

2.导线外业工作包括哪些内容？选择导线点时应注意哪些问题？

3.附合导线计算与闭合导线计算有哪些不同？

4.已知 A 点坐标为 $(2736.85,1677.28)$，AB 的水平距离 $D_{AB}=125.66$ m，坐标方位角 $\alpha_{AB}=172°08'24''$，求 B 点坐标 (x_B,y_B)。

5.什么是全站仪？

6.全站仪主要用于哪些工作？

7.在尼康 DTM-352C 型全站仪的应用中,坐标测量和放样测量分别需要进行哪些操作？

8.已知 $\alpha_{PQ}=120°15'24''$，P 点坐标为 $(243,461)$，A 点坐标为 $(213,431)$，P、Q 为控制点，P、Q、A 三点的相互位置如图 5-32 所示,欲用极坐标法测设点 A：(1)计算测设所需数据；(2)叙述测设步骤。（单位:m）

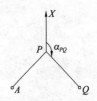

图 5-32 用极坐标法测设点

9.已知四边形闭合导线内角观测值(表 5-29),要求:计算角度闭合差和改正后的角度值,并推算出各边的坐标方位角。

表 5-29　　　　　　　　　　　　四边形闭合导线内角观测值

点号	角度观测值(右角) /(° ′ ″)	改正数 /(″)	改正后的角度值 /(° ′ ″)	坐标方位角 /(° ′ ″)
1	112 15 23			123 10 21
2	67 14 12			
3	54 15 20			
4	126 15 25			
Σ				

Σβ=　　　　　　　　　　　　f/D=

单元六
场地测量

学习目标

了解地形图的比例尺、分幅和编号;了解地形图符号及其在地形图上的表示方法;基本掌握用经纬仪测绘大比例尺地形图的方法、步骤以及全站仪测图等内容;掌握在地形图上确定点的坐标、两点间的水平距离和方位角以及点的高程和直线坡度的方法;掌握在地形图上量算图形面积的方法;掌握水库库容的确定方法;能够应用地形图绘制已知方向的断面图;能够在地形图上按限制坡度选择最短的线路;能够应用地形图进行土地平整并计算土方量。

学习要求

知识要点	技能训练	相关知识
地形图的基本知识	地形图的比例尺、分幅和编号	地形图的基本知识
地形图符号及其在地形图上的表示方法	地物符号;地貌符号;典型地貌的表示方法;等高线的特性	认识地形图符号;等高线的特性;等高线的勾绘
经纬仪测图	测图前的准备工作;经纬仪测图;地形图的拼接、检查与装饰	掌握经纬仪测图的作业步骤;掌握地形图的拼接、检查与装饰
全站仪测图	全站仪测图的作业	认识全站仪数字化测图的优点;了解全站仪数字化测图的作业过程
地形图的基本应用	求图上某点的坐标和高程;用图解法、解析法计算水平距离和方位角;求图上直线的坡度;用几何图形法、坐标计算法、平行线法、透明方格纸法和求积仪法量算面积	根据地形图确定图上点的坐标和高程;根据地形图确定图上两点间的平距以及直线的方位角和坡度;在地形图上量算图形的面积
地形图在工程建设中的应用	绘制纵断面图的方法与步骤;坡度、平距和高差的关系;分水线;水库库容的计算;设计高程的计算;填挖方量的计算	根据地形图绘制已知方向的纵断面图;按限制坡度选择最短路线;在地形图上确定水库库容和汇水面积;根据地形图,按工程实际需要将地面平整成水平场地和倾斜场地并计算填挖土石方量

单元导入

大比例尺地形图是测绘工作的主要成果之一,它具有丰富的信息量,在工程建设中有着广泛的应用。它是如何生成的? 在工程建设中有什么用途? 本单元将详细讲述大比例尺地形图测绘的基本知识及应用。

另外，随着信息化测量仪器全站仪的广泛应用，地形图的测图技术也得到了快速的发展，场地测量的方法从模拟测图变革为数字测图，本单元将对这两种方法进行详细介绍。

课题一　地形图的基本知识

技能点 1　地形图的比例尺

地面上的各种固定物体，如房屋、道路和农田等称为地物；地表面的高低起伏形态，如高山、丘陵、洼地等称为地貌。地物和地貌总称为地形。通过野外实地测绘，将地面上各种地物的平面位置按一定比例尺，用规定的符号缩绘在图纸上，并注有代表性的高程点，这种图称为平面图；如果既表示出各种地物，又用等高线表示出地貌，这种图就称为地形图。

地形图上一段直线的长度与地面上相应线段的实际水平长度之比，称为地形图的比例尺。

一、比例尺的种类

1. 数字比例尺

数字比例尺一般用分子为1、分母为整数的分数来表示。设图上某一直线长度为 d，相应实地的水平长度为 D，则该图的比例尺为

$$\frac{d}{D} = \frac{1}{\frac{D}{d}} = \frac{1}{M} \tag{6-1}$$

式中，M 为比例尺分母，分母越大（分数值越小），比例尺越小。

为了满足经济建设和国防建设的需要，测绘部门测绘并编制了各种不同比例尺的地形图。通常称 1∶1000000、1∶500000、1∶200000 为小比例尺地形图，1∶50000、1∶25000 为中比例尺地形图，1∶10000、1∶5000、1∶2000、1∶1000 和 1∶500 为大比例尺地形图。

经验提示

工程建筑类各专业通常使用大比例尺地形图。

2. 图示比例尺

为了用图方便并减小由于图纸伸缩而引起的使用中的误差，在绘制地形图时，常在图上绘制图示比例尺，最常见的图示比例尺为直线比例尺。

图 6-1 所示为 1∶500 的直线比例尺，取 2 cm 为基本单位，从直线比例尺上可直接读得基本单位的 1/10，估读到 1/100。

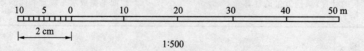

图 6-1　直线比例尺

二、比例尺精度

人们用肉眼能分辨的图上最小距离为 0.1 mm，因此一般在图上量度或者实地测图描绘时，就只能达到图上 0.1 mm 的精确性，因此我们把图上 0.1 mm 所表示的实地水平长度称为比例尺精度。可以看出，比例尺越大，其比例尺精度也越高。

不同比例尺的比例尺精度见表 6-1。

表 6-1　　　　　　　　　　　　　　比例尺精度

比例尺	1：500	1：1000	1：2000	1：5000	1：10000
比例尺精度/m	0.05	0.1	0.2	0.5	1.0

比例尺精度的概念对测图和设计用图都有重要的意义。例如在测 1：500 图时，实地量距只需取到 5 cm，因为即使量得再精细，在图上也是无法表示出来的。此外，当设计规定了需在图上能量出的最短长度时，根据比例尺精度可以确定测图比例尺。例如，某项工程建设要求在图上能反映出地面上 10 cm 的精度，则采用的比例尺不得小于 $\dfrac{0.1 \text{ mm}}{0.1 \text{ m}} = \dfrac{1}{1000}$。

从表 6-1 可以看出，比例尺越大，表示地物和地貌的情况越详细，但是一幅图所能包含的地面面积也越小，而且测绘工作量会成倍地增加。因此，采用何种比例尺测图，应从工程规划和施工实际情况需要的精度出发，不应盲目追求更大比例尺的地形图。

技能点 2　地形图图廓

为了图纸管理和使用的方便，在地形图的图框外有许多注记，如图名、图号、接图表、图廓、坐标格网、三北方向线等。

一、图名和图号

图名就是本幅图的名称，常用本幅图内最著名的地名、村庄或厂矿企业的名称来命名。图号即图的编号，在每幅图上标注编号可确定本幅地形图所在的位置。图名和图号标在北图廓上方的中央。

二、接图表

说明本图幅与相邻图幅的关系，供索取相邻图幅时使用。通常是中间一格画有斜线的代表本图幅，四邻分别注明相应的图号或图名，并绘注在图廓的左上方。除了接图表外，有些地形图还把相邻图幅的图号分别注在东、西、南、北图廓线中间，进一步表明与四邻图幅的相互关系。

三、图廓和坐标格网

图廓是图幅四周的范围线，它有内图廓和外图廓之分。内图廓是地形图分幅时的坐标格网或经纬线；外图廓是距内图廓以外一定距离绘制的加粗平行线，仅起装饰作用。在内图廓外四角处注有坐标值，并在内图廓线内侧每隔 10 cm 绘有 5 mm 的短线，表示坐标格网线的位置。在图幅内绘有每隔 10 cm 的坐标格网交叉点。

内图廓以内的内容是地形图的主体信息,包括坐标格网或经纬网、地物符号、地貌符号和注记。比例尺大于 1:100000 的地形图只绘制坐标格网。

外图廓以外的内容是为了充分反映地形图特性和用图方便而布置在外图廓以外的各种说明、注记,统称为说明资料。在外图廓以外还有一些内容,如图示比例尺、三北方向、坡度尺等,它们是为了便于在地形图上进行量算而设置的各种图解,称为量图图解。

在内外图廓间应注记坐标格网线的坐标或图廓角点的经纬度。在内图廓和分度带之间的注记为高斯平面直角坐标系的坐标值(以公里为单位),由此形成该平面直角坐标系的公里格网。

在图 6-2 中,直角坐标格网左起第二条纵线的纵坐标为 22482 km。其中"22"是该图所在投影带的带号,该坐标格网线实际上与 X 轴相距 $482-500=-18$ km,即位于中央子午线以西 18 km 处。该图中,南边第一条横向格网线 $x=5189$ km,表示位于赤道(Y 轴)以北 5189 km。

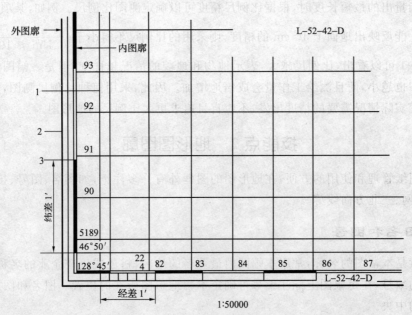

图 6-2　图廓和坐标格网

四、三北方向线及坡度尺

在中小比例尺南图廓线的右下方还绘有真子午线、磁子午线和坐标纵轴(中央子午线)三个方向之间的角度关系,称为三北方向图,如图 6-3 所示。该图中,磁偏角为 9°50′(西偏),坐标纵轴对真子午线的子午线收敛角为 0°05′(西偏)。利用该关系图,可在图上任一方向的真方位角、磁方位角和坐标方位角三者间做换算。

用于在地形图上量测坡度的图解是坡度尺,绘在南图廓外直线比例尺的左边。坡度尺的水平底线下边注有两行数字,上行是用坡度角表示的坡度,下行是对应的用倾斜百分率

图 6-3　三北方向图

表示的坡度,即坡度角的正切函数值,如图 6-4 所示。

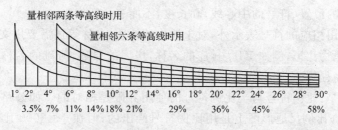

图 6-4　坡度尺

五、投影方式、坐标系统和高程系统

每幅地形图测绘完成后,都要在图上标注本图的投影方式、坐标系统和高程系统,以备日后使用时参考。地形图均采用正投影的方式进行测绘。

坐标系统指该幅图是采用以下哪种方式完成的:1980 年国家大地坐标系、城市坐标系和独立平面直角坐标系。

高程系统指本图所采用的高程基准,有两种:1985 年国家高程基准系统和设置相对高程。

以上内容均应标注在地形图外图廓左下方。

六、成图方法

地形图的成图方法主要有三种:航空摄影成图、平板仪测量成图和野外数字测量成图。成图方法应标注在外图廓左下方。

此外,地形图还应标注测绘单位、成图日期等,供日后用图时参考。

技能点 3　大比例尺地形图图示

地形是地物和地貌的总称。地物是地面上的各种固定性物体。由于其种类繁多,国家测绘总局颁发了《地形图图式》,统一了地形图的规格要求以及地物、地貌的符号和注记,供测图和识图时使用。

一、地物符号

1∶500、1∶1000 和 1∶2000 地形图所规定的地物符号(详见附录)分为以下三种类型:

1. 比例符号

能将地物的形状、大小和位置按比例尺缩绘在图上以表达轮廓特征的符号称为比例符号。这类符号一般是用实线或点画线表示其外围轮廓,如房屋、湖泊、森林、农田等。

2. 非比例符号

一些具有特殊意义的地物轮廓较小,不能按比例尺缩绘在图上,此时可采用统一尺寸,用规定的符号来表示,如三角点、水准点、烟囱、消防栓等。这类符号在图上只能表示地物的中心位置,不能表示其形状和大小。

3. 半比例符号

一些呈线状延伸的地物,其长度能按比例缩绘,但宽度不能按比例缩绘,需用一定的符号表示,这种符号称为半比例符号,也称线状符号,如铁路、公路、围墙、通讯线等。半比例符号只能表示地物的位置(符号的中心线)和长度,不能表示宽度。

有些地物除用相应的符号表示外,对于地物的性质、名称等还需要用文字或数字加以注记和说明,称为地物注记,例如工厂、村庄的名称,房屋的层数,河流的名称、流向、深度以及控制点的点号、高程等。

需要指出的是,比例符号与半比例符号的使用界限是相对的。如公路、铁路等地物,在1∶500~1∶2000比例尺地形图上是用比例符号绘出的,但在1∶5000比例尺以上的地形图上是按半比例符号绘出的。同样的情况也出现在比例符号与非比例符号之间。总之,比例尺越大,用比例符号表示的地物越多;比例尺越小,用非比例符号表示的地物越多。

二、地貌符号

地貌是指地面高低起伏的自然形态。地貌的形态多种多样,对于一个地区,可按其起伏的变化分成以下四种地形:

(1)地势起伏小,地面倾斜角一般在2°以下,比高一般不超过200 m的,称为平地。

(2)地面高低变化大,倾斜角一般为2°~6°,比高不超过150 m的,称为丘陵地。

(3)高低变化悬殊,倾斜角一般为6°~25°,比高一般在150 m以上的,称为山地。

(4)绝大多数倾斜角超过25°的,称为高山地。

图上表示地貌的方法有多种,大中比例尺地形图主要采用等高线法,特殊地貌一般采用特殊符号表示。

1. 等高线

(1)等高线的定义

等高线是地面上相同高程的相邻各点连成的闭合曲线,也就是设想水准面与地表面相交形成的闭合曲线。

如图 6-5 所示,设想有一座高出水面的小山,它与某一静止的水面相交形成的水涯线为一闭合曲线,曲线的形状由小山与水面相交的位置而定,曲线上各点的高程相等。例如,当水面高为 50 m 时,曲线上任一点的高程均为 50 m;若水位继续升高至 51 m、52 m,则水涯

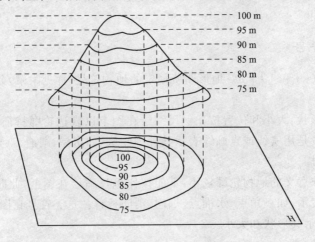

图 6-5　等高线的概念

线的高程分别为 51 m、52 m。将这些水涯线垂直投射到水平面 H 上并按一定的比例尺缩绘在图纸上,就将小山用等高线表示在地形图上了。这些等高线的形状和高程客观显示了小山的空间形态。

(2)等高线的特征

通过研究等高线表示地貌的规律性,可以归纳出等高线的特征,它对于地貌的测绘、等高线的勾画以及正确使用地形图都有很大帮助。

①同一条等高线上各点的高程相等。

②等高线是闭合曲线,不能中断,如果不在同一幅图内闭合,就必定在相邻的其他图幅内闭合。

③等高线只有在绝壁或悬崖处才会重合或相交。

④等高线经过山脊或山谷时改变方向,因此山脊线与山谷线应和改变方向处的等高线的切线垂直相交,如图 6-6 所示。

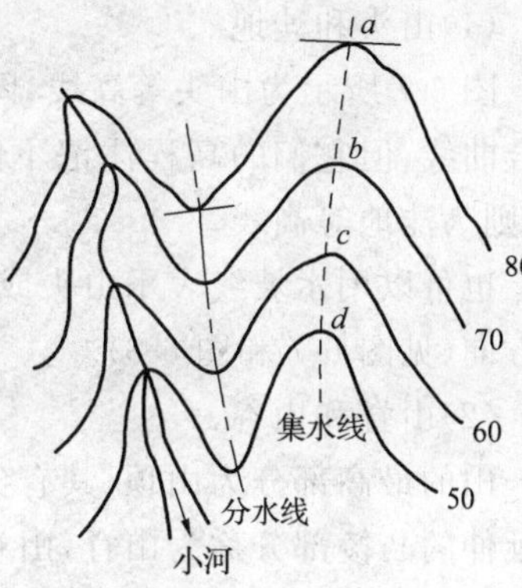

⑤在同一幅地形图上,等高线的间隔是相同的。因此,等高线平距大表明地面坡度小,等高线平距小则表明地面坡度大,等高线平距相等则坡度相同。倾斜平面的等高线是一组间距相等且平行的直线。

(3)等高线的分类

地形图中的等高线主要有首曲线和计曲线,有时也用间曲线和助曲线。

图 6-6　山脊线、山谷线与等高线的关系

①首曲线:也称基本等高线,是指从高程基准面起算,按规定的基本等高距描绘的等高线,用宽度为 0.15 mm 的细实线表示。

②计曲线:从高程基准面起算,每隔四条首曲线就有一条加粗的等高线,称为计曲线。为了读图方便,计曲线上也注出高程。

③间曲线和助曲线:当首曲线不足以显示局部地貌特征时,按二分之一基本等高距所加绘的等高线称为间曲线(又称半距等高线),用长虚线表示;按四分之一基本等高距所加绘的等高线称为助曲线,用短虚线表示。描绘时均可不闭合。

2. 等高距与等高平距

相邻等高线之间的高差称为等高距或等高线间隔,常用 A 表示。在同一幅地形图上,等高距是相同的。相邻等高线之间的水平距离称为等高平距,常用 d 表示。由于同一幅地形图中的等高距是相同的,所以等高平距 d 的大小与地面的坡度有关。等高平距越小,地面坡度越大;等高平距越大,则地面坡度越小;等高平距相等,则地面坡度相同。由此可见,根据地形图上等高线的疏密可以判定地面坡度的缓陡。

经验提示

对于同一比例尺测图,选择的等高距过小会成倍地增加测绘工作量。对于山区,有时会因等高线过密而影响地形图的清晰度。

等高距的选择应根据地形类型和比例尺大小,按照相应的规范进行。表6-2是大比例尺地形图的基本等高距参考值。

表6-2　　　　　　　　　　　大比例尺地形图的基本等高距参考值

比例尺	平地/m	丘陵地/m	山地/m	比例尺	平地/m	丘陵地/m	山地/m
1：500	0.5	0.5	1	1：2000	0.5	1	2,2.5
1：1000	0.5	1	1	1：5000	1	2,2.5	2.5,5

3. 典型地貌的等高线

地貌形态繁多,通过仔细研究和分析就会发现它们是由几种典型的地貌综合而成的。了解和熟悉用等高线表示典型地貌的特征,有助于识读、应用和测绘地形图。

(1)山头和洼地

图6-7所示为山头等高线,图6-8所示为洼地等高线。山头与洼地的等高线都是一组闭合曲线,但它们的高程注记不同。内圈等高线的高程注记大于外圈者为山头等高线;反之,则为洼地等高线。

也可以用示坡线表示山头或洼地。示坡线是垂直于等高线的短线,用以指示坡度下降的方向(见图6-7和图6-8)。

(2)山脊和山谷

山的最高部分为山顶,其有尖顶、圆顶、平顶等形态,尖峭的山顶叫山峰。山顶向一个方向延伸的凸棱部分称为山脊,山脊的最高点连线称为山脊线。山脊等高线表现为一组凸向低处的曲线,如图6-9所示。

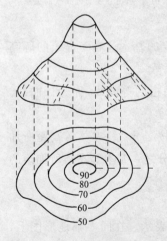

图6-7　山头等高线

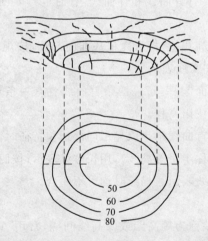

图6-8　洼地等高线

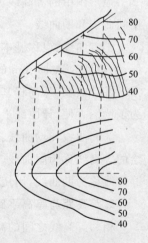

图6-9　山脊等高线

相邻山脊之间的凹部是山谷,山谷中最低点的连线称为山谷线。如图6-10所示,山谷等高线表现为一组凸向高处的曲线。

在山脊上,雨水会以山脊线为分界线而流向山脊的两侧,所以山脊线又称为分水线;在山谷中,雨水由两侧山坡汇集到谷底,然后沿山谷线流出,所以山谷线又称为集水线,如图6-6所示。山脊线和山谷线合称为地性线。

(3)鞍部

鞍部是相邻两山头之间呈马鞍形的低凹部位,如图6-11中的 S 处,其左右两侧的等高线是对称的两组山脊线和山谷线。鞍部等高线的特点是在一圈大的闭合曲线内套有两组小的闭合曲线。

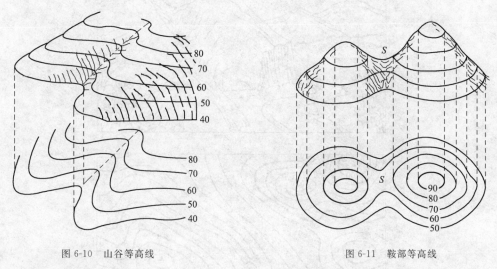

图 6-10　山谷等高线　　　　　　　　　图 6-11　鞍部等高线

（4）陡崖和悬崖

陡崖是坡度在 70°以上或为 90°的陡峭崖壁,若用等高线表示将非常密集或重合为一条线,因此采用陡崖符号来表示,如图 6-12(a)和图 6-12(b)所示。

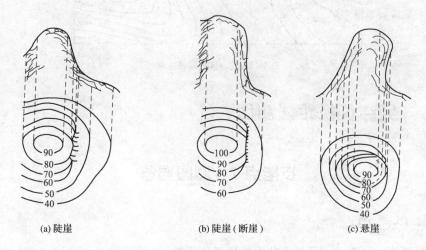

(a)陡崖　　　　　　(b)陡崖(断崖)　　　　　　(c)悬崖

图 6-12　陡崖和悬崖

悬崖是上部凸出、下部凹进的陡崖。上部的等高线投射到水平面时,与下部的等高线相交,下部凹进的等高线用虚线表示,如图 6-12(c)所示。

在识别上述典型地貌的等高线表示方法的基础上,进而能够认识地形图上用等高线表示的复杂地貌。

图 6-13 所示为某地区的综合地貌,读者可将上下两图对照进行阅读。

图 6-13　某地区的综合地貌

课题二　经纬仪视距法测图

技能点 1　测图准备

一、图纸选用

地形图测绘一般选用一面打毛的聚酯薄膜作图纸,其厚度为 0.07～0.1 mm,经过热定型处理,其伸缩率小于 0.3%。聚酯薄膜图纸坚韧耐湿,沾污后可洗,便于野外作业,在图纸上着墨后可直接复晒蓝图,但易燃,有折痕后不能消失,在测图、使用、保管过程中要注意。

二、绘制坐标格网

为了能准确地把各等级的控制点,包括图根控制点展绘在图纸上,首先要精确地绘制直角坐标方格网,每个方格为 10 cm×10 cm。可以到测绘仪器用品商店购买印制好坐标格网的图纸,也可用下述两种方法绘制并作检查:

1. 对角线法

如图 6-14 所示,沿图纸的四个角,用坐标格网尺绘出两条对角线交于 O 点,从 O 点起在对角线上量取四段相等长度,得出 A、B、C、D 四点并连线,即得矩形 $ABCD$。从 A、B 两点起沿 AD 和 BC 向上每隔 10 cm 截取一点,再从 A、D 两点起沿 AB、DC 向右每隔 10 cm 截取一点,然后连接相应各点,即得到由 10 cm×10 cm 正方形组成的坐标格网。坐标格网尺是精度较高的金属直尺,尺上有六个方孔,相邻方孔间的长度为 10 cm,起始孔是直线,中间刻一细指标线表示零点,其他各孔的弧段是以零点为圆心、以 10 cm 为半径的圆弧,尺端圆弧半径为 50 cm×50 cm 正方形的对角线,其长度为 70.711 cm。

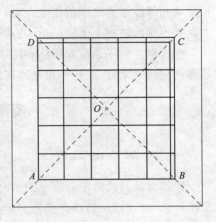

图 6-14 对角线法绘制坐标格网

2. 绘图仪法

在计算机中用 AutoCAD 软件编辑好坐标格网图形,然后把图形通过绘图仪绘制在图纸上。

绘制好坐标格网后应进行检查,方法是:将直尺边沿方格对角线方向放置,各方格的角点应在一条直线上,偏离不应大于 0.2 mm;再检查各个方格的对角线长度应为 14.14 cm,允许误差为 ±0.2 mm;图廓对角线长度与理论长度之差的允许值为 ±0.3 mm。若超过允许值,则应对坐标格网进行修改或重绘。在坐标格网外边注记坐标值,格网线的坐标是按照地形图分幅确定的。

三、展绘控制点

在展绘控制点时,首先要确定控制点所在的方格。如图 6-15 所示,控制点 A 的坐标为 $x_A=634.85$ m,$y_A=635.70$ m,因此确定其位置应在方格内。从 p 和 n 点向上用比例尺量 34.85 m,得出 c、d 两点;再从 p 和 l 点向右量 35.70 m,得出 a、b 两点;连接 ab 和 cd,其交

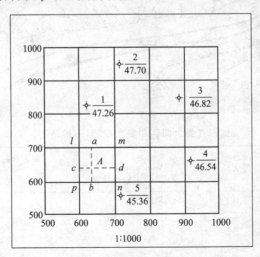

图 6-15 控制点的展绘

点即为控制点 A 在图上的位置。用同样方法将其他各控制点展绘在图纸上。最后用比例尺量取相邻控制点之间的图上距离，将其与已知距离进行比较，作为展绘控制点的检核，最大误差不应超过图上±0.3 mm，否则控制点应重新展绘。

当控制点的平面位置展绘在图纸上以后，按图式要求绘导线点符号并注记点号和高程，高程注记到毫米，以此作为铅笔原图。

技能点2 碎部测量

一、碎部点的选择

碎部测量就是测定碎部点的平面位置和高程。地形图的质量在很大程度上取决于立尺员能否正确、合理地选择碎部点。碎部点应选在地物或地貌的特征点上，如图 6-16 所示。地物特征点就是地物轮廓的转折、交叉和弯曲等变化处的点及独立地物的中心点。地貌特征点就是控制地形的山脊线、山谷线和倾斜变化线等地形线上的最高、最低点，坡度和方向变化处以及山头和鞍部等处的点。碎部点的密度主要根据地形的复杂程度确定，也取决于测图比例尺和测图的目的。测绘不同比例尺的地形图，对碎部点间距有不同的限定，对碎部点距测站的最远距离也有不同的限定。表 6-3 和表 6-4 给出了地形测绘采用视距测量方法测量距离时的地形点最大间距和最大视距的允许值。

图 6-16 碎部点的选择示意图

表 6-3　　　　　　　　　　地形点最大间距和最大视距（一般地区）

测图比例尺	最大间距/m	最大视距/m	
		主要地物特征点	次要地物特征点和地形点
1∶500	15	60	100
1∶1000	30	100	150
1∶2000	50	130	250
1∶5000	100	300	350

表 6-4　　　　　　　　　　　　地形点最大间距和最大视距(城镇建筑区)

测图比例尺	最大间距/m	最大视距/m	
		主要地物特征点	次要地物特征点和地形点
1:500	15	50	70
1:1000	30	80	120
1:2000	50	120	200

二、测站的测绘工作

经纬仪测绘法的实质是极坐标法。先将经纬仪安置在测站上,绘图板安置在测站旁边。用经纬仪测定碎部点方向与已知方向之间的水平角,并测定测站到碎部点的距离和碎部点的高程。然后根据数据用半圆仪和比例尺把碎部点的平面位置展绘在图纸上,并在点的右侧注记高程,对照实地勾绘地形。

用电子全站仪代替经纬仪测绘地形图的方法称为电子全站仪测绘法。其测绘步骤和计算、绘图过程与经纬仪测绘法类似。

用经纬仪测绘法测图操作简单、灵活,适用于各种类型的测绘。以下所讲的是经纬仪测绘法在一个测站的测绘工序。

1. 安置仪器和图板

如图 6-17 所示,观测员安置经纬仪于测站点(控制点)A 上,包括对中和整平。量取仪器高 i,测量竖盘指标差 δ。记录员在《碎部测量记录手簿》中记录,包括表头的其他内容。绘图员在测站的同名点上安置半圆仪。

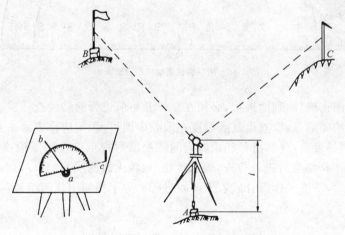

图 6-17　经纬仪测绘法的测站安置

2. 定向

照准另一控制点 B 作为后视方向,置水平度盘读数为 $0°00'00''$。绘图员在后视方向的同名方向上画一短直线,短直线过半圆仪的半径,作为半圆仪读数的起始方向线。

3. 立尺

司尺员依次将标尺立在地物、地貌特征点上。立尺前,司尺员应弄清实测范围和实地概略情况,选定立尺点,并与观测员、绘图员共同商定立尺路线。

4. 观测

观测员照准标尺,读取水平角 β、视距间隔 l、中丝读数 s 和竖盘读数 L。

5. 记录

记录员将读数依次记入手簿。有些手簿视距间隔栏填写的内容为视距 Kl,由观测者直接读出视距值。对于有特殊作用的碎部点,如房角、山头、鞍部等,应在备注中加以说明。

6. 计算

记录员依据视距间隔 l、中丝读数 s、竖盘读数 L、竖盘指标差 δ、仪器高 i 和测站高程 $H_{站}$,按视距测量公式计算平距和高程。

7. 展绘碎部点

绘图员转动半圆仪,将半圆仪上等于 δ 角值(其碎部点为 $114°00'$)的刻画线对准起始方向线,如图 6-18 所示,此时半圆仪零刻画线的方向便是该碎部点的方向。根据图上距离 d,用半圆仪零刻画边所带的直尺定出碎部点的位置,用铅笔在图上点示,并在点的右侧注记高程。同时,应将有关碎部点连接起来,并检查测点是否有错。

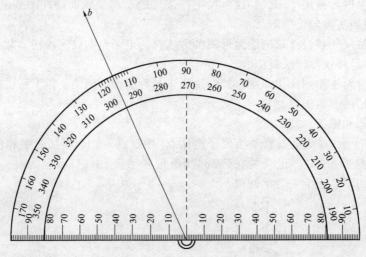

图 6-18 用半圆仪展绘碎部点的方向

8. 测站检查

为了保证测图正确、顺利地进行,必须在工作开始前进行测站检查。检查方法是在新测站上测试已测过的碎部点,检查重复点精度在限差内即可,否则应检查测站点是否展错。此外,在工作中间和结束前,观测员可利用时间间隙照准后视点进行归零检查,归零差不应大于 $4'$。在每测站工作结束后进行检查,确认地物、地貌无错测或漏测方可迁站。

测区面积较大,测图工作需分成若干图幅进行。为了相邻图幅的拼接,每幅图应测出图廓外 $5\ mm$。

技能点 3　地形图绘制

一、地物描绘

在测绘地形图时,对地物测绘的质量主要取决于能否正确、合理地选择地物特征点,如房角、道路边线的转折点、河岸线的转折点以及电杆的中心点等。主要特征点应独立测定,一些次要特征点可采用量距、交会、推平行线等几何作图方法绘出。

一般规定,主要建筑物轮廓线的凹凸长度在图上大于 $0.4\ mm$ 时,都要表示出来。如在 $1:500$ 比例尺的地形图上,主要地物轮廓线凹凸大于 $0.2\ m$ 时应在图上表示出来。对于大

比例尺测图,应按如下原则进行取点:

(1)有些房屋凹凸转折较多,则可只测定其主要转折角(大于两个),取得有关长度,然后按其几何关系用推平行线法画出其轮廓线。

(2)对于圆形建筑物,可测定其中心并量其半径绘图;或在其外廓测定三点,然后用作图法定出圆心,绘出外廓。

(3)公路在图上应按实测两侧边线绘出;大路或小路可只测其一侧边线,另一侧按量得的路宽绘出。

(4)道路转折点处的圆曲线边线应至少测定三点(起点、终点和中点)绘出。

(5)围墙应实测其特征点,按半比例符号绘出其外围的实际位置。

对于已测定的碎部点,应连接起来的要随测随连,以便将图上测得的地物与地面上的实体对照。这样,测图时如有错误或遗漏,就可以及时发现并予以修正或补测。

地物特征点的测绘方法前面已有叙述。在测图过程中,根据地物情况和仪器状况选择不同的测绘方法,如极坐标法、方向交会法、距离交会法或直角坐标法。

二、地貌勾绘

在测出地貌特征点后,即可开始勾绘等高线。勾绘等高线时,首先用铅笔轻轻描绘出山脊线、山谷线等地性线,由于等高距都是整米数或半米数,因此基本等高线通过的地面高程也都是整米数或半米数。由于所测碎部点大多数不会正好在等高线上,因此必须在相邻碎部点间先用内插法定出基本等高线的通过点,再将相邻各同高程的点参照实际地貌用光滑曲线进行连接,即勾绘出等高线。不能用等高线表示的地貌,如悬崖、峭壁、土堆、冲沟、雨裂等,应按图示符号表示。对于不同的比例尺和不同的地形,基本等高距也不同。

等高线的内插如图 6-19 所示,等高线的勾绘如图 6-20 所示。

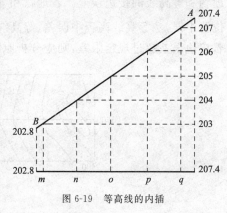

图 6-19　等高线的内插

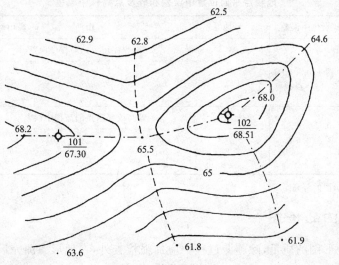

图 6-20　等高线的勾绘

经验提示

等高线一般应在现场边测图边勾绘,要运用等高线的特性,至少应勾绘出计曲线,以控制等高线的走向,以便与实地地形相对照。可以当场发现错误和遗漏,并能及时纠正。

技能点 4 地形图的拼接、检查、整饰和验收

一、地形图的拼接

当测区面积较大时,整个测区必须划分为若干幅图进行施测。这样,在相邻图幅连接处,由于测量误差和绘图误差的影响,无论是地物轮廓线还是等高线,往往都不能完全吻合。

如图 6-21 所示两图幅相邻边的衔接情况,房屋、道路、等高线都有误差。拼接不透明的图用宽约 5 m 的透明图纸蒙在左图幅的图边上,用铅笔把坐标格网线、地物、地貌勾绘在透明图纸上,然后再把透明图纸按坐标格网线的位置蒙在右图幅衔接边上,同样用铅笔勾绘地物和地貌,同一地物和等高线在两幅图上的不重合量就是接边误差。当用聚酯薄膜进行测图时,不必勾绘图边,利用其自身的透明性即可使相邻两幅图的坐标格网线重叠,就可量化地物和等高线的接边误差。若地物和等高线的接边误差不超过表 6-5 中规定的地物点平面位置中误差、等高线高程中误差、等高线高程中误差的 $2\sqrt{2}$ 倍,则可取其平均位置进行改正。若接边误差超过规定限差,则应分析原因,到实地测量检查,以便得到纠正。

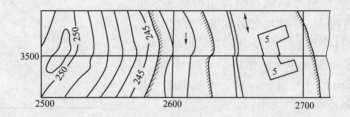

图 6-21 地形图的拼接

表 6-5　　　　　　　　　地物点平面位置中误差和碎步点高程中误差

地区类别	点位中误差	平地	丘陵地	山地	高山地	铺装地面
山地、高山地	图上 0.8 mm	高程注记点的高程中误差				
		$h/3$	$h/2$	$2h/3$	h	0.15 m
城镇建筑区、工矿建筑区、平地、丘陵地	图上 0.6 mm	等高线插求点的高程中误差				
		$h/2$	$2h/3$	h	h	—

注:表中 h 为地形图的等高距。

二、地形图的检查

为了确保地形图的质量,除施测过程中应加强检查外,在地形图测完后还必须对成图质量进行全面检查。

1. 室内检查

室内检查的内容有：图上地物、地貌是否清晰易读；各种符号注记是否正确；等高线与碎部点的高程是否相符，有无矛盾可疑之处；图边拼接有无问题等。如发现错误或疑问，应到野外进行实地检查并解决。

2. 外业检查

(1)巡视检查

检查时应带图沿预定的线路巡视，将原图上的地物、地貌和相应实地上的地物、地貌进行对照，查看图上有无遗漏、名称注记是否与实地一致等。这是检查原图的主要方法，一般应在整个测区范围内进行，特别是应对接边时所遗留的问题和室内图面检查时发现的问题作重点检查。发现问题后应当场解决，否则应设站检查纠正。

(2)仪器检查

对于室内检查和野外巡视检查中发现的错误、遗漏和疑点，应用仪器进行补测与检查，并进行必要的修改。仪器设站检查量一般为10%。把测图仪器重新安置在图根控制点上，对一些主要地物和地貌进行重测。如发现点位误差超限，则应按正确的观测结果进行修正。

三、地形图的整饰

地形图经过上述拼接和检查后，还应进行整饰，以使图面更加合理、清晰、美观。整饰的次序是先图内后图外，图内应先注记后符号，先地物后地貌，并按规定的图式进行整饰。图廓外应按图式要求书写，至少要写出图名、图号、比例尺、坐标系统、高程系统、施测单位和日期等。如系地方独立坐标，还应画出真北方向。

四、验收

验收是在委托人检查的基础上进行的，以鉴定各项成果是否合乎规范及有关技术指标的要求（或合同要求）。首先检查成果资料是否齐全，然后在全部成果中抽出一部分进行全面的内业、外业检查，其余则进行一般性检查，以便对全部成果质量做出正确的评价。对成果质量的评价一般分优、良、合格和不合格四级。对于不合格的成果，应按照双方合同的约定进行处理，或返工重测，或经济赔偿，或既赔偿又返工重测。

课题三　全站仪数字测图

技能点1　全站仪测记法测图

全站仪测记法测图可分为数据采集、数据处理和图形输出三个阶段，如图6-22所示。

一、数据采集

1. 测站设置与检核

碎部测量时，首先要对全站仪进行测站设置，即首先要输入测站点号、后视点号和仪器高，然后选择定向点，照准后输入定向点点号和水平度盘读数。再选择已知点（或已测点）进

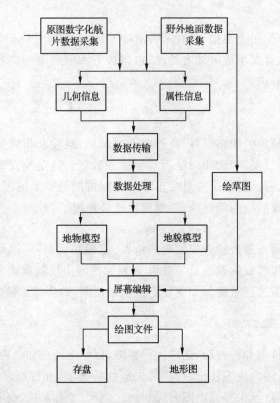

图 6-22　全站仪测记法测图的作业过程

行检核,输入检核点点号,照准后进行测量。测完之后将显示 x、y、H 的差值,如果不通过检核就不能继续测量。检核定向是一项十分重要的工作,切不可忽视。

2. 碎部点测量

全站仪测记法测图的碎部点测量通常采用极坐标法,并记录全部测点信息。当碎部点测量并不关心碎部点点号或碎部点点号没有特定要求时,可以选择点号自动累计方式,这样可避免同一数据中出现重复点号;当不能采用自动累计方式时,可以采用点号手工输入方式。

当采用测记模式进行外业测量时,必须绘制标注测点点号的人工草图,到室内将测量数据直接由记录器传输到计算机,再由人工按草图编辑图形文件。当采用电子平板测绘模式时,可以进行现场实时成图和图形编辑、修正,以保证全站仪测记法测图的外业测绘的正确性,到内业仅做一些整饰和修改后,即可绘图输出。

二、数据处理

数据处理是全站仪测记法测图系统中的一个非常重要的环节。目前应用于地形图测绘方面的成图软件有很多,现以 CASS 7.0 地形成图软件为例说明其在全站仪测记法测图中的应用。

CASS 7.0 地形成图软件是基于 AutoCAD 平台技术的 GIS 前端数据处理系统,广泛应用于地形成图、地籍成图、工程测量、空间数据建库等领域,完全面向 GIS,彻底打通了数字成图与 GIS 的接口,并采用骨架线实时编辑、简码用户化、GIS 无缝接口等先进技术。

用 CASS 7.0 地形成图软件绘制地形图的步骤如下：

（1）展点：如图 6-23 所示，单击"绘图处理"标签，选择"展野外测点点号"，输入比例尺分母，按对话框提示找到需要展点的数据文件（从野外采集生成的 DAT 数据文件），选择"打开"就自动在屏幕上将点号展出。

（2）对照草图，根据软件右边的屏幕菜单（图示符号屏幕菜单）将图上地物逐一画出来。绘制时注意点状符号的画法，线状地物和面状地物按命令行提示有多种操作技巧，应注意是否封闭和拟合。草图绘制得清晰，绘制图形时就会省力。

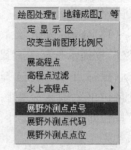

图 6-23　"绘图处理"下拉菜单

（3）地物绘制完毕后，执行"编辑"→"删除"→"删除实体所在图层"命令，按提示选择图上点号中的任意一个，即可删除点号（若无地物则直接进行下一步）。

（4）展高程点：在"绘图处理"菜单中选择"展高程点"，按提示找到要展高程点的数据文件（从野外采集来的 DAT 数据文件），选择"打开"，按回车，即可自动展出高程点。

（5）如果要过滤高程点，可在"绘图处理"菜单中选择"高程点过滤"。需要注意的是，既要过滤高程值一定范围内的点，又要依距离过滤，把点处理得稀一些。

（6）画等高线：在"等高线"菜单中选择"建立 DTM"，系统弹出一对话框，选择建立 DTM 的方式（由数据文件建立），找到要建立 DTM 的数据文件，选择该数据文件，确定后自动建立 DTM。用户可根据实际情况增减 DTM 三角形，在"等高线"菜单中进行详细操作。

（7）绘制等高线：在"等高线"菜单中选择"绘制等高线"，弹出一对话框，输入等高距，选择拟合方式，一般选"三次 B 样条拟合"，确定后自动绘制等高线。

（8）删三角网：在"等高线"菜单中选择"删三角网"，自动进行删除。

（9）等高线注记：先按字头北方向由下往上画一条多义线（PL 命令为多义线命令），完成后选择"等高线"→"等高线注记"→"沿直线高程注记"，按系统提示进行选择，可选只处理计曲线或处理所有等高线，选完后按系统提示选取刚才画的辅助直线，则自动注记完成，回车结束。

（10）等高线修剪：在"等高线"菜单中选择"等高线修剪"，有两种方法：切除指定两线间的等高线和切除指定区域内（该区域必须是执行了"闭合（C）"命令而进行封闭的面状地物）的等高线。

（11）高程注记上的等高线的修剪：选择"等高线"→"等高线修剪"→"批量修剪等高线"，弹出一对话框，如图 6-24 所示，选择"手工选择"、"修剪"，并在"高程注记"、"文字注记"前打勾，其他不选，单击"确定"按钮。

按系统提示选择要修剪的注记（务必选注记文字本身），可拉框选择，回车后自动剪断注记上压线的等高线。

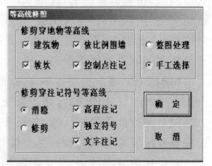

图 6-24　"等高线修剪"对话框

（12）加图框：在"绘图处理"菜单中选择"标准图幅 50×50"或"标准图幅 50×40"。

如图 6-25 所示,输入图名、测量信息、接图表等信息,选择"取整到十米"或"取整到米",用鼠标在屏幕上选择左下角坐标,"删除图框外实体"可不打勾,完成后单击"确定"按钮,多试几次看大小是否合适,图框不够要进行分幅。

(13)分幅:选择"绘图处理"→"批量分幅"→"建立网格",按提示选择图幅尺寸,输入测区左下角和右上角坐标(鼠标点取);再选择"绘图处理"→"批量分幅"→"批量输出",输入分幅图目录名(存放路径),单击"确定"按钮即可将图形文件自动分在指定目录里了。

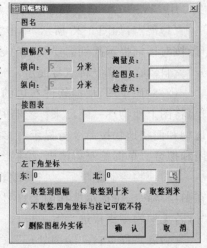

图 6-25 "图幅整饰"对话框

三、图形输出

将绘制好的图形文件存盘或直接打印。

打印操作如下:选择"文件"→"绘图输出"→"打印",操作同 AutoCAD。需要注意的是,在"打印设置"里有一项"打印比例",选择"自定义"中的"1 毫米=1 个图形单位",按公式计算(图形比例尺是 1:1000 就在方框里输入"1",图形比例尺是 1:500 就输入"0.5")。打印黑白的要选择打印样式中的"monochrome.ctb"。

技能点 2　电子平板法测图

电子平板法测图时,作业人员的一般分配为:观测员 1 名,电子平板(便携机)操作员 1 名,跑尺员 1~2 名,其中电子平板操作员为测图小组的指挥者。最常用的方法是 MAP-SUV 电子平板测图,下面对其进行介绍。

进行碎部测量一般先在测站点安置好全站仪,在"测站设置"对话框中输入测站设置信息,如图6-26 所示,然后以极坐标法为主,配合其他碎部测量方法施测。

如图 6-27 所示,MAPSUV 进行碎部测量时,

图 6-26　MAPSUV 电子平板测图软件测站设置

采用的主要测量方法和解析算法有坐标输入法、极坐标法、相对极坐标法、视距切尺、十字尺、目标遥测、偏心距、距离交会、方向直线交会、平行线交会、两线交会、垂线交会、垂线直线交点、求垂足、垂线垂足、内等分、距离直线交会、求对称点、线上求点、垂直量边、水深测量和求圆心,这些方法的具体描述可参看 MAPSUV 电子平板测图软件使用手册。

MAPSUV 系统提供了一个测量加点功能,就是通过上述测量方法或解析算法加入测点。在选择了该功能之后,处于系统窗口右侧工作台上的测量面板将被激活,在测量面板的上部就是测点测量操作区域,如图 6-27 所示。首先要选择使用的测量方法或解析算法,然后根据系统要求输入的数据类型输入相应的数据,点击"加入"按钮即可。

在上述测量方法中,最常用的是极坐标测量和坐标输入测点。前者是外业测量时的主要测量方法;后者用于输入一些坐标已知的点,例如控制点,当然只适合输入少量的控制点。

需要注意的是,在测量面板上有一项"点加入地物",它的作用是在测量加点的同时,根

据输入的编码建立地物。如果是点编码就直接建立点状地物,否则将连续加入的测点自动连成地物。操作步骤如下:

(1)选中"点加入地物"选项。

(2)如果是地物中的第一个点,则"连接点"文本框应该为空,否则要输入连接点名。

(3)选择加入的测点和连接点之间的连接关系。

(4)输入测点或地物的编码。

(5)选择"地物编辑"中的"查看地物连接"功能,然后用鼠标选中要新生成的测点加入的地物,地物被选中后会在窗口中闪烁,并且在测量面板下部的地物信息框中能看到被选中的地物的连接信息。

图 6-27　MAPSUV 电子平板测图软件工作台

(6)按要求输入计算需要的数据后,点击"加入"按钮,测点坐标就被计算出来,同时测点加入到窗口中。如果选中了"点加入地物",那么地物也会同时被创建。

如果是将测量的点加入到已有的地物中,那么步骤(5)是必需的;如果加入的测点是要建立的地物的第一个点,那么"连接点"文本框要为空且步骤(5)可以忽略。

对 MAPSUV 电子平板测图系统的工作流程来说,现场能自动完成绝大部分绘图工作,可在现场对所测图形进行检查与修改,以保证测图的正确性。电子平板野外数据采集过程就是成图过程,即数据采集与绘图同步进行,内业仅做一些图形编辑、整饰工作。

课题四　地形图和建筑平面图的识读及地形图的应用

技能点 1　地形图、规划图和施工平面图的识读

一、地形图的识读

1.注记的识读

根据地形图图廓外的注记,可全面了解地形的基本情况。例如,由地形图的比例尺可以知道该地形图反映地物、地貌的详略;根据测图的日期注记可以知道地形图的新旧,从而判断地物、地貌的变化程度;从图廓坐标可以掌握图幅的范围;通过接图表可以了解与相邻图幅的关系。了解地形图的坐标系统、高程系统、等高距等,对正确用图有很重要的作用。

2.地物和地貌的识读

在土木工程中,通过地形图来分析、研究地形,主要是根据《地形图图式》中的符号、等高线的性质和测绘地形图时综合取舍的原则来识读地物、地貌。地形图的内容很丰富,主要包括以下内容:

(1)测量控制点

测量控制点包括三角点、导线点、图根点和水准点等。控制点在地形图上一般注有点号

或名称、等级和高程。

（2）居民地

居民地包括居住房屋、寺庙、纪念碑、学校、运动场等。房屋建筑分为特种房屋、坚固房屋、普通房屋、简单房屋、破坏房屋和棚房。房屋符号中注写的数字表示建筑层数。

（3）工矿企业建筑

工矿企业建筑是国民经济建设的重要设施，包括矿井、石油井、探井、吊车、燃料库、加油站、变电室、露天设备等。

（4）独立地物

独立地物是判定方位和确定位置的重要标志，如纪念像、纪念碑、宝塔、亭、庙宇、水塔、烟囱等。

（5）道路

道路包括公路、铁路、车站、路标、桥梁、天桥、高架桥、涵洞、隧道等。

（6）管线和垣栅

管线主要包括各种电力线、通讯线以及地上、地下的各种管道、检修井、阀门等，垣栅是指长城、砖石城墙、围墙、栅栏、篱笆、铁丝网等。

（7）水系和其附属建筑

水系及其附属建筑包括河流、水库、沟渠、湖泊、岸滩、防洪墙、渡口、桥梁、拦水坝、码头等。

（8）境界

境界包括国界、省界、县界、乡界。

（9）地貌和土质

地貌和土质是土木工程建设进行勘测、规划和设计的基本依据之一。地貌主要根据等高线进行阅读，由等高线的疏密程度及其变化情况来分辨地面坡度的变化，根据等高线的形状识别山头、山脊、山谷、盆地和鞍部，还应熟悉特殊地貌（如陡崖、冲沟、陡石山等）的表示方法，从而对整个地貌特征作出分析评价。土质主要包括沙地、戈壁滩、石块地、龟裂地等。

（10）植被

植被是指覆盖在地表上的各种植物的总称。在地形图上可表示出植物分布、类别特征、面积大小，包括树林、竹林、草地、经济林、耕地等。

地形图（图 6-28）的识读可根据上述十方面的内容分类研究地物、地貌的特征，再进行综合分析，从而对地形图表示的地物、地貌有全面、正确的了解。

经验提示

地形图具有可量性、可定向性、综合性、易读性等特点。

二、规划图的识读

规划图（总平面图）是将拟建建筑工程附近一定范围内的建筑物、构筑物及其自然状况，用水平投影法和相应的图例画出的图样，如图 6-29 所示。规划图主要表示新建房屋的位

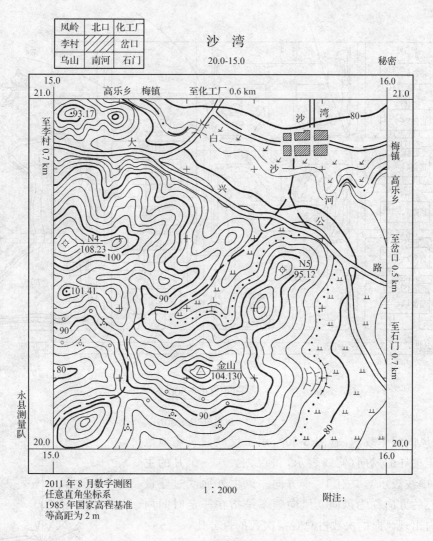

凤岭	北口	化工厂
李村	/////	岔口
鸟山	南河	石门

沙 湾

20.0-15.0

秘密

图 6-28 地形图

置、朝向,与原有建筑物的关系以及周围道路、绿化布置和地形、地貌等内容,是新建房屋施工定位、土方施工以及绘制水、暖、电等管线总平面图和施工平面图的依据。

规划图的主要内容有:

(1)拟建建筑物的定位:方式有三种:一是利用拟建建筑物与原有建筑物或道路中心线的距离确定新建筑物的位置;二是利用施工坐标确定新建建筑物的位置;三是利用大地测量坐标确定新建建筑物的位置。

(2)拟建建筑物、原有建筑物的位置和形状:在规划图上将建筑物分成五种情况,即新建建筑物、原有建筑物、计划扩建的预留地或建筑物、拆除的建筑物和新建的地下建筑物或构筑物,识读时要加以区分。在规划设计中,为了清楚地表示建筑物的总体情况,一般还在图中建筑物的右上角以点数或数字表示楼房层数。

(3)附近地形情况:一般用等高线表示。

(4)道路:主要表示道路位置、走向以及与新建建筑物的联系等。

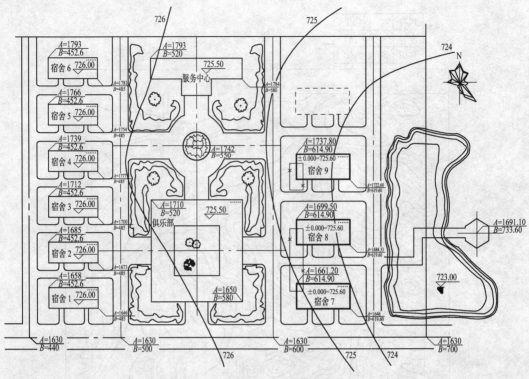

总平面图 1：500

图 6-29　规划图（总平面图）

（5）风向频率玫瑰图（图 6-30）：用于反映建筑场地范围内常年主导的风向（实线表示）和六、七、八三个月的主导风向（虚线表示），共有 16 个方向。风由外面吹过建设区域中心的方向称为风向。风向频率是指在一定时间内某一方向出现风向的次数占总观察次数的百分比。

（6）树木、花草等的布置情况。

（7）喷泉、凉亭、雕塑等的布置情况。

三、施工平面图的识读

施工平面图一般分为底层平面图（图 6-31）、标准层平面图（图 6-32）和屋顶平面图（图 6-33）。从图中可知比例尺均为 1：100，从图名可知是哪一层的平面图。从图6-31

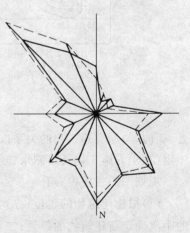

图 6-30　风向频率玫瑰图

中的指北针可知该建筑物朝向为坐北朝南；同时可以看出，该建筑物为一字形对称布置，主要房间为卧室，内墙厚 240 mm，外墙厚 370 mm。本建筑设有一间门厅，一个楼梯间，中间有 1.8 m 宽的内走廊，每层有一间厕所和一间盥洗室。有两种类型的门，三种类型的窗。房间开间为 3.6 m，进深为 5.1 m。从图 6-33 可知，本建筑屋顶是坡度为 3‰的平屋顶，两坡排水，南北向设有宽为 600 mm 的外檐沟，分别布设三根落水管，非上人屋面。剖面图的剖切位置在楼梯间处。

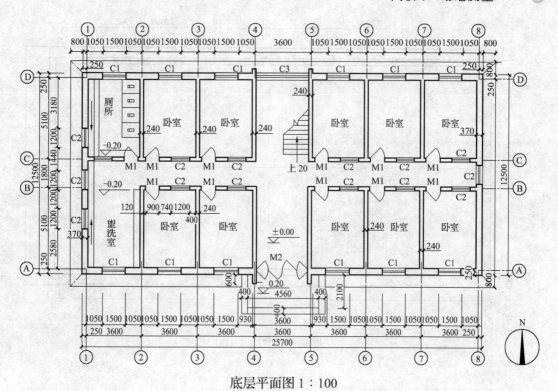

底层平面图 1:100

图 6-31 底层平面图

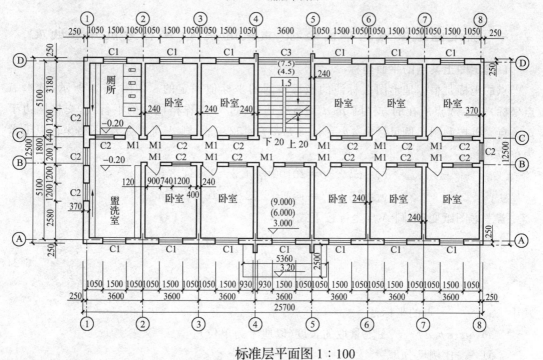

标准层平面图 1:100

图 6-32 标准层平面图

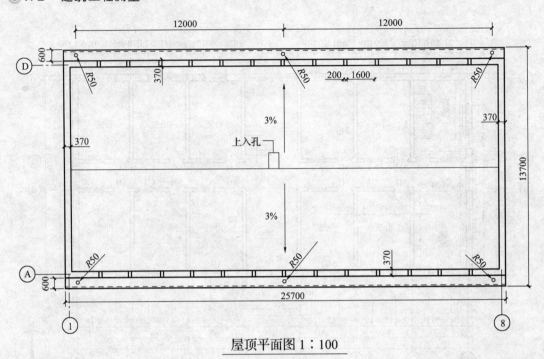

屋顶平面图 1:100

图 6-33 屋顶平面图

技能点 2 地形图的基本应用

一、确定图上某点的平面坐标、直线的长度、坐标方位角和坡度

1.确定图上某点的平面坐标

点的坐标是根据地形图上标注的坐标格网的坐标值确定的。如图 6-34 所示,欲求 A 点坐标,先将 A 点所在的方格网 abcd 用直线连接,过 A 点作格网线的平行线,交格网边于 p、f 点。再按测图比例尺量出 $ap=84.3$ m,$af=52.6$ m,则 A 点坐标为(图格坐标以千米为单位)

$$x_A=x_a+ap=20100+84.3=20184.3 \text{ m}$$

$$y_A=y_a+af=10200+52.6=10252.6 \text{ m}$$

若考虑图纸变形,则 A 点坐标按下式计算:

$$\begin{cases} x_A=x_a+\dfrac{10}{ab} \cdot ap \cdot M \\ y_A=y_a+\dfrac{10}{ad} \cdot af \cdot M \end{cases} \tag{6-2}$$

式中 x_a、y_a——点的坐标;

ab、ad、ap、af——图上量取的长度(以厘米为单位);

M——比例尺分母。

2.确定图上直线的长度、坐标方位角和坡度

如图 6-34 所示,欲求 A、B 两点间的距离、坐标方位角和坡度,必须先用式(6-2)和式

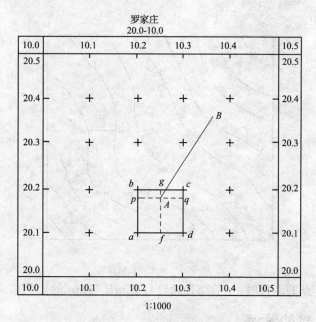

图 6-34　确定图上某点的坐标

(6-6)求出 A、B 两点的坐标和高程,则 A、B 两点间的水平距离为

$$D_{AB} = \sqrt{(x_B - x_A)^2 + (y_B - y_A)^2}\tag{6-3}$$

直线 AB 的坐标方位角为

$$\alpha_{AB} = \arctan \frac{y_B - y_A}{x_B - x_A}\tag{6-4}$$

直线 AB 的平均坡度为

$$i = \frac{h}{D} = \frac{H_B - H_A}{Md}\tag{6-5}$$

式中　h——A、B 两点间的高差;

　　　D——A、B 两点间的实地水平距离;

　　　d——A、B 两点间在图上的距离;

　　　M——比例尺分母。

◤经验提示◢

坡度有正负号,"＋"表示上坡,"－"表示下坡。坡度一般用千分率或百分率表示。

当 A、B 两点在同一幅图中时,可用比例尺或量角器直接在图上量取距离或坐标方位角,但量得的结果比计算结果精度低。

二、确定图上某点的高程

图上点的高程可通过等高线求得。若所求点恰好位于某等高线上,那么该点高程就等于该等高线的高程。

如图 6-35 所示,A 点高程为 102 m,若所求点在两等高线之间,例如 B 点,则可通过该点作一条大致垂直于两相邻等高线的线段 mn,在图上量出 mn 和 mB 的长度,则 B 点高程为

$$H_B = H_m + \frac{mB}{mn} \cdot h\tag{6-6}$$

式中　H_m——m 点的高程;

h——等高距。

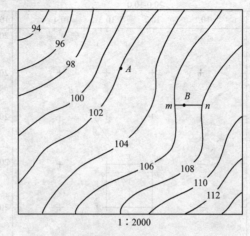

图 6-35　确定点的高程

实际求图上 B 点的高程时，一般都是通过目估 mB 与 mn 的比例来确定的。

三、图形面积的量算

在地形图上量算面积的方法较多，应根据具体情况选择不同的方法。

1. 多边形面积量算

（1）几何图形法

可将多边形划分为若干个几何图形来进行计算。如图 6-36 所示，将所求多边形 ABC-DEF 的面积分解为 1、2、3、4、5、6 这六个三角形，求出各三角形的面积，其面积总和即为整个多边形的面积。

各三角形的面积可直接用比例尺量出每个三角形的底边长 c 和高 h，按公式 $A = ch/2$ 计算得到。

（2）坐标计算法

当多边形图形面积很大时，可在地形图上求出各顶点的坐标（或由全站仪测得），直接用坐标计算面积。如图 6-37 所示，将任意四边形各顶点按顺时针编号为 1、2、3、4，各点坐标分别为 (x_1, y_1)、(x_2, y_2)、(x_3, y_3)、(x_4, y_4)，四边形各顶点投射在 Y 轴上，则

$$A = \frac{1}{2} [y_1(x_4 - x_2) + y_2(x_1 - x_3) +$$
$$y_3(x_2 - x_4) + y_4(x_3 - x_1)]$$

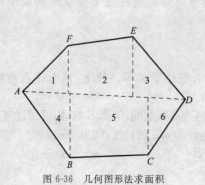

图 6-36　几何图形法求面积

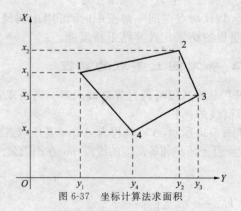

图 6-37　坐标计算法求面积

若图形为 n 边形,则一般形式为

$$A = \frac{1}{2} \sum_{i=1}^{n} x_i (y_{i+1} - y_{i-1}) \tag{6-7}$$

或

$$A = \frac{1}{2} \sum_{i=1}^{n} y_i (x_{i-1} - x_{i+1}) \tag{6-8}$$

式中,n 为多边形边数。

当 $i=1$ 时,y_{i-1} 和 x_{i-1} 分别用 y_n 和 x_n 代入;当 $i=n$ 时,y_{i+1} 和 x_{i+1} 分别用 y_1 和 x_1 代入。用这两个公式算出的结果可作为计算检核。

2. 曲线面积量算

(1)透明方格纸法

如图 6-38 所示,要计算曲线内的面积,可将一张透明方格纸覆盖在图形上,数出曲线内的整方格数 n_1 和不足一整格的方格数 n_2。设每个方格的面积为 a(当为毫米方格时,$a=1\ mm^2$),则曲线围成的图形实地面积为

$$A = (n_1 + \frac{1}{2} n_2) a M^2 \tag{6-9}$$

式中,M 为比例尺分母,计算时应注意 a 的单位。

(2)平行线法

如图 6-39 所示,在曲线围成的图形上绘出间隔相等的一组平行线,并使两条平行线与曲线图形边缘相切。将这两条平行线间隔等分,得相邻平行线的间距 d。每相邻平行线之间的图形近似为梯形。用比例尺量出各平行线在曲线内的长度 l_1、$l_2 \cdots l_n$,则各梯形的面积为

$$A_1 = \frac{1}{2} d(0 + l_1)$$

$$A_2 = \frac{1}{2} d(l_1 + l_2)$$

$$\vdots$$

$$A_n = \frac{1}{2} d(l_{n-1} + l_n)$$

$$A_{n+1} = \frac{1}{2} d(l_n + 0)$$

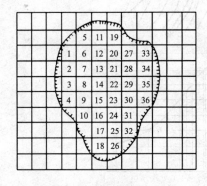

图 6-38 透明方格纸法求面积

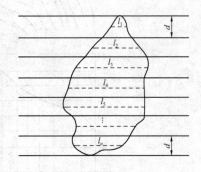

图 6-39 平行线法求面积

图形总面积为

$$A = A_1 + A_2 + \cdots + A_n + 1 = d(l_1 + l_2 + \cdots + l_n) \tag{6-10}$$

除上述方法外,还可用电子求积仪来测定图形面积,如图 6-40 所示。用该仪器设定图形比例尺和计量单位后,将描迹镜中心点沿曲线推移一周,即可在显示窗自动显示图形面积和周长。

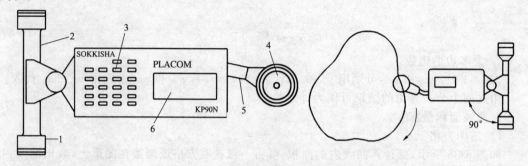

图 6-40　电子求积仪及其使用

1—滚轮;2—动极轴;3—键盘;4—描迹镜;5—跟踪臂;6—显示屏

技能点3　地形图在工程施工中的应用

一、按设计线路绘制纵断面图

在道路、管线等工程设计中,为确定线路的坡度和里程,要按设计线路绘制纵断面图。利用地形图可绘制纵断面图。

如图 6-41 所示,$ABCD$ 为一越岭线路,需沿此方向绘制纵断面图。首先在图纸下方或方格纸上绘制出两垂直的直线,横轴表示距离,纵轴表示高程。然后在地形图上从 A 点开

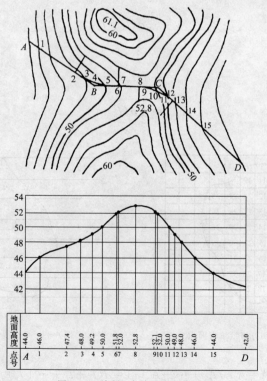

图 6-41　绘制已知方向的纵断面图

始,沿线路方向量取两相邻等高线间的平距(图中点 2、6 和点 8、12 分别为 B 点、C 点处缓和曲线的起点和终点,在图中也应表示出来),按一定比例尺(可以是地形图比例尺,也可另定一个比例尺)将各点依次绘在横轴上,得 A、1、2、……、15、D 点的位置。再从地形图上求出各点的高程,按一定比例尺(一般比距离比例尺大 10 或 20 倍)绘制在横轴相应各点向上的垂线上,最后将相邻垂线上的高程点用平滑的曲线(或折线)连接起来,即得路线 ABCD 方向的纵断面图。

二、按限制坡度在地形图上选线

在设计线路方案时,往往要根据地形图选择某一限制坡度的线路,以确定最佳方案。

如图 6-42 所示,地形图比例尺为 1∶2000,等高距为 1 m,欲在山下 A 点与山上 D 点之间设计一条公路,指定坡度不大于 5‰,要求选择最短线路。先按指定坡度计算相邻两等高线间在图上的最短距离为

$$d = \frac{h}{iM} = \frac{1}{0.05 \times 2000} = 0.010 \text{ m}$$

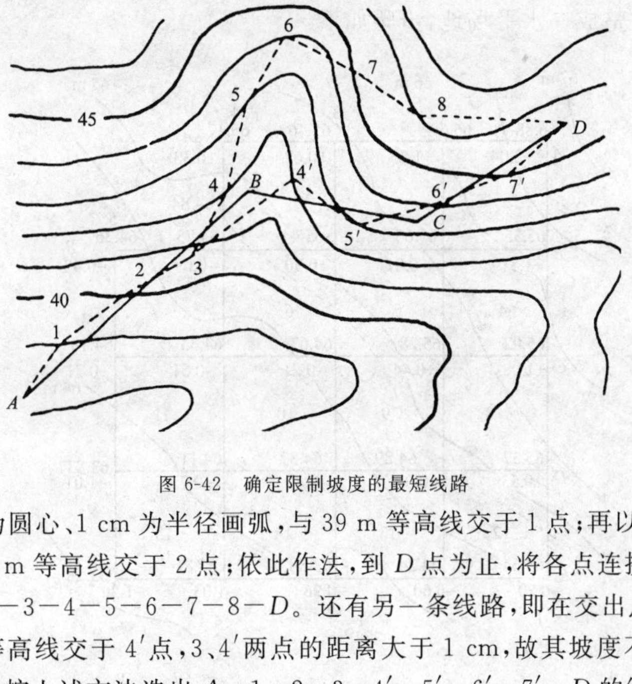

图 6-42 确定限制坡度的最短线路

然后以 A 点为圆心、1 cm 为半径画弧,与 39 m 等高线交于 1 点;再以 1 点为圆心、1 cm 为半径画弧,与 40 m 等高线交于 2 点;依此作法,到 D 点为止,将各点连接即得限制坡度的最短线路 A—1—2—3—4—5—6—7—8—D。还有另一条线路,即在交出点 3 之后,将 23 直线延长,与 42 m 等高线交于 4′点,3、4′两点的距离大于 1 cm,故其坡度不会大于指定坡度 5‰,再从 4′点开始按上述方法选出 A—1—2—3—4′—5′—6′—7′—D 的线路。

最后线路的确定要根据地形图综合考虑各种因素对工程的影响,如少占耕地、避开滑坡地带或使土石方工程量小等,以获得最佳方案。在图 6-42 中,设最后选择的 A—1—2—3—4′—5′—6′—7′—D 为设计线路,按线路设计要求将其去弯取直后,设计出图上的线路导线 ABCD,根据地形图求出各导线点 A、B、C、D 的坐标后,可用全站仪在实地将线路标定出来。

三、确定汇水面积

在修筑桥梁、涵洞或修建水坝等工程建设中,需要知道有多大面积的雨水往这个河流或谷地汇集。地面上某区域内的雨水注入同一山谷或河流并通过某一断面(如道路的桥涵),

这一区域的面积称为汇水面积。显然汇水面积的分界线为山脊线。

如图 6-43 所示,公路 ab 通过山谷,在 m 处要建一涵洞,为了设计其孔径的大小,要确定该处的汇水面积。由图 6-43 可以看出,流往 ab 断面的汇水面积即为 ab 断面与该山谷相邻的山脊线的连线所围成的面积(图中虚线部分)。可用格网法、平行线法或电子求积仪测定该面积的大小。

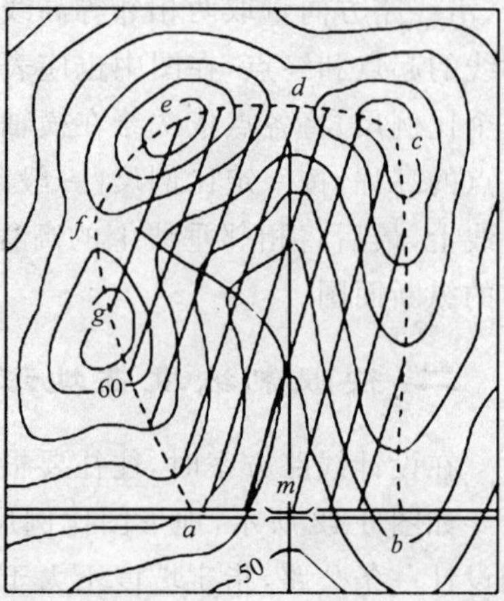

四、平整场地的土石方估算

土木工程建设中,常要把地面整理成水平面,利用地形图可进行平整场地的土石方估算。

图 6-43 确定汇水面积

1. 方格网法

对于大面积的土石方估算常用方格网法。图 6-44 所示为 1：1000 地形图,要求将原有一定起伏的地形平整成一水平场地,步骤如下:

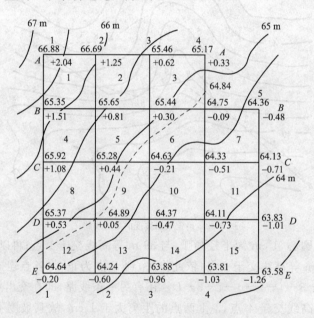

图 6-44 方格网法估算土石方

(1)绘制方格网并求格网点的高程

在地形图上拟平整场地范围内绘制方格网,方格网边长主要取决于地形的复杂程度、地形图比例尺的大小和土石方估算的精度要求,一般为 10 m 或 20 m。然后根据等高线目估内插各格点的地面高程,并注记在格点右上方。

(2)确定场地平整的设计高程

应根据工程的具体要求确定设计高程。大多数工程要求挖方量和填方量大致平衡,这时设计高程的计算方法是:先将每一方格的四个格点高程相加后除以 4,得各方格的平均高程;再将每个方格的平均高程相加后除以方格总数,即得设计高程。从计算设计高程的过程和图 6-44 可以看出,角点 $A1$、$D1$、$D4$、$C6$、$A6$ 的高程只参加一次计算,边点 $B1$、$C1$、$D2$、$D3$、$C5$ 等的高程参加两次计算,拐点 $C4$ 的高程参加三次计算,中点 $B2$、$C2$、$C3$ 等的高程参加四次计算,因此设计高程的计算公式为

$$H=\frac{\sum H_角+2\sum H_边+3\sum H_拐+4\sum H_中}{4n} \tag{6-11}$$

式中,n 为方格总数。

将图 6-44 中各格点的高程代入式(6-11),求出设计高程为 64.84 m。在地形图中内插绘制出 64.84 m 等高线(图中虚线),此即为不挖不填的边界线,也称为零线。

(3)计算挖、填方的高度

用格点实际高程减去设计高程,即得每一格点的挖方或填方高度:

$$挖(填)方高度=地面高程-设计高程 \tag{6-12}$$

将挖、填方高度注记在相应格点右下方(可改用红色笔注记),正号为挖方,负号为填方。

(4)计算挖、填方量

挖、填方量是将角点、边点、拐点、中点的挖、填方高度分别表示为 1/4、2/4、3/4、1 方格面积的平均挖、填方高度,故挖、填方量分别按下式计算:

$$\begin{cases} 挖(填)方高度\times\dfrac{1}{4}方格面积(角点) \\[2mm] 挖(填)方高度\times\dfrac{2}{4}方格面积(边点) \\[2mm] 挖(填)方高度\times\dfrac{3}{4}方格面积(拐点) \\[2mm] 挖(填)方高度\times方格面积(中点) \end{cases} \tag{6-13}$$

实际计算时,可按方格线依次计算挖、填方量,然后再计算挖方量总和及填方量总和。

2. 等高线法

场地地面起伏较大且仅计算挖方时,可采用等高线法。这种方法是从场地设计高程的等高线开始,算出各等高线所包围的面积,分别将相邻两条等高线所围面积的平均值乘以等高距,即为这两条等高线平面间的土方量,再求和即得总挖方量。

如图 6-45 所示,地形图等高距为 2 m,要求整场地后的设计高程为 55 m。先在图中内插设计高程 55 m 的等高线(图中虚线),再分别求出 55 m、56 m、58 m、60 m、62 m 这五条等高线所围成的面积 A_{55}、A_{56}、A_{58}、A_{60}、A_{62},即可算出每层的土石方量:

$$V_1=\frac{1}{2}(A_{55}+A_{56})\times1$$

$$V_2=\frac{1}{2}(A_{56}+A_{55})\times2$$

$$\vdots$$

$$V_5=\frac{1}{3}A_{62}\times0.8$$

其中,V_5 是 62 m 等高线以上山头顶部的土石方量。总挖方量为

$$\sum V_W=V_1+V_2+V_3+V_4+V_5$$

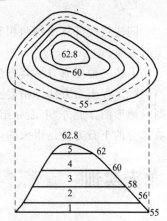

图 6-45 等高线法估算土石方

3. 断面法

道路和管线建设中,沿中线至两侧一定范围内线状地形的土石方估算常用断面法。这种方法是在施工场地范围内,利用地形图以一定间距绘出断面图,分别求出各断面由设计高程线与断面曲线(地面高程线)围成的填方面积和挖方面积,然后计算每相邻断面间的填(挖)方量,分别求和即为总填(挖)方量。

如图 6-46 所示,地形图比例尺为 1：1000,矩形范围是欲建道路的一段,其设计高程为 47 m。为求土石方量,先在地形图上绘出相互平行、间隔为 l(一般实地距离为 20～40 m)的断面方向线 1-1、2-2、……、5-5;按一定比例尺绘出各断面图(纵、横轴比例尺应一致,常用比例尺为 1：100 或 1：200),并将高程线展绘在断面图上(见图 6-46 中的 1-1、2-2 断面);然后在断面图上分别求出各断面设计高程线与断面图所包围的填土面积 A_{Ti} 和挖土面积 A_{Wi}(i 表示断面编号),最后计算两断面间的土石方量。

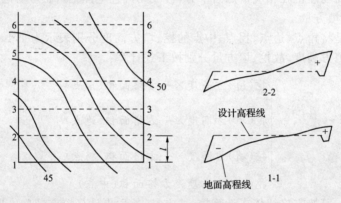

图 6-46　断面法估算土石方

例如,1-1 和 2-2 两断面间的土石方为

填方
$$V_T = \frac{1}{2}(A_{T1} + A_{T2})l$$

挖方
$$V_W = \frac{1}{2}(A_{W1} + A_{W2})l$$

同法依次计算出每两相邻断面间的土石方量,最后将填方量和挖方量分别累加,即得总土石方量。

上述三种土石方估算方法各有特点,应根据场地地形条件和工程要求选择合适的方法。当实际工程土石方估算精度要求较高时,往往要到现场实测方格网图(方格点的高程)、断面图或地形图。此外,上面介绍的三种土石方估算方法均未考虑削坡影响,当高差较大时,削坡部分的土石方量是很大的,因此实际工程中应参照上述方法计算削坡部分的土石方量。

单元实训

一、经纬仪视距法测图

(一)实训目的

掌握用经纬仪视距法测绘地形图。

（二）实训内容

每组应完成图上 20 cm×30 cm 面积的地形图测绘。

（三）实训安排

1. 学时数：课内 2 学时；每小组 4～5 人。

2. 仪器：经纬仪、水准尺、量角器、绘图板、测杆、比例尺、测伞。

3. 场地：长约 30 m，宽约 20 m，内有部分地物且地形有起伏。

（四）实训方法与步骤

1. 用经纬仪视距法测绘地形图。

2. 有关规定

（1）测图比例尺为 1∶1000。

（2）等高线间隔为 1 m，每隔四根加粗一根作为计曲线。

（3）地形点密度在图上不大于 2～3 cm。

（4）将控制点展绘到图板上。

（5）仪器安置在选好的测站上，度盘对零瞄准另一控制点作为起始方向，依次瞄准碎部点，读记实测数据，计算距离和高程并依此将各碎部点绘在图板上，并在碎部点旁注记高程。绘制碎部点时不要从测站引出一条很长的方向线，只在碎部点点位所在处绘制一条短方向线即可。

（6）在测站上根据实际情况拟定好跑点立尺路线，依次跑尺。

（7）绘出一些地形点后，立即参照实际地形插绘等高线通过点并勾绘等高线，最好是随测随绘。

（8）当一个测站上需测的地形点很多时，要在中间或最后再观测一次起始方向，检查度盘是否有变动。

（9）按规定符号和注记方法整饰地形图。

（五）注意事项

1. 观测仪器、立尺、绘图要密切配合、协同并进。

2. 记录要记清、记准，并对特殊碎部点在备注栏加以说明，如房角、圆形花坛中心、山顶、河边桥头等。

3. 如有可能，应尽量使视线水平来观测碎部点，否则要尽可能使中丝读数都对准仪器高。

实训报告 1

实训名称：经纬仪视距法测图

实训日期：＿＿＿＿＿　专业：＿＿＿＿＿　班级：＿＿＿＿＿　姓名：＿＿＿＿＿

（一）实训记录

表 6-6　　　　　　　　　　经纬仪视距法测图记录

＿＿＿＿年＿＿月＿＿日 天气＿＿＿ 观测＿＿＿＿＿ 记录＿＿＿＿ 检查＿＿＿＿

测站点＿＿＿ $N_O=$＿＿＿ $E_O=$＿＿＿ $Z_O=$＿＿＿ 仪器高 $i=$＿＿＿ 仪器型号＿＿＿＿

后视点＿＿＿ 后视方位角 α_{OM}＿＿＿ 仪器型号＿＿＿＿

（续表）

观测点	视距间隔/m	中丝读数/m	竖盘度数/(° ′ ″)	竖直角/(° ′ ″)	高差/m	水平角/(° ′ ″)	平距/m	高程/m	备注

（二）存在的问题

二、全站仪数字测图

（一）实训目的

1. 熟练用全站仪测记法进行三维坐标的测量。

2. 掌握数据传输的方法。

3. 掌握 CASS 软件绘图的基本方法。

（二）实训内容

1. 利用全站仪测记法测量一区域的地形图。

2. 内业进行数据传输。

3. 利用 CASS 软件绘制地形图。

（三）实训安排

1. 学时数：课内外业 2 学时，上机操作 2 学时；每小组 4～5 人。

2. 仪器：全站仪、棱镜、记录本、测伞、传输线、计算机、相关软件。

3. 场地：长、宽分别为 50～100 m 的地物、地貌丰富的场地。

（四）实训方法与步骤

1.作业流程

外业使用全站仪测量碎部点三维坐标的同时,领尺员绘制由碎部点构成的地物形状和类型并记录碎部点点号(必须与全站仪自动记录的点号一致)。

内业将全站仪或电子手簿记录的碎部点三维坐标通过 CASS 软件传输到计算机中,转换成 CASS 坐标格式文件并展点,根据野外绘制的草图在 CASS 软件中绘制地物。

2.全站仪野外数据采集步骤

(1)安置仪器:在控制点上安置全站仪,检查中心连接螺旋是否旋紧,对中、整平、量取仪器高、开机。

(2)创建文件:在全站仪菜单中,选择"数据采集"进入"选择一个文件",输入一个文件名后确定,即完成文件创建工作,此时仪器将自动生成两个同名文件,一个用来保存采集到的测量数据,一个用来保存采集到的坐标数据。

(3)输入测站点:输入一个文件名,回车后即进入数据采集的输入数据窗口,按提示输入测站点点号及标识符、坐标、仪高和后视点点号及标识符、坐标、镜高,仪器瞄准后视点,进行定向。

(4)测量碎部点坐标:仪器定向后,即可进入测量状态,输入所测碎部点点号、编码、镜高后,精确瞄准竖立在碎部点上的反光镜,按"坐标"键,仪器即测量出棱镜点的坐标,并将测量结果保存到前面输入的坐标文件中,同时将碎部点点号自动加 1 并返回测量状态。再输入编码、镜高,瞄准第二个碎部点上的反光镜,按"坐标"键,仪器又测量出第二个棱镜点的坐标,并将测量结果保存到前面的坐标文件中。按此方法,即可测量并保存其后所测碎部点的三维坐标。

3.数据传输

完成外业数据采集后,使用通讯电缆将全站仪与计算机的 COM 口连接好,启动通讯软件,设置好与全站仪一致的通讯参数后,执行"通讯"→"下传数据"命令;在全站仪上的内存管理菜单中选择"数据传输"选项,并根据提示顺序选择"发送数据"、"坐标数据"和"选择文件",然后在全站仪上选择"确认发送",再在通讯软件的提示对话框中单击"确定"按钮,即可将采集到的碎部点坐标数据发送到通讯软件的文本区。

4.绘图

执行"绘图处理"→"定显示区"命令,确定绘图区域;执行"绘图处理"→"展野外测点点位"命令,即在绘图区得到展绘好的碎部点点位,结合野外绘制的草图绘制地物;再执行"绘图处理"→"展高程点"命令。经过对所测地形图进行屏幕显示,在人机交互方式下进行绘图处理、图形编辑、修改、整饰,最后形成数字地图的图形文件。通过自动绘图仪绘制地形图。

（五）注意事项

参见所使用全站仪的说明书。

实训报告 2

实训名称:全站仪数字测图

实训日期:＿＿＿＿＿＿＿　专业:＿＿＿＿＿＿　班级:＿＿＿＿＿＿　姓名:＿＿＿＿＿＿

存在的问题

三、地形图识图

（一）实训目的

熟悉地形图的相关知识,为工程勘测、设计施工和管理服务。

（二）实训内容

判断和识别地形图上所有划线、符号和注记的含义。

（三）实训安排

学时数:课外 2 学时。

（四）实训方法与步骤

1.识读地形图的图外注记。

2.地物识读。

3.地貌识读。

（五）注意事项

1.地形图表现的是测绘时的现状,使用时务必了解其测绘时间,为使图面及时反映地面的新变化,应根据需要组织力量进行修测与补测。应能正确区分地形图的精度类别,即详测图、简测图和草图,根据实际需要选用相应精度的地形图。

2.各种比例尺的地形图所提供的信息详尽程度是不同的,要根据不同的目的来选择。对于总体规划,局(场)址选择区域布置、方案比较,一般都采用 1∶10000 或 1∶5000 等比例尺地形图;详细规划和工程的初步设计可采用 1∶2000 地形图;对于森工企业的详细规划、工程技术和施工设计、工程竣工以及扩建和管理服务等,一般常采用 1∶1000 或 1∶500 地形图。

3.用图前应对图的精度加以评定。一方面可以了解所用地形图的精度情况,心中有数;另一方面可对测量或检查者的结论作一次核对,使所用的图更为可靠。评定时,可根据测量技术总结、成果表和地形图进行审查。对所采用的规范和操作方法、地形图的精度以及地形地物的繁简进行分析评价,核对各项成果是否达到测量委托书的要求,只有在各方面精度满足要求时,才可使用地形图。

4.在使用地形图时,必须根据专业的要求来决定用图比例尺;同时还要考虑该种比例尺地形图能否满足设计负荷量,以确保图面清晰。对于复制图,还要考虑图纸复制产生的变形。

实训报告 3

实训名称:地形图识图

实训日期:＿＿＿＿＿＿ 专业:＿＿＿＿＿ 班级:＿＿＿＿＿ 姓名:＿＿＿＿＿＿

（一）实训记录

以图 6-28 为例。

1. 地形图的图外注记

（1）图号、图名和接图表

图号：_____。

图名：_____。

接图表：_____。（四至关系）

（2）比例尺

图上有_____比例尺，比例尺为_____。

（3）图廓、分度带和坐标格网

图廓有_____图廓和_____图廓之分，西南角坐标为_____。

（4）测图时间、测图方法、坐标系统、高程系统和图式版本

测图时间：_____。

测图方法：_____。

坐标系统：_____。

高程系统：_____。

图式版本：_____。

（5）测绘单位、测量员、绘图员、检查（校核）员

_____

2. 熟悉常用的地物符号及其表示方法，区分比例符号、半比例符号和非比例符号以及这些地物符号和地物注记的含义。地物的核心是居民地，从了解居民地入手，再了解与其相关的道路、河流、电力线、农田等。

写出你能辨别的地物符号种类：_____

_____。

3. 掌握等高线的特性和种类，熟悉典型地貌符号，能看懂整个地区地貌，例如山头、洼地、山脊、山谷、鞍部、峭壁等，以便能看懂整个地区地貌的大致形态。从主要山头、山梁入手，依据等高线识读地势高低起伏状况以及各种地貌的分布。

写出你能辨别的地貌符号种类：_____

_____。

（二）存在的问题

单元小结

地形图是制订工程规划、进行设计的重要依据，同时也是施工和管理中不可或缺的基础资料。本单元首先介绍了地形图的基本知识，然后讲述了大比例尺地形图的测绘方法，并介

绍了全站仪数字测图、地形图的基本应用、面积量算以及地形图在工程建设中的应用。学习本单元应主要掌握以下知识点：

1.地形图比例尺的概念、比例尺的分类及比例尺的精度。

2.地形图的分幅与编号。

3.地物地貌符号。表示地物的符号可分为比例符号、半比例符号、非比例符号和注记符号；在地形图上地貌是用等高线表示的，等高线是地面上高程相等的点连成的闭合曲线。等高线的特性及种类是本单元的重点内容，是进行等高线勾绘的基础和理论依据。

4.测图前的准备工作。进行大比例尺测图前，应做好测图前的准备工作，搜集好资料，准备好测量、绘图、计算等所用的工具，绘制好坐标格网以及展绘控制点等。

5.经纬仪测图法。经纬仪测图法是碎部测量的一种基本方法，其作业步骤为安置仪器、定向、观测、计算等。作业时应注意认真操作，经常检查零方向。

6.地形图的拼接、检查、整饰和验收。图纸测完后要进行拼接、检查、整饰和验收。相邻图幅需要进行严格的拼接，然后进行地形图原图的铅笔整饰，并对成图质量作室内和室外的全面检查，及时修改，经检查符合要求后，应按其质量评定等级予以验收，最终上交控制测量和地形图成果。

7.在传统测图方法的基础上了解全站仪数字测图的基本方法。

8.地形图的基本应用。掌握地形图的基本应用是培养学生综合应用能力的基础，内容包括在地形图上确定点的坐标、高程以及直线的方位角、水平距离和坡度等。

9.在地形图上量算面积。在地形图上量算面积是工程中经常遇到的问题，本单元要求学会用几何图形法、坐标计算法、平行线法、透明方格纸法和电子求积仪法量算面积。将传统方法和先进方法相结合，掌握电子求积仪的使用，能够利用电子求积仪正确量算面积；根据不同的面积形状选择适当的方法。

10.地形图在工程建设中的应用。这是本单元的重点和难点。掌握在地形图上绘制已知方向的断面图的方法以及按限制坡度选择最短线路、确定汇水面积等。绘制断面图时要注意水平方向比例尺与垂直方向比例尺的选择。

11.地形图在平整场地中的应用以及土石方的估算。掌握用方格网法将场地平整为水平面和倾斜平面，并能够进行土石方的估算。

　单元测试

1.何谓地形图？

2.何谓地形图的比例尺？何谓比例尺精度？它对测图和设计用图有什么意义？

3.何谓等高线、等高距、等高线平距？在同一幅地形图上，等高线平距与地面坡度有什么关系？

4.等高线有哪几种？等高线具有哪些特性？

5.试用规定的符号将图 6-47 中的山头、鞍部、山脊和山谷表示出来（山头△，鞍部○，山脊—•—，山谷———）。

6.测图前的准备工作有哪些？

7.试述用经纬仪测绘法测绘地形图的步骤。

图 6-47 地形图(1)

8.根据表 6-7 中的碎部测量记录数据,计算出各碎部点的水平距离和高程。

表 6-7　　　　　　　　　　　　　碎部测量手簿

				测站:A　后视点:B　仪器高 i=1.50 m　指标差 x=0　测站高程 HA=28.34 m				
点号	视距 Kl/m	中丝读数 s/m	竖盘读数 /(° ′)	竖直角 /(° ′)	水平角 /(° ′)	水平距离 D/m	高程 H/m	备注
	28.6	1.50	87 42		26 30			望远镜视线水平
	54.2	1.48	84 54		72 36			时,竖盘读数为
	42.5	1.55	92 48		102 18			90°;向上倾斜时,
								读数减少

9.经纬仪测图时应如何选择碎部点?

10.根据图 6-48 上各碎部点的平面位置和高程,勾绘出等高距为 1 m 的等高线。

11.全站仪数字测图的优点有哪些?

12.用方格网法将场地平整为设计平面的步骤是什么?

13.在图 6-49 所示的 1∶2000 地形图上完成以下工作:

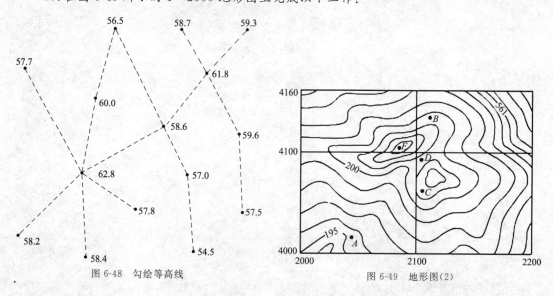

图 6-48　勾绘等高线

图 6-49　地形图(2)

(1)确定 A、C 两点的坐标和高程。

(2)计算 AC 的水平距离和方位角。

(3)绘制 AB 方向的纵断面图。

14.欲在图 6-50(比例尺为 1：2000)所示地形图中的汪家凹村北进行场地平整,其设计要求如下：

(1)平整后要求成为高程为 44 m 的水平面。

(2)平整场地的位置：以 533 导线点为起点,向东 60 m,向北 50 m。

根据设计要求绘出边长为 10 m 的方格网,求出填、挖土石方量。

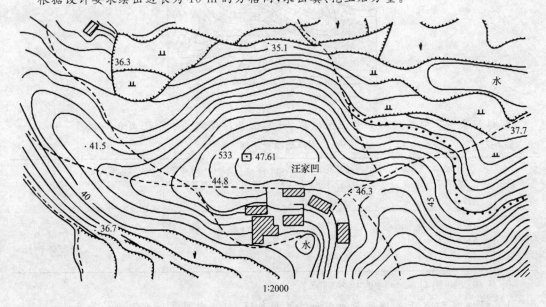

图 6-50   地形图(3)

单元七

建筑工程施工测量

学习目标

掌握施工测量方案的制订方法;了解施工坐标和测量坐标的换算方法;掌握施工控制测量平面控制的形式和高程控制测量的方法;掌握建筑物的定位、放线以及基础施工测量、主体施工测量、高层建筑施工测量、工业厂房控制测设和厂房基础施工测量的方法;能够按要求提供相关资料并进行工作评价。

学习要求

知识要点	技能训练	相关知识
施工测量方案的制订	制订施工测量方案	施工测量方案的制订
建筑场地施工控制测量	施工控制测量平面控制的形式;高程控制测量的方法	施工平面控制网的布设形式;建筑基线的放样;建筑方格网的放样;施工高程控制网的建立
民用建筑施工测量	建筑物的定位、放线;基础施工测量;主体施工测量	建筑物的定位、放线;基础基线的放样;主体施工测量
高层建筑施工测量	内测法、外控法	高层建筑施工测量的特点;高层建筑轴线投测的方法;高层建筑高程传递的方法
工业建筑施工测量	工业厂房控制测设;厂房基础施工测量;厂房构件安装测量	厂房矩形控制网的放样;厂房基础施工测量;厂房构件安装测量
提交资料与工作评价	提交资料;检查验收	提交资料的内容;检查验收制度

单元导入

施工测量是指建筑工程在施工阶段所进行的测量工作。其目的是根据施工的需要,用测量仪器把设计图纸上的建筑物和构筑物的平面位置和高程,按设计要求以一定精度测设(放样)在施工场地上,为后续施工提供依据,并在施工过程中通过一系列测量控制工作来保证工程施工质量。因此,施工测量贯穿整个工程施工过程中。

那么,在建筑工程测设前应做哪些准备工作?如何利用测量仪器根据限定的条件进行定位放线?建筑物基础、墙体施工测量包括哪些项目?各项目又该如何进行测设呢?本单元将会针对这些问题进行详细讲解。

课题一　施工测量方案的制订

一、施工测量概述

地形图的测量工作是以地面控制点为基础,测量出控制点至周围各地形特征点(简称测点)的距离、角度、高差以及测点与测点间的相互位置关系等数据,并按一定的比例将这些测点缩绘到图纸上,绘制成图。

施工测量也以地面控制点为基础,但却是根据图纸上建筑物的设计尺寸,计算出各部分特征点与控制点之间的距离、角度(或方位角)、高差等数据,将建筑物的特征点在实地标定出来,以便施工,这项工作又称放样。施工测量所采用的方法基本上与测图工作所采用的方法相同,所用测量仪器也基本相同。为了避免放样误差的积累,施工测量必须遵循"由整体到局部,先控制后细部"的组织原则。

由于施工测量的目的和内容与测图工作不完全一致,有其自身的特点,因此施工测量的基本方法与测图方法也不完全相同,有其自身的特点和规律。

1. 施工测量的目的和内容

施工测量的目的与一般测图工作相反,它是按照设计和施工的要求将设计的建筑物、构筑物的平面位置在地面上标定出来,作为施工的依据,并在施工过程中进行一系列的测量工作,以衔接和指导各工序之间的施工。

施工测量贯穿于整个施工过程中。从场地平整、建筑物定位、基础施工到建筑物构件的安装等工序,都需要进行施工测量,才能使建筑物和构筑物各部分的尺寸、位置符合设计要求。其主要内容有:

(1)建立施工控制网。

(2)建筑物和构筑物的详细放样。

(3)检查、验收。每道施工工序完工之后,都要通过测量来检查工程各部位的实际位置及高程是否符合设计要求。

(4)变形观测。随着施工的进展,测定建筑物在平面和高程方面产生的位移和沉降,收集整理各种变形资料,以作为鉴定工程质量和验证工程设计、施工是否合理的依据。

2. 施工测量的特点

施工测量与一般测图工作相比具有如下特点:

(1)目的不同。简单地说,测图工作是将地面上的地物、地貌测绘到图纸上,而施工测量是将图纸上设计的建筑物或构筑物放样到实地。

(2)精度要求不同。施工测量的精度要求取决于工程的性质、规模、材料、施工方法等因素。

一般高层建筑物的施工测量精度要求高于低层建筑物的施工测量精度要求;钢结构的施工测量精度要求高于钢筋混凝土结构的施工测量精度要求;装配式建筑物的施工测量精度要求高于非装配式建筑物的施工测量精度要求。

此外,由于建筑物和构筑物的各部位相对位置关系的精度要求较高,因而工程的细部放样精度要求往往高于整体放样精度要求。

(3)施工测量工序与工程施工工序密切相关,某项工序还没有开工,就不能进行该项目的施工测量。测量人员要了解设计的内容、性质以及对测量工作的精度要求,熟悉图纸上的标定数据,了解施工的全过程,并掌握施工现场的变动情况,使施工测量工作能够与工程施工密切配合。

(4)受施工干扰。施工场地上工种多、交叉作业频繁,并要填、挖大量土石方,地面变动很大,又有车辆等机械的振动,因此各种测量标志必须埋设稳固且不易被破坏。常用方法是将这些控制点远离现场。但控制点常直接用于放样且使用频繁,控制点远离现场会给放样带来不便,因此常采用二级布设方式,即设置基准点和工作点。基准点远离现场,工作点布设于现场,当工作点密度不够或现场受到破坏时,可用基准点增设或使其恢复。工作点的密度应尽可能满足一次安置仪器就可放样的要求。

3. 施工测量的原则

为了保证施工能满足设计要求,施工测量与一般测图工作一样,也必须遵循"由整体到局部,先控制后细部"的原则,即先在施工现场建立统一的施工控制网,然后以此为基础,再放样建筑物的细部位置。遵循这一原则可以减少误差积累,保证放样精度,避免因建筑物众多而引起放样工作的紊乱。

此外,施工测量责任重大,稍有差错就会酿成工程事故,给国家造成重大损失,因此必须加强外业和内业的检核工作。检核是测量工作的灵魂。

4. 施工测量的精度

施工测量的精度取决于工程的性质、规模、材料和施工方法等因素。因此,施工测量的精度应由工程设计人员提出的建筑限差或工程施工规范来确定。

建筑限差一般是指工程竣工后的最低精度要求,它应理解为容许误差。设建筑限差为Δ,工程竣工后的中误差M应为建筑限差Δ的一半,即$M=\Delta/2$。

工程竣工后的中误差M由测量中误差m_{10}和施工中误差m_{20}组成,而测量中误差又由控制测量中误差m_{11}和细部放样中误差m_{12}组成,则

$$M^2=m_{11}^2+m_{12}^2+m_{20}^2 \tag{7-1}$$

上述各种误差之间的相互匹配要根据施工现场条件来确定,并以每一项作业工序的难易度和成本比大致相当为准则,即既要保证工程质量,又要节省人力、物力。

一般来说,测量精度要比施工精度高,它们之间的比例关系为

$$m_{10}=\frac{m_{20}}{\sqrt{2}} \tag{7-2}$$

在工业场地上,控制点较密,放样点离控制点较近,因而细部放样的操作比较容易进行,误差也较小。根据这个前提,取两者的比例为

$$m_{11}=\frac{m_{12}}{\sqrt{2}} \tag{7-3}$$

对于桥梁和水利枢纽,放样点一般远离控制点,放样不方便,因而放样误差大。同时考虑到放样工作要及时配合施工,经常在有施工干扰的情况下快速进行,不大可能用增加观测次数的方法来提高精度,而在建立施工控制网时,有足够的时间和有利条件来提高控制网的精度,因此在设计控制网时,应使控制点误差所引起的放样点误差相对于施工放样误差小到可忽略不计的程度,以便为今后的放样工作创造条件。

$$m_{10}=\sqrt{m_{11}^2+m_{12}^2}=m_{12}\sqrt{1+(\frac{m_{11}}{m_{12}})^2}\approx m_{12}(1+\frac{m_{11}^2}{2m_{12}^2})$$

若使 $\dfrac{m_{11}^2}{2m_{12}^2}=0.1$，即控制点误差的影响占测量误差总影响的 10%，即可忽略不计，则

$$m_{11}\approx 0.45m_{12}\approx 0.4m_{10}$$
$$m_{12}\approx 0.9m_{10}$$

综上所述，对于工业场地：

$$m_{11}\approx\frac{\Delta}{6}\approx 0.17\Delta \tag{7-4}$$

$$m_{12}\approx\frac{\sqrt{2}\Delta}{6}\approx 0.24\Delta \tag{7-5}$$

对于桥梁和水利枢纽工程：

$$m_{11}\approx 0.12\Delta \tag{7-6}$$
$$m_{12}\approx 0.26\Delta \tag{7-7}$$

二、施工测量方案的制订

首先熟悉设计图纸，了解设计要求，掌握施工计划和施工进度，然后结合现场地形和控制网布置情况，在满足工程测量规范的建筑物主要技术要求的前提下确定测设方案。测设方案一般包括测设方法、测设步骤、采用的测量工具、精度要求和时间安排等。

例如，按图 7-1 所示的设计要求，拟建的建筑物与现有建筑物平行，两者南墙面平齐，相邻墙面相距 12.00 m，因此可根据现有建筑物进行测设。

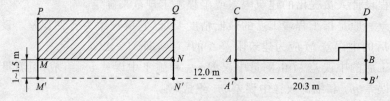

图 7-1   根据现有建筑物测设

▶经验提示

施工阶段测量工作的主要内容有：场地平整测量→建（构）筑物的定位测量→放线测量→基础工程测量→主体砌筑施工测量→构件安装测量→竣工测量→变形观测等。

课题二   建筑施工控制网的测量

技能点 1   施工控制网的布设

在工程建设勘测阶段已建立了测图控制网，但是由于它是为测图而建立的，未考虑施工的要求，因此其控制点的分布、密度、精度都难以满足施工测量的要求。此外，平整场地时控制点大多受到破坏，因此在施工前必须重新建立专门的施工控制网。施工控制网有施工平面控制网和施工高程控制网两种。

一、施工平面控制网的布设

在道路和桥梁工程建设中，施工平面控制网往往布设成三角网或导线网，其测量方法与

测图控制网的测量方法相同,在此不再赘述。在大中型建筑施工场地上,施工平面控制网多由正方形或矩形网格组成,称之为建筑方格网(图 7-2)。在面积不大又不十分复杂的建筑场地上,常常布设一条或几条基线,称之为建筑基线,作为施工控制(图 7-3)。本技能点仅介绍建筑施工场地的控制测量。

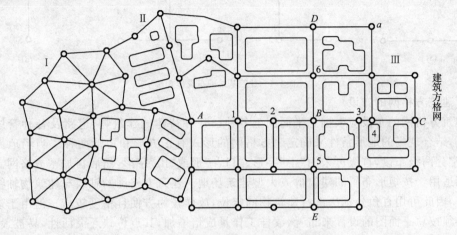

图 7-2 建筑方格网

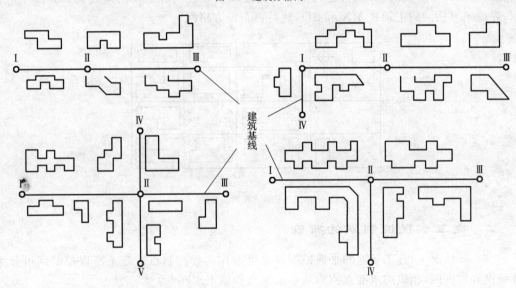

图 7-3 建筑基线

1. 建筑基线的布设

建筑基线是建筑场地的施工控制基准线,即在场地中央放样一条长轴线或若干条与其垂直的短轴线。它适用于建筑设计总平面图布置比较简单的小型建筑场地。

建筑基线的布设形式是根据建筑物的分布、场地地形等因素来确定的。其常见的形式有"一"字形、"L"字形、"十"字形和"T"字形,如图 7-4 所示。

建筑基线的布设要求如下:

(1)主轴线应尽量位于场地中心,并与主要建筑物轴线平行,主轴线的定位点应不少于三个,以便相互检核。

(2)基线点位应选在通视良好且不易被破坏的地方,且要设置成永久性控制点,如设置成混凝土桩或石桩。

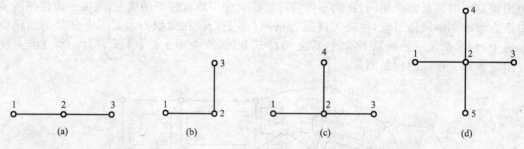

图 7-4　建筑基线的布设形式

2. 建筑方格网的布设

建筑方格网的布设应根据总平面图上各种已建和待建的建筑物、道路及各种管线的布设情况,结合现场的地形条件来确定。方格网的形式有正方形和矩形两种。当场地面积不大时,常分两级布设,首级可采用"十"字形、"口"字形或"田"字形,然后再加密方格网。建筑方格网适用于按矩形布置的建筑群或大型建筑场地。建筑方格网的轴线与建筑物轴线平行或垂直,因此可用直角坐标法进行建筑物的定位,放样较为方便且精度较高。但由于建筑方格网必须按总平面图的设计来布置,放样工作量成倍增加,其点位缺乏灵活性,易被毁坏,所以在全站仪逐步普及的条件下,建筑方格网正逐步被导线网或三角网所代替。如图 7-5 所示,先确定方格网的主轴线 MN 和 CD,然后再布设方格网。

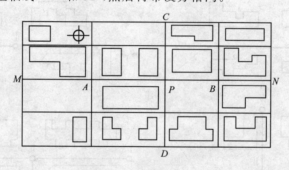

图 7-5　建筑方格网的布设

二、施工高程控制网的布设

在一般情况下,施工场地的平面控制点也可兼作高程控制点。施工高程控制网可分为首级网和加密网,相应的水准点称为基本水准点和施工水准点。

基本水准点应布设在不受施工影响、无振动、便于施测且能永久保存的地方,按四等水准测量要求施测。而对于连续性生产车间、地下管道放样所设立的基本水准点,则需按三等水准测量要求施测。为了便于成果检核和提高测量精度,施工高程控制网应布设成闭合环线、附合路线或结点网形。

技能点 2　施工控制网的测设方法

一、施工平面控制网的放样

1. 建筑基线的放样

根据建筑场地的条件不同,建筑基线的放样方法主要有以下两种:

（1）根据建筑红线或中线放样

建筑红线也就是建筑用地的界定基准线，由城市测绘部门测定，它可作为建筑基线放样的依据。

如图 7-6 所示，AB、AC 是建筑红线，从 A 点沿 AB 方向测量 D_{AP} 定出 P 点，沿 AC 方向测量 D_{AQ} 定出 Q 点。通过 B 点作红线 AB 的垂线，并量取距离 D_{AQ} 得到 2 点，作出标志；通过 C 点作红线 AC 的垂线，并量取距离 D_{AP} 得到 3 点；用细线拉出直线 $P3$ 和 $Q2$，两直线相交于 1 点，作出标志。也可分别安置经纬仪于 P、Q 两点，交会出 1 点，则 1、2、3 点即为建筑基线点。将经纬仪安置在 1 点，检测其是否为直角，不符值应不超过 $\pm 20''$。

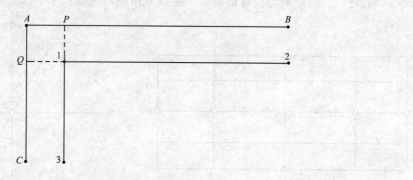

图 7-6　建筑基线用建筑红线放样

（2）利用测量控制点放样

利用建筑基线的设计坐标和附近已有测量控制点的坐标，按照极坐标法计算出放样数据（β 和 D），然后进行放样。

今以"一"字形建筑基线为例，说明利用测量控制点放样建筑基线点的方法。如图 7-7 所示，A、B 为附近已有的测量控制点，1、2、3 为选定的建筑基线点。

首先利用已知坐标反算放样数据 β_1、β_2、β_3 和 D_1、D_2、D_3，然后用经纬仪和钢尺按极坐标法放样 1、2、3 点。由于测量误差不可避免，放样的基线点往往不在同一直线上，且点与点之间的距离与设计值也不完全相符，因此需要精确测出已放样直线的折角 β' 和距离 D'（图 7-8 中 12、23 边的边长 a 和 b），并与设计值相比较。

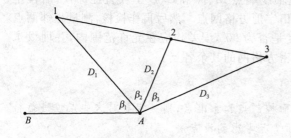

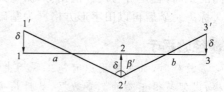

图 7-7　建筑基线用测量控制点放样　　　　图 7-8　建筑基线点的调整

若 $\Delta\beta = \beta' - 180°$ 超限，则应对 $1'$、$2'$、$3'$ 点在横向进行等量调整，如图 7-8 所示。调整量按下式计算：

$$\delta = \frac{ab}{a+b} \cdot \frac{\Delta\beta}{2\rho} \tag{7-8}$$

例如，$a = 100\ \text{m}$，$b = 150\ \text{m}$，$\Delta\beta = -16''$，$\rho = 206265''$，则 $\delta = -0.0023\ \text{m}$，即 $1'$、$3'$ 点向下移动 $0.0023\ \text{m}$，$2'$ 点向上移动 $0.0023\ \text{m}$。

若放样距离超限,如 $\dfrac{\Delta D}{D}=\dfrac{D'-D}{D}=\dfrac{1}{10000}$,则以 $2'$ 点为准,按设计长度在纵向调整 $1'$、$3'$ 点。

2. 建筑方格网的放样

(1)主轴线的放样

主轴线的放样方法与建筑基线的放样方法相似。首先准备放样数据,然后实地放样两条相互垂直的主轴线 MN、CD,如图 7-9 所示。主轴线实质上是由五个主点 O、M、N、C、D 组成。最后精确检测主轴线点的相对位置关系,并与设计值相比较。若角度较差大于 $\pm10''$,则需要横向调整点位(图 7-10),使角度与设计值相符;若距离较差大于 1/15000,则需纵向调整点位,使距离与设计值相符。建筑方格网的主要技术要求见表 7-1。

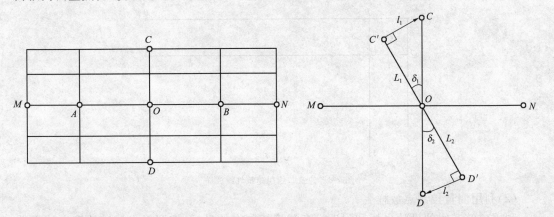

图 7-9　建筑方格网的放样　　　　　图 7-10　主轴线的调整

表 7-1　　　　　　　　　　　　　建筑方格网的主要技术要求

等级	边长/m	测角中误差	边长相对中误差	测角检测限差	边长检测限差
Ⅰ	100～300	5″	1/30000	10″	1/15000
Ⅱ	100～300	8″	1/20000	16″	1/10000

(2)方格网点的放样

如图 7-9 所示,主轴线放样后,分别在主轴线端点 M、N 和 C、D 上安置经纬仪,后视主点 O,向左右分别拨角 $90°$,这样就可交会出田字形方格网点。然后再作检核,测量相邻两点间的距离,看是否与设计值相等,测量其角度是否为 $90°$,误差均应在允许范围内,并埋设永久标志。最后再以田字形方格网为基础,加密方格网的其余各点。

经验提示

放样时,如果使用原有施工现场上的平面控制点和水准点,则一定要对这些点位进行检核,以便获得正确的测量数据,然后根据实际情况考虑测设方法。

二、施工场地高程控制测量

施工水准点用来直接放样建筑物的高程。为了放样方便和减少误差,施工水准点应靠近建筑物,通常可以采用建筑方格网点的标志桩加设圆头钉作为施工水准点。

为了放样方便,在每栋较大的建筑物附近还要布设 ±0.000 水准点(一般以底层建筑物的地坪标高为 ±0.000),其位置多选在较稳定的建筑物墙、柱的侧面,用红油漆绘成上顶为水平线的 ∇ 形,其顶端标为 ±0.000 位置。

技能点3　施工坐标与测量坐标的换算

一般情况下,建筑基线点的设计坐标在施工坐标系中,而已有测量控制点的坐标在测图坐标系中,它们往往不一致,因此在计算放样数据时,应将放样数据统一到同一坐标系中。如图 7-11 所示,设放样点 P 在施工坐标系 AQB 中的坐标为 (A_P, B_P),在测图坐标系(或大地坐标系)中的坐标为 (x_P, y_P)。将 P 点的施工坐标转化为测图坐标的换算公式为

$$\begin{cases} x_P = x_Q + A_P\cos\alpha - B_P\sin\alpha \\ y_P = y_Q + A_P\sin\alpha - B_P\cos\alpha \end{cases} \quad (7\text{-}9)$$

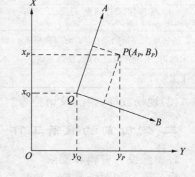

将 P 点的测图坐标转化为施工坐标的换算公式为

图 7-11　施工坐标系与测图坐标系的关系

$$\begin{cases} A_P = (x_P - x_Q)\cos\alpha + (y_P - y_Q)\sin\alpha \\ B_P = -(x_P - x_Q)\sin\alpha + (y_P - y_Q)\cos\alpha \end{cases} \quad (7\text{-}10)$$

式中,α 为两坐标系之间的夹角。

经验提示

实际工作中,坐标的换算可以用坐标转换软件或在 AutoCAD 上进行,提高工作效率。

课题三　民用建筑施工放线测量

技能点1　民用建筑的定位

一、民用建筑的定位要求

住宅楼、商店、学校、医院、食堂、办公楼、水塔等建筑物都属于民用建筑。民用建筑分为单层、低层(2~3 层)、多层(4~8 层)和高层(9 层以上)。由于建筑物类型不同,其放样方法和精度也有所不同,但总的放样过程基本相同,即建筑物定位、放线、基础工程施工测量、墙体工程施工测量等。在建筑场地完成了施工控制测量工作后,就可按照施工的各个工序开展施工放样工作,将建筑物的位置、基础、墙、柱、门、窗、楼板、顶盖等基本结构放样出来,设置标志,作为施工的依据。建筑场地施工放样的主要过程如下:

(1)准备资料,如总平面图以及建筑物的设计与说明等。

(2)熟悉资料,结合场地情况制订放样方案,并满足工程测量技术规范(表 7-2)。

表 7-2　　　　　　　　建筑物施工放样的主要技术要求

建筑物的结构特征	测距时的相对中误差	测角中误差/(″)	测站高差中误差/mm	施工水平面高程中误差/mm	竖向传递轴线点中误差/mm
钢结构、装配式混凝土结构、建筑物高度 100~120 m 或跨度 30~36 m	1/20000	5	1	6	4
15 层房屋或建筑物高度 60~100 m 或跨度 18~30 m	1/10000	10	2	5	3

（续表）

建筑物的结构特征	测距时的相对中误差	测角中误差/(")	测站高差中误差/mm	施工水平面高程中误差/mm	竖向传递轴线点中误差/mm
5～15 层房屋或建筑物高度 15～60 m 或跨度6～18 m	1/5000	20	2.5	4	2.5
5 层房屋或建筑物高度 15 m 或跨度 6 m 以下	1/3000	30	3	3	2
木结构、工业管线或公路、铁路专线	1/2000	30	5	—	—
土工竖向整平	1/1000	45	10	—	—

（3）现场放样、检测及调整等。

二、定位前的准备工作

1. 熟悉设计资料和图纸

设计资料和图纸是施工放样的依据，在放样前应熟悉设计资料和图纸。根据建筑总平面图了解施工建筑物与地面控制点及相邻地物的关系，从而确定放样平面位置的方案，即定位，如图 7-12 所示。

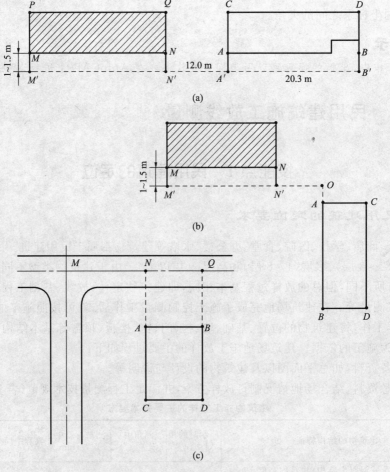

图 7-12　建筑物的定位

从建筑平面图中（包括底层平面及楼层，如图 7-13 所示）查取建筑物的总尺寸和内部各定位轴线之间的关系尺寸，这是放样的基础资料。

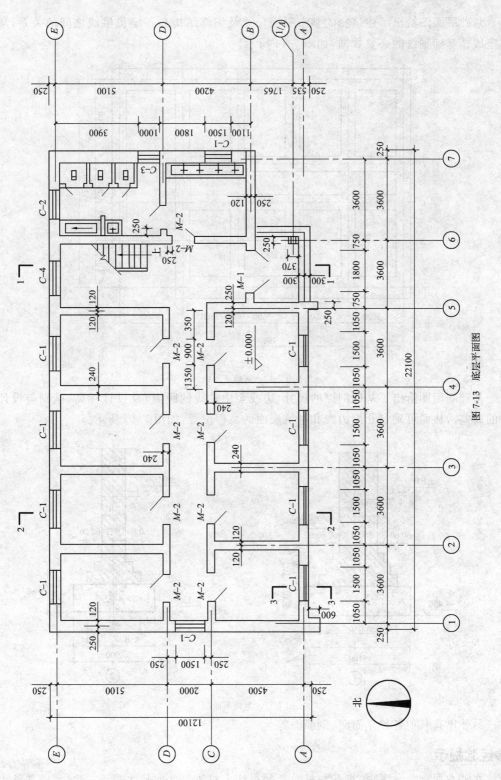

图 7-13 底层平面图

基础平面图给出了建筑物的整个平面尺寸及细部结构与各定位轴线之间的关系,从而确定放样基础轴线的必要数据,如图 7-14 所示。

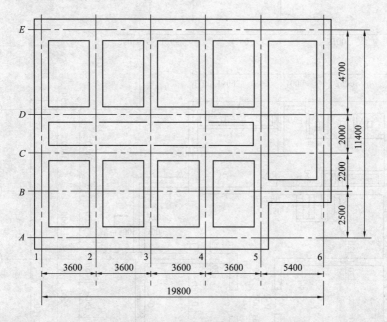

图 7-14　基础平面图

基础剖面图给出了基础剖面的尺寸(边线至中轴线的距离)及设计标高(基础与设计地坪的高差),从而可确定开挖边线和基坑底面的高程位置,如图 7-15 所示。

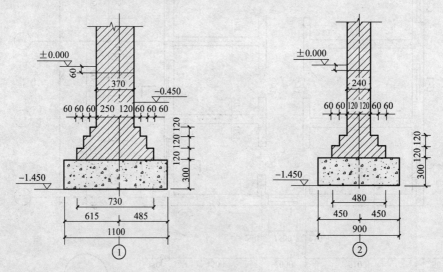

图 7-15　基础剖面图

另外还有其他各种立面图、剖面图等。

经验提示

在熟悉图纸的过程中,应仔细核对各种图纸上相同部位的尺寸是否一致,同一图纸上总尺寸与各有关部位尺寸之和是否一致,以免发生错误。

2. 现场踏勘

现场踏勘的目的是了解现场的地物、地貌和控制点分布情况，并调查与施工测量有关的问题。

3. 拟定放样计划和绘制放样草图

放样计划包括放样数据和所用仪器、工具的准备。一般应根据放样精度要求选择相应等级的仪器和工具。在放样前，应对所用仪器、工具进行严格的检验和校正，然后根据设计图纸和计算的放样数据绘制放样草图。

三、建筑定位

建筑定位就是建筑物外廓各轴线交点(简称角桩，如图 7-12(a)中的 A、B、C、D 点)放样到地面上，以作为放样基础和细部的依据。

放样定位点的方法很多，有极坐标法、直角坐标法等，除了前面介绍的根据控制点、建筑基线、建筑方格网放样外，还可根据已有建筑物放样。

如图 7-12(a)所示，$MNQP$ 为已有建筑物，$ABDC$ 为待建建筑物(8 层、6 跨)。建筑物定位点 A、B、C、D 的放样步骤如下：

(1)用钢卷尺紧贴于 1 号楼外墙 MP、NQ 边各量出 1.5 m(距离大小根据实地地形而定，一般为 1～4 m)，得 M'、N' 两点，打入木桩，桩顶钉上铁钉标志，以下类同。

(2)将经纬仪安置在 M' 点，瞄准 N' 点，并从 N' 点沿 $M'N'$ 方向量出 12.250 m，得 A' 点，再继续量 19.800 m，得 B' 点。

(3)将经纬仪安置在 A' 点，瞄准 B' 点，水平度盘读数配置到 $0°00'00''$，顺时针转动照准部，当水平度盘读数为 $90°00'00''$ 时，锁定此方向，并按距离放样法沿该方向用钢尺量出 1.75 m，得 A 点，再继续量出 11.600 m，得 C 点。

(4)将经纬仪安置在 B' 点，同法测出 B、D，则 A、B、C、D 四点为待建建筑物外墙轴线交点。检测各桩点间的距离，与设计值相比较，其相对误差不超过 1/2500。用经纬仪检测四个拐角是否为直角，其误差不超过 $40''$。

注：图上数据一般均以墙体中线为边界线进行标注，上述所有数据均加入了墙体厚度。

技能点 2　建筑物细部放线

建筑物细部放线就是根据已定位的外墙轴线交点桩放样建筑物其他轴线的交点桩(简称中心桩)，如图 7-16 中 $A2$($A-A$、$2-2$ 轴线的交点，以下同)、$A3$、$A4$、$A5$、$B5$、$B6$ 等各点为中心桩。其放样方法与角桩点相似，即以角桩为基础，用经纬仪和钢尺放样。

基槽开挖后，角桩和中心桩将被挖掉，为了便于在施工中恢复各轴线位置，应将各轴线延长到基槽外的安全地方，并做好标志。其方法有设置轴线控制桩和龙门框两种。

龙门框法适用于一般砖石结构的小型民用建筑物。在建筑物四角与隔墙两端基槽开挖边界线以外约 2 m 处打下大木桩，使各桩连线平行于墙基轴线，用水准仪将 ±0.000 的高程位置放样到每个龙门桩上。然后以龙门桩为依据，用木料或粗约 5 cm 的长铁管搭设龙门框，使框的上边缘高程正好为 ±0.000。若现场条件受限制，也可比 ±0.000 高或低一个整数高程。安置仪器于各角桩、中心桩上，用延长线法将轴线引测到龙门框上，做出标志，图 7-16 中的 A、B、……、E 及 1、2、……、6 为建筑物各轴线延长至龙门框上的标志点。也可用拉细线的方法将角桩、中心桩延长至龙门框上，具体方法是用垂球对准桩点，然后沿两垂球线拉紧细绳，把轴线标定在龙门框上。

轴线控制桩设置在基槽外基础轴线的延长线上，建立半永久性标志(多数为混凝土包裹

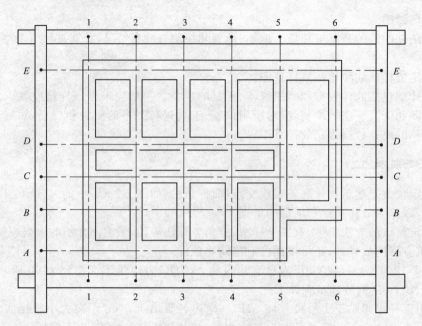

图 7-16　建筑物细部放线交点桩

木桩），如图 7-17 所示，作为开挖基槽后恢复轴线位置的依据。

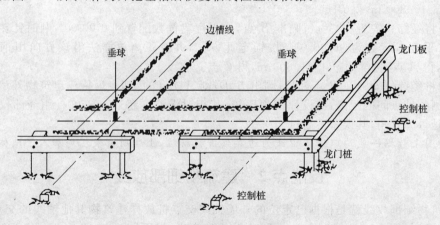

图 7-17　轴线控制桩与龙门桩

为了确保轴线控制桩的精度，通常是先直接放样轴线控制桩，然后根据轴线控制网放样角桩。如果附近有已建的建筑物，也可将轴线投测到建筑物的墙上。

角桩和中心桩被引测到安全地点之后，用细绳来标定开挖边界线，并沿此线撒下白灰线，施工时按此线进行开挖。

经验提示

龙门框法占用施工场地，影响交通，对施工干扰很大，一经碰动，必须及时校核纠正，且需要木材较多，钉设也比较麻烦，现已很少使用。

技能点 3　建筑物基础工程施工测量

开挖边线标定之后，就可进行基槽开挖。如果超挖基底，就不能以土回填，因此必须控制好基槽的开挖深度。

如图 7-18 所示,在即将挖到槽底设计标高时,用水准仪在基槽壁上设置一些水平桩,使水平桩表面离槽底设计标高为整分米数,用以控制开挖基槽的深度。各水平桩间距为 3～5 m,在转角处必须再加设一个,以此作为修平槽底和打垫层的依据。水平桩放样的允许误差为 ±10 mm。

打好垫层后,先将基础轴线投射到垫层上,如图 7-19 所示,再按照基础设计宽度定出基础边线,并弹墨标明。

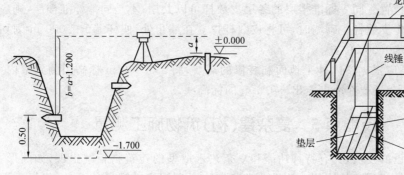

图 7-18 水平桩的测设   图 7-19 基础轴线的投测

经验提示

● 基础施工完毕后,必须进行必要的复测工作,检查基础施工的精度是否符合规范要求,以便指导后续工作的顺利进行。

● 基础的深度不得超挖,当基槽挖到离槽底 0.3～0.5 m 时,必须用高程放样的方法在槽壁上钉水平控制桩以控制开挖深度。

技能点 4 建筑物墙体施工测量

在垫层之上,±0.000 m 以下的砖墙称为基础墙。基础的高度利用基础皮数杆来控制。基础皮数杆是一根木制的杆子,如图 7-20 所示。

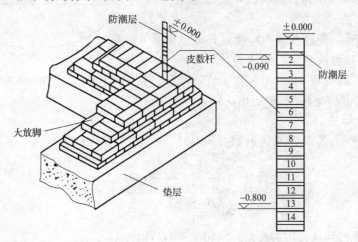

图 7-20 基础皮数杆

在皮数杆上预先按照设计尺寸将砖、灰缝厚度画出线条,标明±0.000 m、防潮层等标高位置。立皮数杆时,把皮数杆固定在某一空间位置上,使皮数杆上的标高名副其实,即使皮数杆上的±0.000 m 位置与±0.000 桩上标定的位置对齐,以此作为基础墙的施工依据。基础和墙体顶面标高的容许误差为±15 mm。

±0.000 m 以上的墙体称为主体墙。主体墙的标高利用墙身皮数杆来控制。墙身皮数杆根据设计尺寸,按砖、灰缝从底部往上依次标明±0.000、门、窗、过梁、楼板预留孔等以及其他各种构件的位置。同一标准楼层的各层皮数杆可以共用;不是同一标准楼层,则应根据具体情况分别制作皮数杆。砌墙时,可将皮数杆撑立在墙角处,使杆端±0.000 m 刻划线对准基础端标定的±0.000 位置。

砌墙之后,还应根据室内抄平地面和装修的需要,将±0.000 m 标高引测到室内,在墙上弹墨线标明,同时还要在墙上定出+0.5 m 的标高线。

技能点 5　复杂建(构)筑物施工测量

随着城市建设的发展,具有特种功能和复杂艺术造型的建筑物相继出现,如圆形、椭圆形、双曲线形、抛物线形建筑物等。放样这类建筑物要利用施工现场的条件,依据平面曲线的数学表达式来确定放样方案。一般方法是先放样建筑物主轴线,再根据主轴线放样细部。下面以椭圆为例介绍这类建筑物的放样方法。

1. 直接拉线法

椭圆的几何特性是曲线上任意一点到两焦点的距离之和为定值,因此两焦点是放样椭圆的两个主点。

如图 7-21 所示,先在实地放样椭圆焦点 F_1、F_2 的位置,然后将一长为 $2A$(A 为椭圆长半径)的细钢丝两端固定在 F_1、F_2 点,用铁钎套住钢丝并拉紧移动,在地面上画线,并在地面上按一定密度设置标志。

此法适用于场地平坦、规模较小的椭圆。

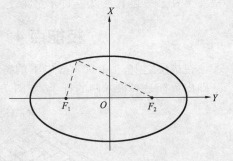

图 7-21　直接拉线法椭圆放样

2. 直角坐标法

如图 7-22 所示,通过椭圆中心建立直角坐标系,椭圆的长、短轴即为该坐标系的 X、Y 轴。将 $x=0$,$1,2,\cdots,n$ 代入椭圆方程,求出相应的 y 值,将结果列表。放样时根据点的坐标(x,y)定出椭圆上的点。

3. 中心极坐标法

如图 7-23 所示,若以 X 轴为起始方向,每间隔一定的 θ 角计算椭圆上放样点到椭圆中心的距离为

$$D=\sqrt{\dfrac{1}{(\dfrac{\cos\alpha}{a})^2+(\dfrac{\sin\alpha}{b})^2}} \tag{7-11}$$

式中,α 为起始方向到放样边的夹角,$\alpha=k\theta(k=0,1,2,\cdots)$。

放样时,以中心点为测站点,以计算距离 D 为极距,每间隔 θ 角拨角放样一点,以此方法放样出全部椭圆。

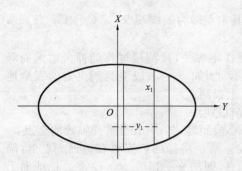

图 7-22 直角坐标法椭圆放样

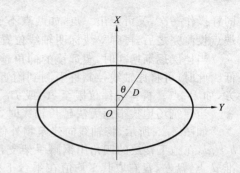

图 7-23 中心极坐标法椭圆放样

课题四 高层建筑的施工测量

技能点 1 高层建筑施工测量的实施步骤

高层建筑的特点是层数多、高度大,尤其是在繁华地区的建筑群中施工时,场地十分狭窄,而且高空风力大,给施工放样带来较大困难。在施工过程中,对建筑物各部位的水平位置、垂直度、标高等精度要求十分严格。高层建筑的施工方法很多,目前较常用的有两种:一种是滑模施工,即分层滑升逐层现浇楼板的方法;另一种是预制构件装配式施工。国家建筑施工规范中对上述高层建筑结构的施工质量标准规定见表 7-3。

表 7-3   高层建筑施工质量标准

高层施工方法	竖向偏差限值/mm		高程偏差限值/mm	
	各层	总累计	各层	总累计
滑模施工	5	$H/1000$(最大 50)	10	50
装配式施工	5	20	5	30

高层建筑的施工测量主要包括基础定位、建网、轴线点投测和高程传递等工作。基础定位及建网的放样工作前面已讲述,不再重复。高层建筑施工放样的主要问题是轴线投测时控制竖向传递轴线点的中误差(参见表 7-3)和层高误差,也就是各轴线如何精确地向上引测的问题。

1. 轴线点投测

低层建筑物轴线点投测通常采用吊垂法,即从楼边缘吊下 $5\sim8$ kg 重的垂球,使之对准基础上所标定的轴线位置,垂线在楼边缘的位置即为楼层轴线点的位置,并画出标志线。这种方法简单易行,一般能保证工程质量。

高层建筑物轴线投测一般采用经纬仪引桩投测法(外控法)或激光铅垂仪投测法(内控法)。本节主要介绍经纬仪引桩投测法。

先在离建筑物较远处(建筑物高度的 1.5 倍以上)建立轴线控制桩,如图 7-24 所示的 A、B 位置。然后在相互垂直的两条轴线控制桩上安置

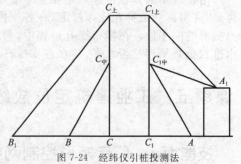

图 7-24 经纬仪引桩投测法

经纬仪,盘左照准轴线标志,固定照准部,仰倾望远镜,照准楼边或柱边标定一点。再用盘右

同样操作一次,又可定出一点,如两点不重合,则取其中点即为轴线端点,如 $C_{1中}$、$C_中$ 点。两端点投测完之后,再弹墨线标明轴线位置。

当楼层逐渐增高时,望远镜的仰角越来越大,操作不方便,投测精度将随仰角增大而降低。此时,可将原轴线控制桩引测到附近大楼的屋顶上,如 A_1 点;或引测到更远的安全地方,如 B_1 点。再将经纬仪搬至 A_1 或 B_1 点,继续向上投测。

当建筑场地狭窄而无法延长轴线时,可采用侧向借线法。

如图 7-25 所示,将轴线向建筑物外侧平移出一小段距离,如 1 m,得平移轴线的交点 a、b、c、d,在施工楼层的四角用钢脚手架支出操作平台。然后将经纬仪安置在地面 c 点上,瞄准 d 点,盘左、盘右取其平均值在平台上交会出 d_1 点,同法交会出 a_1、b_1、c_1 点。把地面上 a、b、c、d 四点引测到平台上,以 a_1—b_1、b_1—d_1、d_1—c_1、c_1—a_1 为准,向内量出 1 m,即可得到该楼层面的轴线位置。

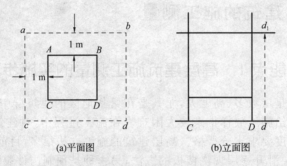

(a)平面图　　　　　　　(b)立面图

图 7-25　侧向借线法

2. 高程传递

高程传递就是从底层 ±0.000 m 标高点沿建筑物外墙、边柱或电梯间等用钢尺向上量取。一幢高层建筑物至少要由三个底层标高点向上传递。由下层传递上来的同一层的几个标高点必须用水准仪进行检核,看其是否在同一水平面上,误差不得超过 ±3 mm。

对于装配式建筑物,底层墙板吊装前要在墙板两侧边线内铺设一些水泥砂浆,利用水准仪按设计高程抄平其面层。在墙板吊装就绪后,应检查各开间的墙间距,并利用吊垂球的方法检查墙板的垂直度,合格后再固定墙的位置,用水准仪在墙板上放样标高控制线,一般为整数值。然后进行墙抄平层施工,抄平层是用 1∶25 水泥砂浆或细石混凝土在墙上、柱顶面抹成的。抄平层放样是利用靠尺,将尺子下端对准墙板上弹出的标高控制线,其上端即为楼板底面的标高,用水泥砂浆抹平凝结后即可吊装楼板。抄平层的高程误差不得超过 ±5 mm。

技能点 2　滑模施工中的测量工作

滑模施工的高程传递是先在底层墙面上放样出标高线,再沿墙面用钢尺向上垂直量取标高,并将标高放样在支撑杆上,在各支撑杆上每隔 20 cm 标注一分划线,以便控制各支撑点提升的同步性。在模架提升过程中,为了确保操作平台水平,要求在每层提升间歇用两台水准仪检查平台是否水平,并在各支撑杆上设置抄平标高线。

课题五　工业建筑定位放线测量

技能点 1　厂房矩形控制网放样方案的制订及测设数据的计算

工业建筑以厂房为主体,一般工业厂房大多采用预制构件在现场装配的方法施工。厂房的预制构件有柱子(也有现场浇注的)、吊车梁、吊车车轨和屋架等,因此,工业建筑施工测量的工作主要是保证这些预制构件安装到位。其主要工作包括厂房矩形控制网放样、厂房柱列轴线放样、基础施工放样、厂房预制构件安装放样等。

对于一般中小型工业厂房,在其基础的开挖线以外约 4 m 处测设一个与厂房轴线平行的矩形控制网,即可满足放样的需要。对于大型厂房或设备基础复杂的工业厂房,为了使厂房各部分精度一致,需先测设主轴线,然后根据主轴线测设矩形控制网。对于小型厂房,也可采用民用建筑定位的方法进行测设。

厂房矩形控制网的放样方案是根据厂区平面图、厂区控制网和现场地形情况等资料制定的,主要内容包括确定主轴线、矩形控制网、距离指标桩的点位及其测设方法和精度要求等。在确定主轴线点及矩形控制网的位置时,必须保证控制点能长期保存,因此要避开地上和地下管线,并与建筑物基础开挖边线保持 1.5~4 m 的距离。距离指标桩的间距一般等于柱子间距的整数倍,但不超过所用钢尺的长度。矩形控制网可根据厂区建筑方格网用直角坐标法进行放样。

根据设计总平面图和施工平面图,按一定的比例绘制施工放样略图。图上标注厂房矩形控制网点相对于建筑方格网点的平面尺寸。

认真核对控制点点位及有关数据,计算相关放样数据,绘制放样草图,进行现场踏勘,拟定施工放样计划,并对测量仪器进行检验和校正。

技能点 2 厂房矩形控制网的测设

厂房与一般民用建筑相比,其柱子多、轴线多,且施工精度要求高,因而对于每幢厂房,还应在建筑方格网的基础上再建立满足厂房特殊精度要求的厂房矩形控制网,作为厂房施工的基本控制。图 7-26 表示出了建筑方格网、厂房矩形控制网和厂房的相互位置关系。

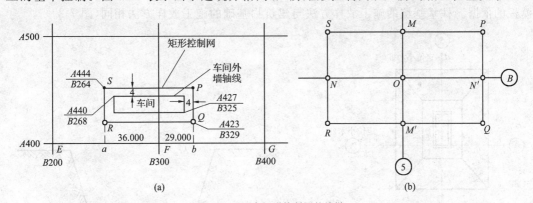

(a) (b)

图 7-26 厂房矩形控制网的放样

厂房矩形控制网是依据已有建筑方格网按直角坐标法来建立的,其边长误差应小于 1/10000,各角度误差小于 ±10″。

技能点 3 厂房外轮廓线和柱列轴线的测设

厂房矩形控制网建好之后,再根据各柱列轴线间的距离,在矩形边上用钢尺定出柱列轴线的位置(图 7-27)并做好标志。

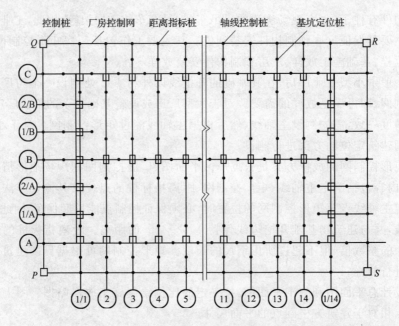

图 7-27 厂房柱列轴线的放样

其放样方法是:在矩形控制桩上安置经纬仪,如在端点 P 安置经纬仪,照准另一端点 S,确定此方向线,根据设计距离严格放样轴线控制桩。依次放样全部轴线控制桩,并逐桩检测。

技能点 4　厂房基础的施工测量

柱列轴线确定之后,在两条互相垂直的轴线上各安置一台经纬仪,沿轴线方向交会出柱基的位置。然后在柱基基坑外的两条轴线上打入四个定位小桩(图 7-28),作为修坑和竖立模板的依据。柱基基坑的施工放样方法与建筑物基础的施工放样方法相同(图 7-29)。

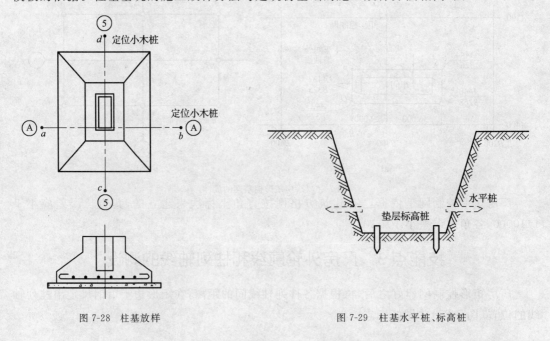

图 7-28　柱基放样　　　　　　　　　　　　图 7-29　柱基水平桩、标高桩

技能点 5　厂房预制构件的安装测量

装配式单层工业厂房的主要预制构件有柱子、吊车梁、屋架等。在安装这些构件时,必须使用测量仪器进行严格的检测和校正,才能正确安装到位,即它们的位置和高程必须与设计要求相符。柱子、桁架或梁的安装测量容许误差见表 7-4。

表 7-4　　　　　　　　　厂房预制构件的安装测量容许误差

项　目		容许误差/mm
杯形基础	中心线对轴线的偏移	10
	杯底安装标高	+0,−10
柱	中心线对轴线的偏移	5
	上下柱接口中心线的偏移	3
	垂直度　≤5 m	5
	垂直度　>5 m	10
	垂直度　≥10 m(多节柱)	1/1000 柱高,且不大于 20
	牛腿面和柱高　≤5 m	+0,−5
	牛腿面和柱高　>5 m	+0,−8
梁或吊车梁	中心线对轴线的偏移	5
	梁上表面标高	+0,−5

厂房预制构件的安装测量所用仪器主要是经纬仪和水准仪等常规测量仪器,所采用的安装测量方法大同小异,仪器操作基本相同,最常用的是柱子的吊装测量。

技能点 6　钢结构工程中的施工测量

高层钢结构建筑的出现带来了施工测量技术的革新,其施工过程中的安装测量与精度监控是一门复杂而严格的技术,而且需要其他工种的相互配合和协作,并随安装工艺流程的变更及时地变化作业方法和手段。它与传统建筑结构的施工测量相比具有以下特点:

(1)施工测量的作业环境比较特殊,需配备专用卡具、夹具。

(2)钢结构安装精度要求高,控制误差一般以毫米计,测量工作量大,对于每一根钢柱都需全程跟踪监测。

(3)钢结构对外界环境的影响比较敏感,应综合考虑阳光、季节等因素的影响。

1. 测量放线工作的流程

测量放线工作的流程如图 7-30 所示。

2. 地脚螺栓的预埋定位测量

地脚螺栓的预埋方法一般有一次浇注法和预留坑位二次浇注法两种。前一种方法要求测量工作人员先布置高精度的方格网,并把各柱中心轴线引测到四周的适当高度,一般超过底板厚度 10 cm 左右;后一种方法可待底板浇注完成初凝后再重新引测平面控制网及柱中心轴线到各预留坑位的四周。两种方法各有优劣:前者一次浇注,防渗漏效果好,但是地脚螺栓定位后容易在浇注混凝土过程中产生位移,螺栓定位精度低;后者地脚螺栓定位精度高,但二次浇注若处理不当,容易产生渗漏。

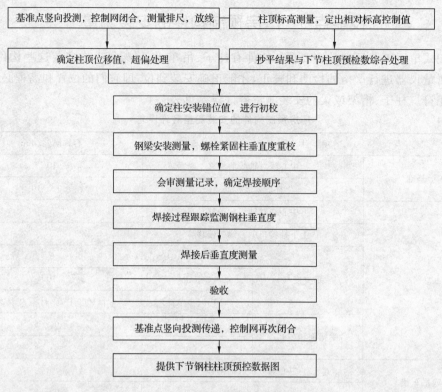

图 7-30　测量放线工作的流程

3. 钢柱轴线位置的标定

不论是核心筒的钢柱还是外框架的钢柱,都必须在吊装前标定每一钢柱的几何中心,吊装后标定其轴线的准确位置(钢针刻划),作为测控该节钢柱垂直度的依据。

4. 柱顶放线

利用投测点,运用全站仪或 DJ$_2$ 经纬仪进行排尺放线。柱顶轴线放样应在钢柱柱头的四个面表示出来,既方便施工中监测,又便于推算钢柱的扭转值。

5. 安装监测

钢结构安装精度的控制以钢柱为主。钢柱在自由状态校正时,垂直度偏差应校正到 0。钢梁安装时还应监测钢柱垂直度的变化,单节柱的垂直度偏差应小于 $H/1000$,且不大于 10 mm。在监控时应预留梁柱节点焊接收缩量,以免焊后钢柱垂直度因焊接变形而超标。垂直度超标有两种原因:一是钢梁制作尺寸有问题;二是放线有误差,应针对不同情况进行处理。梁柱节点焊接收缩量视钢梁翼缘板厚而定,一般为 $1 \sim 2$ mm。同样,钢柱标高控制时也应预留焊接收缩量。在钢梁安装中,水平度应不大于梁长的 1/1000 并且不得大于 10 mm。在同一节构件所有节点高强螺栓初拧完之后,应对所有钢柱的垂直度再次进行测量。所有节点焊接完后做最终测量,测量数据形成交工记录。

6. 钢柱焊接过程中的跟踪测量

在每一节钢柱吊装就位以后,通过初校使单节柱垂直度达到要求,同时尽可能使整体垂直度偏小,然后进行焊接。在焊接过程中,钢柱的垂直度必然会发生变化,这时需要采用经纬仪进行跟踪来测定其变化情况,并以此指导焊接。

技能点 7 激光技术在施工测量中的应用

随着建筑业的发展,工程规模日益扩大,建筑物的高度不断增加,施工机械化和自动化程度迅速提高,对测量工作提出了更高的要求,因此,传统的经纬仪和水准仪等测量仪器已不能完全适应施工的需要。目前,我国已研制出多种激光测量仪器,并广泛地应用在各种施工测量中。

激光测量仪器的优点是:可减轻劳动强度,保证工程质量,加快工程进度,同时还为作业机具自动化创造条件。

一、激光水准仪及其应用

激光水准仪用来将氦-氖激光器发出的激光导入水准仪的望远镜筒内,使视准轴方向射出一束可见的红色激光。图 7-31 所示为一种国产激光水准仪,该仪器的技术性能及观测操作与 DS$_3$ 型微倾水准仪相同。激光水准仪主要用于隧道、建筑施工以及室内装修等。

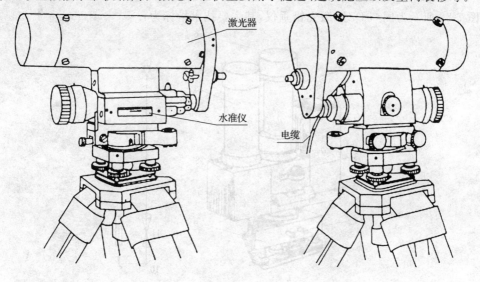

图 7-31 激光水准仪

如图 7-32 所示,在掘进机自动化隧道工程施工中,用激光水准仪进行动态导向,监测掘进机的掘进方向。

首先,将仪器安置在工作坑内,按设计要求调整好激光的方向和坡度,以此作为导向基准;然后,再调整光电接收靶的中心与激光中心重合。当掘进机头前进方向发生偏移时,光电接收靶发出偏移信号,并通过自动控制和液压纠偏装置自动纠偏,使机头沿激光束方向继续掘进。

二、激光铅垂仪及其应用

激光铅垂仪又称激光垂准仪,是利用一条与视准轴重合的可见激光产生一条向上的铅垂线,用于竖向照直,测量相对于铅垂线的微小偏差以及进行铅垂线的定位传递。激光铅垂仪广泛用于高层建筑、高塔、烟囱、电梯、大型机械设备的施工安装、工程监理和变形测量。

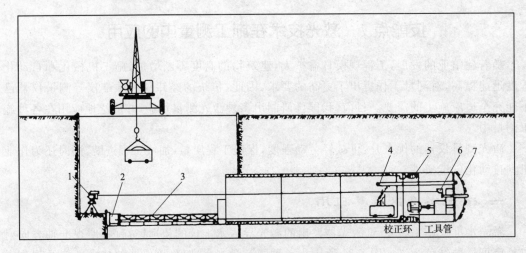

图 7-32　激光水准仪用于隧道施工

1—激光水准仪;2—顶进千斤顶;3—顶铁;4—输土机;5—校正千斤顶;6—光电接收靶;7—掘进机头

图 7-33 所示为国产 DZJ₃ 激光铅垂仪,其主要技术指标为:

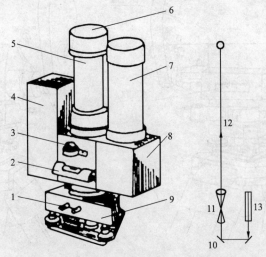

图 7-33　DZJ₃ 激光铅垂仪

1—电源接头;2—管水准器;3—圆水准器;4—电源箱;5—望远镜;6—物镜;7—激光管;
8—激光反射镜组;9—基座;10—反射镜;11—望远镜;12—环形接收靶;13—激光器

(1)一测回垂准测量标准偏差为 1/40000;

(2)视准轴与竖轴的同轴误差小于 5″;

(3)激光光轴与视准轴的同轴误差小于 5″。

在高层建筑施工中,采用激光铅垂仪向上投测地面控制点。首先,将激光铅垂仪安置在地面控制点上,进行严格对中、整平,接通激光电源,打开激光器,即可发射竖直激光基准线,在楼板的预留孔上放置绘有坐标格网的接收靶,激光光斑所指示的位置即为地面控制点的竖直投影位置。

三、激光扫平仪及其应用

激光扫平仪也称激光平面仪,是一种平面定位仪器。仪器一经设置好,就无须人员继续操作,可在 $0°\sim360°$ 范围内水平、垂直扫描,提供一个可见的激光水平面或竖直面,以此作为施工的基准,免除了繁琐的设置标桩等测量工作。激光扫平仪适用于室内建筑装潢工程。

图 7-34 所示为 SJ₃ 激光扫平仪。

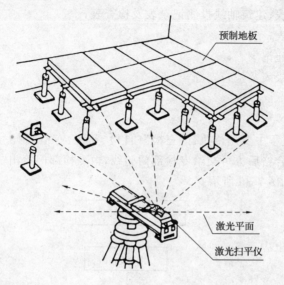

图 7-34　SJ₃ 激光扫平仪

为了保证地板或天花板等施工对象的平整度,可在靠近地板或天花板处安置激光扫平仪。施工中,各作业人员均可随时用轻便的测尺观察光迹是否与测尺上的设计分划线重合。若不重合,则以光迹为基准及时进行调整,以保证施工对象在同一水平面上。图 7-35 所示为用激光扫平仪检测护墙装饰板水平线、室内吊顶龙骨架和天花板平整度以及室内地坪的水平度。

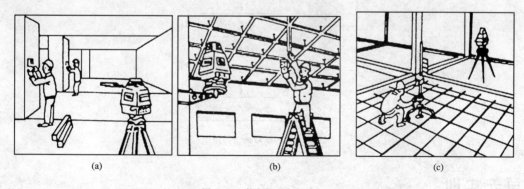

图 7-35　激光扫平仪的应用

课题六　提交资料与工作评价

一、提交资料

正常情况下,每完成一步施工测量工作,就应该汇总相应的资料,向监理或甲方报验,监理或甲方验收认可并签字后,方可进行下一步施工。

技术资料、记录要齐全、完整,使每一项测量工作都可追溯。

施工测量资料包括:

(1)交桩记录表、基础及基础定位轴线的测设记录表;

(2)地基验槽记录表、建筑轴线投测记录表及检查表;

(3)细部弹线记录表;

(4)建筑物高程传递记录表;

(5)垂直度检测记录表及检查表等。

二、工作评价

在测量放线作业过程中要严格执行"三检"(自检、互检、专检)制。自检时必须换人,用不同的方法检查,检查合格后方可交给专检部门验线,由专检部门给出"合格"或"不合格"的结论。质量检验程序如图 7-36 所示。

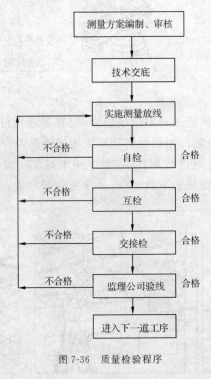

图 7-36　质量检验程序

单元实训

建筑基线的测设

(一)实训目的

1.培养学生读图、用图的能力,能在地形图上进行设计。

2.掌握施工放样的几种基本方法。

3.学会对放样结果进行误差分析和精度评定。

（二）实训内容

1.在已有的地形图上设计一条建筑基线。

2.在图上读取该基线起、终点坐标,设计、选择放样方法。

3.根据已知控制点和设计点数据,按设计方案计算放样数据。

4.放样该基线的平面位置和高程。

5.对放样结果进行误差分析,评定放样结果的精度。

（三）实训安排

1.学时数:课内 2 学时;每小组 4～5 人。

2.仪器:经纬仪、水准尺、全站仪、反光镜、花杆、钢尺、温度计、弹簧秤、铁锤、木桩、记录板、小铁钉若干等。

3.场地:30 m×30 m 的较平整场地。

（四）实训方法与步骤

1.在图上设计基线位置

(1)在已有图纸上根据控制点位置和建筑物轴线位置设计一条建筑基线,需满足:

①建筑基线与建筑物轴线水平或垂直。

②控制点尽量与基线的起、终点通视。

(2)读取基线的起、终点坐标,设计放样方案。

2.测设数据的准备

(1)准备控制点资料(一般选择原测图控制点作为放样控制点)。

(2)选择测站点和定向点。

(3)计算各点的放样数据。

3.放样角度 β、水平距离 D 和高程

(1)在测站点上安置经纬仪。

(2)盘左:望远镜照准已知方向,配水平度盘读数为 $0°00'00''$。松开照准部,顺时针转到度盘读数约为 β 值时制动,用水平微动螺旋准确调至读数 β。指挥人在望远镜视线上适当的位置打一木桩,用小钉准确地在木桩上标定其位置。

(3)盘右:望远镜再照准已知方向,配水平度盘读数为 $180°00'00''$。松开照准部,逆时针转到度盘读数约为 $180°+\beta$ 值时制动,用微动螺旋准确调至读数 $180°+\beta$。指挥人在望远镜视线方向原木桩上用小钉准确地标定其位置,若两点重合,则该点即是正确位置;若两点不重合,则取两点连线的中点作为正确位置,则该点与测站点的连线方向即为放样方向。

(4)在已放样方向上粗放设计距离 D 并测量丈量时的钢尺温度 t,打桩,并用水准仪往返测定测站点与粗放点间的高差。

(5)计算三项改正数、实际已粗放平距 D' 及距离改正数 ΔD,在已放样方向上延长或缩短 ΔD 即可。

(6)置水准仪于测站点和放样点间,读后视读数,算前视应读数,指挥人在前视点上下移动水准尺,至前视读数为前视应读数为止,在尺底做标记,即为设计高程的位置。

(7)同法放样其余各点。

4.全站仪坐标法放样

(1)在测站点上安置全站仪,对中、整平、量取仪器高并记录。

（2）开机，设置水平度盘和竖直度盘指标（绝对式度盘不需设置度盘指标）。进入"坐标"菜单，建立放样文件（可一次输入所有坐标及点号，放样时只需输入点号），或直接进入坐标放样状态。

（3）输入测站坐标 x_0、y_0、H_0 和仪器高，输入后视点坐标，按显示的要求瞄准后视点，回车确认。

（4）输入放样点1的坐标，回车确认。仪器显示放样方向的方位角以及仪器由已知方向至放样方向所需旋转的角度 dHR 和方向（箭头表示），按仪器提示松开照准部制动螺旋，转动照准部至 $dHR=0$，此即为放样方向。

（5）指挥人在望远镜视线方向上适当的位置树立反光镜，将望远镜上下转动瞄准反光镜，按"测量"键，仪器显示实测距离与放样距离之差 dHD（或 ΔD），按显示前后移动反光镜，直至显示距离差为0，该立镜点即为放样点的平面位置，打木桩并用小钉准确地标定其位置。输入镜高，仪器显示该点的填、挖高度值 D_z（或 ΔH），提高或降低反光镜（注意保持镜高不变），直至显示填、挖高度为0，则反光镜杆杆底尖端处即为设计高程的位置，做好标记。若为挖方，则标记做在地面上，旁设一指示桩，说明挖方高度。

（6）按"next"或"继续"键，仪器显示点号自动加1，输入其坐标，重复步骤（4）、（5）放样其余各点。

5.精度评定

基线两端点放样完毕，实测两端点间的水平距离 $D_{测}$，并根据两端点的设计坐标计算两端点间的水平距离 D_0，计算其水平距离差和相对误差，要求相对误差不大于 $1/5000$。

（五）注意事项

1.设计数据、设计方案应事先准备好，测设过程的数据要现场计算，且保证计算无误。

2.根据设计方案领取相应的仪器、工具。

3.若放样结果不满足要求，则需返工重做。

实训报告

实训名称：建筑基线的测设

实训日期：＿＿＿＿＿　专业：＿＿＿＿＿　班级：＿＿＿＿＿　姓名：＿＿＿＿＿

（一）实训记录

表 7-5　　　　　　　　　　　建筑基线的测设

＿＿＿＿年＿＿月＿＿日 天气＿＿＿ 观测＿＿＿＿＿ 记录＿＿＿＿ 检查＿＿＿

点　名	X坐标/m	Y坐标/m	高程/m	填挖值/m	备　注

（二）存在的问题

单元小结

　　建筑场地施工控制测量是施工放样的依据，按工程要求布设施工控制网进行施工控制测量，以确保施工放样的精度和工程质量。

　　民用建筑的施工测量基本工作包括建筑物的定位、放线以及基础施工测量和主体施工测量等，这些工作对保证工程质量和工程进度有着重要意义；高层建筑的施工测量要结合高层建筑的特殊要求，严格控制轴线投测的精度并适当采用高程传递的方法。

　　工业建筑施工测量中厂房矩形控制网的测设一定要严格按要求执行施工测量规范并严格校核；在厂房基础施工测量中要注意柱基中心的测设和基础标高的控制；在厂房构件的安装测量中，安装完毕后要严格检核。

单元测试

1. 建筑基线、建筑方格网如何测设？

2. 施工高程控制网如何布设？

3. 民用建筑的施工测量工作主要包括哪些？

4. 什么是建筑物的定位和放线？

5. 在图 7-37 中已给出新建筑物与原有建筑物的相对位置关系（墙厚 37 cm，轴线偏里），试述测设新建筑物的方法和步骤。

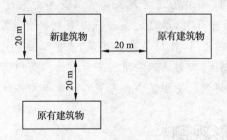

图 7-37　建筑物测设

6. 高层建筑物的轴线如何投测？高层建筑物如何进行高程传递？

7. 试述柱基的放样方法。

8. 施工测量需提交的资料包括哪些？

单元八
建筑物变形观测及竣工总平面图编绘

学习目标

掌握建筑物沉降、建筑物水平位移、建筑物倾斜以及建筑物挠度和裂缝的观测方法;掌握竣工测量的意义及编绘竣工总平面图的方法。

学习要求

知识要点	技能训练	相关知识
沉降观测	沉降观测	建筑物沉降的观测方法
水平位移观测	水平位移观测	建筑物水平位移的观测方法
倾斜观测	倾斜观测	建筑物倾斜的观测方法
挠度和裂缝观测	挠度和裂缝观测	建筑物挠度和裂缝的观测方法
竣工测量	竣工总平面图的编绘	竣工测量的意义;竣工总平面图的编绘

单元导入

随着建筑物施工的不断深入,建筑物的基础所承受的载荷不断增加,又因地基受力不均和建筑物本身应力等的作用,可能会导致建筑物发生一定的变形。这种变形在一定范围内不会影响建筑物的正常使用,可视为正常现象。但其变形如果超过一定范围,建筑物就会发生倾斜,甚至发生主体或局部开裂,严重的会造成建筑物坍塌,危及建筑物的安全使用。为使建筑物能够在规定年限内使用,特别是高层建筑、大型工业厂房柱基、重型设备基础等,在其施工各阶段及运营使用期间,应对建筑物进行有针对性的变形观测,确保建筑物的施工质量和正常使用,并为确定各类建筑物变形提供参考资料。本单元将针对这些内容进行系统介绍。

课题一　建筑变形观测

1. 变形观测的意义及特点

在建筑物密集的城市兴建高层建筑、地下车库时,往往要在狭窄的场地上进行深基坑的垂直开挖,这就需要采用支护结构对基坑边坡土体加以支护。由于施工中许多难以预料因素的影响,使得在深基坑开挖及施工过程中,可能产生边坡土体变形过大,造成支护结构失稳或边坡坍塌的严重事故。因此,在深基坑开挖和施工中,应对支护结构和周边环境进行变形观测。

在房屋建筑施工过程中,随着载荷的不断增加,会产生一定量的沉降。沉降量在一定范围内被认为是正常的,超过一定范围就属于沉降异常,其一般表现形式为:沉降不均匀;沉降速率过快;累计沉降量过大。

建筑物沉降异常是地基基础异常变形的反映,会对建筑物的安全产生严重影响,或使建筑物产生倾斜,或造成建筑物开裂,甚至造成建筑物整体坍塌。因此,在房屋建筑施工过程中和最初的使用阶段,定期观测沉降变化是非常重要的。建筑物主体结构差异沉降过大时,还要进行倾斜观测和挠度观测。

所谓变形测量是对建筑物(构筑物)及其地基或一定范围内岩体和土体的变形(包括水平位移、沉降、倾斜、挠度、裂缝等)进行的测量工作。其特点是:通过对变形体的动态监测来获得精确的观测数据,并对监测数据进行综合分析,及时对基坑或建筑物施工过程中的异常变形可能造成的危害做出预报,以便采取必要的技术措施,避免造成严重后果。

2.变形观测的内容和技术要求

(1)变形观测的内容

深基坑施工中,变形观测的内容主要包括:支护结构顶部的水平位移观测;支护结构的沉降观测;支护结构的倾斜观测;邻近建筑物、道路、地下管网设施的沉降、倾斜、裂缝观测。

在建筑物主体结构施工中,变形观测的主要内容是建筑物的沉降、倾斜、挠度和裂缝观测。

变形观测要求及时对观测数据进行分析判断,对深基坑和建筑物的变形趋势做出评价,起到指导安全施工和实现信息施工的重要作用。

(2)变形观测等级和精度要求

变形观测按不同的工程要求分为四个等级,见表8-1。

表 8-1　　　　　　　　　　　变形观测的等级划分和精度要求

变形观测等级	垂直位移测量		水平位移测量	适用范围
	变形点的高程中误差/mm	相邻变形点的高差中误差/mm	变形点的点位中误差/mm	
一等	±0.3	±0.1	±1.5	变形特别敏感的高层建筑、工业建筑、高耸构筑物、重要古建筑、精密工程设施等
二等	±0.5	±0.3	±3.0	变形比较敏感的高层建筑、高耸构筑物、古建筑、重要工程设施和重要建筑场地的滑坡观测等
三等	±1.0	±0.5	±6.0	一般性的高层建筑、工业建筑、高耸构筑物、滑坡观测等
四等	±2.0	±1.0	±12.0	观测精度要求较低的建筑物、构筑物和滑坡观测等

技能点 1　沉降观测

沉降观测是根据水准基点定期测出变形体上设置的观测点的高程变化,从而得到其下沉量。

沉降观测常用水准测量法,也可采用液体静力水准测量法。

一、水准测量法

1.水准基点的布设和监测网的建立

水准基点是确认固定不动且作为沉降观测高程基点的水准点。水准基点应埋设在建筑物变形影响范围之外，一般距基坑开挖边线 50 m 左右，选在不受施工影响的地方。可按二、三等水准点标石规格埋设标志，也可在稳固的建筑物上设立墙上水准点。点的个数不少于三个。

监测网一般是将水准基点布设成闭合水准路线，采用独立高程系。通常使用 DS_{05} 或 DS_1 精密水准仪，按照国家二等水准测量技术要求施测。对精度要求较低的建筑物也可按三等水准测量技术要求施测。监测网应经常进行检核。

2.观测点的布设

观测点是设立在变形体上、能反映其变形特征的点。观测点的位置和数量应根据地质情况、支护结构形式、基坑周边环境和建筑物(或构筑物)荷载等情况而定。点位埋设合理，就可全面、准确地反映出变形体的沉降情况。

深基坑支护结构的观测点应埋设在锁口梁上，一般 20 m 左右埋设一点，在支护结构的阳角处和原有建筑物离基坑很近处应加密设置观测点。

建筑物上的观测点可设在建筑物四角处；或沿外墙间隔 10～15 m 布设；或在柱上布点，每隔 2～3 根柱设一点。烟囱、水塔、电视塔、工业高炉、大型储藏罐等高耸构筑物可在基础轴线对称部位设点，每一构筑物不得少于四个点。

此外，在建筑物不同结构的分界处，人工地基和天然地基的接壤处，裂缝或沉降缝、伸缩缝两侧，新、旧建筑物或高、低建筑物的交接处以及大型设备基础等地方也应设立观测点。

观测点应埋设稳固，不易遭破坏，能长期保存。点的高度、朝向等要便于立尺和观测。对于锁口梁、设备基础上的观测点，可将直径 20 mm 的铆钉或钢筋头(上部锉成半球状)埋设于混凝土中作为标志(图 8-1(a))。对于墙体上或柱子上的观测点，可将直径 20～22 mm 的钢筋按图 8-1(b)、图 8-1(c)所示的形式设置。

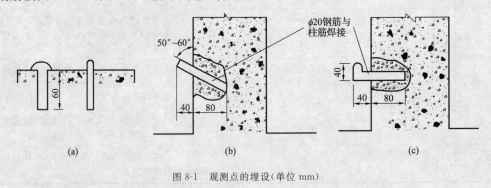

图 8-1　观测点的埋设(单位 mm)

3.沉降观测

(1)观测周期的确定

沉降观测的周期应根据建筑物(或构筑物)的特征、变形速率、观测精度和工程地质条件等因素综合考虑，并根据沉降量的变化情况适当调整。

深基坑开挖时，锁口梁会产生较大的水平位移，沉降观测周期应较短，一般每隔 1～2 天观测一次;浇筑地下室底板后,可每隔3～4天观测一次,至支护结构变形稳定为止。当出现暴雨、管涌、变形急剧增大时,要加密观测。

建筑物主体结构施工时,每1～2层楼面结构浇筑完观测一次;结构封顶后每两个月左右观测一次;建筑物竣工投入使用后,观测周期视沉降量大小而定,一般可每三个月左右观测一次,至沉降稳定。如遇停工时间过长,停工期间也要适当观测。无论何种建筑物,沉降观测次数不能少于五次。

(2)沉降观测方法

一般性高层建筑和深基坑开挖的沉降观测通常采用精密水准仪,按国家二等水准技术要求施测,将各观测点布设成闭合环或附合水准路线联测到水准基点上。为提高观测精度,观测时前后视宜使用同一根水准尺,视线长度应小于50 m,前后视距大致相等。每次观测宜采用相同的观测路线,使用同一台仪器和水准尺,固定观测人员。为了正确地分析变形原因,观测时还应记录荷载变化和气象情况。

二等水准测量高差闭合差容许值为$\pm 0.6\sqrt{n}$ mm,n为测站数。

对于观测精度要求较低的建筑物,可采用三等水准施测,其高差闭合差容许值为$\pm 1.40\sqrt{n}$ mm。

(3)成果整理

每次观测结束后,应及时整理观测记录。先根据基准点高程计算出各观测点高程,然后分别计算各观测点相邻两次观测的沉降量(本次观测高程减去上次观测高程)和累计沉降量(本次观测高程减去第一次观测高程),并将计算结果填入表8-2所示的成果表中。为了更形象地表示沉降、荷重和时间之间的相互关系,可绘制出荷重、时间和沉降量的关系曲线图,简称沉降曲线图,如图8-2所示。

表 8-2　　　　　　　　　　　　建筑物沉降观测成果

工程名称:＿＿＿＿＿＿＿　　编号:＿＿＿＿＿＿

观测:＿＿＿＿＿＿　　检核:＿＿＿＿＿＿

观测次数	观测时间(年月日)	荷载/(kN·m⁻²)	各观测点的沉降情况						...	施工进度情况
			1			2				
			高程/m	本次下沉/mm	累计下沉/mm	高程/m	本次下沉/mm	累计下沉/mm		

对观测成果的综合分析评价是沉降观测中的一项十分重要的工作。在深基坑开挖阶段,引起沉降的原因主要是支护结构产生了大的水平位移和地下水位降低。沉降发生的时间往往比水平位移发生的时间滞后2～7天。地下水位降低会较快地引发周边地面大幅度沉降。在建筑物主体施工中,引起沉降异常的因素较为复杂,如勘察提供的地基承载力过高,导致地基剪切破坏;施工中人工降水或建筑物使用后大量抽取地下水,地质土层不均匀或地基土层厚薄不均,压缩变形差大,以及设计错误或打桩方法、工艺不当等,都可能导致建筑物异常沉降。

由于观测存在误差,有时会使沉降量出现正值,应正确分析原因。判断沉降是否稳定,通常当三个观测周期的累计沉降量小于观测精度时,可作为沉降稳定的限值。

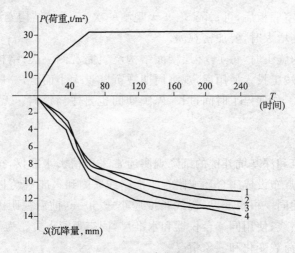

图 8-2 沉降曲线图

经验提示

进行沉降观测时,要保证前后视的距离大致相等,视线长度不应大于 50 m,且前后视应使用同一根水准尺。确保各次复测结果与首次观测结果的可比性一致,使所观测的沉降量一致。

二、液体静力水准测量法

在高精度的沉降观测中,还广泛采用液体静力水准测量法,它是利用静力水准仪,根据静止的液体在重力作用下保持同一水准面的基本原理,来测定观测点的高程变化,从而得到沉降量。其测量精度不低于国家二等水准技术要求。

图 8-3 所示为组合式遥测静力水准仪,它由测高仪、观测器、控制系统、溢水器、连通器等构成。

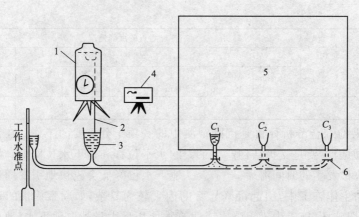

图 8-3　组合式遥测静力水准仪

1—测高仪;2—探针;3—观测器;4—控制系统;5—建筑物;6—阀门

观测时,将测高仪、观测器和控制系统安置在沉降观测点附近,将与连通管相连的溢水器 C_1、C_2、C_3 挂置在沉降观测点标志上。向观测器注水,打开溢水器 C_1 的阀门,其他溢水器阀门关闭,待 C_1 中的水溢出时即停止供水,这时观测器中的水位和溢水器 C_1 的水位相同。打开控制系统的探测开关,测高仪内装设的电动机便驱使探针下降,至接触水面即自动停止。在读数表盘上可读得水位量程值,估读到 0.1 mm。通过前后两次量程值的比较,便可得出 C_1 的沉降量。如此逐点加水、逐点观测。为保证观测精度,观测时要将连通管内的空气排尽,保持水罐和水质干净。

技能点 2 水平位移观测

根据场地条件,可采用基准线法、小角法、导线法和前方交会法等测量水平位移。

一、基准线法和小角法

1. 基准线法

基准线法的原理是在与水平位移垂直的方向上建立一个固定不变的铅垂面,测定各观测点相对该铅垂面的距离变化值,从而求得水平位移量。

在深基坑监测中,主要是对锁口梁的水平位移(一般偏向基坑内侧)进行监测。

如图 8-4 所示,在锁口梁轴线两端基坑的外侧分别设立两个稳固的工作基点 A 和 B,两工作基点的连线即为基准线方向。锁口梁上的观测点应埋设在基准线的铅垂面上,偏离的距离不大于 2 cm。观测点标志可埋设直径 $16\sim18$ mm 的钢筋头,顶部锉平后做出"十"字标志,一般每 $8\sim10$ m 设置一点。观测时,将经纬仪安置在一端工作基点 A 上,瞄准另一端工作基点 B(称为后视点),此视线方向即为基准线方向,通过量测观测点 P 偏离视线的距离变化值,即可得到水平位移量。

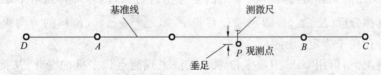

图 8-4 基准线法测位移

2. 小角法

用小角法测量水平位移的方法如图 8-5 所示。

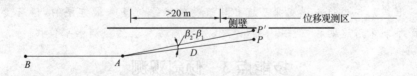

图 8-5 小角法测位移

将经纬仪安置在工作基点 A 上,在后视点 B 和观测点 P 上分别安置观测觇牌,用测回法测出 $\angle BAP$。设第一次观测角值为 β_1,后一次为 β_2,根据两次角度的变化量 $\Delta\beta=\beta_2-\beta_1$,即可算出 P 点的水平位移量 δ,即

$$\delta=\frac{\Delta\beta}{\rho}\cdot D \tag{8-1}$$

式中,ρ 为 $206265''$;D 为 A 点至 P 点的距离。

角度观测的测回数视仪器精度(应使用不低于 DJ$_2$ 的经纬仪)和位移观测精度要求而定。位移的方向根据 $\Delta\beta$ 的符号确定。

工作基点在观测期间也可能产生位移,因此工作基点应尽量远离开挖边线,同时在两工作基点的延长线上应分别设置后视检核点。为减少对中误差,必要时可将工作基点做成混凝土墩台,在墩台上安置强制对中设备。

观测周期视水平位移大小而定,位移速度较快时,周期应短;位移速度减慢时,周期相应变长;当出现险情,如位移急剧增大、出现管涌或渗漏、割去支护对撑或斜撑等情况时,可进行间隔数小时的连续观测。

建筑物水平位移(滑动)的观测方法与深基坑水平位移的观测方法基本相同,只是受通视条件限制,工作基点、后视点和检核点都设在建筑物的同一侧(图 8-6)。观测点设在建筑物上,可在墙体上用红油漆做"▼"标志,然后按基准线法或小角法观测。

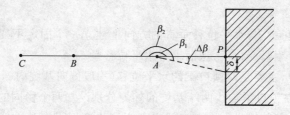

图 8-6 建筑物位移观测

二、导线法和前方交会法

首先在场地上建立水平位移监测控制网,然后用导线法或前方交会法测出各观测点的坐标,将每次测出的坐标值与前一次测出的坐标值进行比较,即可得到水平位移在 X 轴和 Y 轴方向的位移分量$(\Delta x、\Delta y)$,则水平位移量 $\delta = \sqrt{\Delta x^2 + \Delta y^2}$,位移的方向根据由 $\Delta x、\Delta y$ 求出的坐标方位角来确定。

在特殊情况下,可用 GPS 卫星定位测量方法来观测点位坐标的变化,从而求出水平位移量。还可采用地面摄影测量的方法求得水平位移量。这两种方法成本较高,一般情况下较少采用。

经验提示

采用基准线法和小角法观测深基坑和建筑物的水平位移是很方便的,但若受工程场地环境限制而不能采用这两种方法时,可用导线法和前方交会法观测水平位移。

技能点 3　倾斜观测

一、深基坑的倾斜观测

锁口梁的水平位移观测反映的是支护桩顶部的水平位移量。利用钻孔测斜仪可对支护桩进行倾斜观测。

图 8-7 所示为我国生产的 CX—45 型钻孔测斜仪,它主要由探头和监视器(或微机)两部分构成。探头内装有天顶角(竖直角)和方位角传感器以及 CCD 摄像系统,外侧安有导向轮。天顶角传感器为一圆水准器,当探头不铅垂时,圆水准器气泡偏离零点,从而可测出钻孔轴线与铅垂线的夹角。方位角传感器为一指南针,可测出气泡偏离零点的方位。圆水准器气泡偏离的大小和方位通过 CCD 摄像系统摄录后,经过通讯线将图像显示在监视器上。

摄像系统也可与微机连接,从而可直接获得钻孔深处观测点的坐标(x,y),比较坐标的变化值即得观测点的位移量。

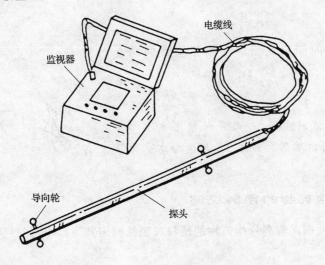

图 8-7　CX—45 型钻孔测斜仪

二、钻孔测斜仪的测斜方法

首先埋设测斜管,根据工程地质、支护结构受力和周边环境情况确定测斜点的位置。如图 8-8 所示,在支护桩后 1 m 范围内,将直径 70 mm 的 PVC 测斜管埋设在 100 mm 的垂直钻孔内,管外填细砂与孔壁结合。测斜管内壁开有定向槽,埋设时应平行或垂直于锁口梁方向。孔深与支护桩深度一致,孔口打入直径 130 mm、长 800 mm 的护管,管顶设置保护盖,以防杂物进入。

观测时,将探头定向导轮对准测斜管定向槽放入管内,再通过绞车用细钢丝绳控制探头到达的深度,测斜观测点竖向间距为 1~1.5 m。打开测斜仪摄像系统开关,反映孔斜顶角 θ 和方位角 α 的参数以及图像即显示在监视器上。如与微机连接,则可直接得到探头深度测点的坐标值(x,y)。通过比较前后两次同一测点坐标值的变化,就可求得水平位移量。

三、房屋建筑的倾斜观测

基础的不均匀沉降会导致建筑物倾斜。房屋建筑的倾斜观测可采用经纬仪投点的方法进行。如图 8-9 所示,在房屋顶部设置观测点 M,在离房屋建筑墙面大于其高度的 A 点(设一标志)安置经纬仪(AM 应基本与被观测的墙面平行),用正倒镜法将 M 点向下投射,得 N 点,做一标志。当建筑物发生倾斜时,设房顶角 P 点偏到了 P' 点的位置,则 M 点也向同方向偏到了 M' 点的位置,这时将 M' 点(标志仍为 M 点)向下投射,得 N' 点。N' 与 N 不重合,两点的水平距离 a 表示建

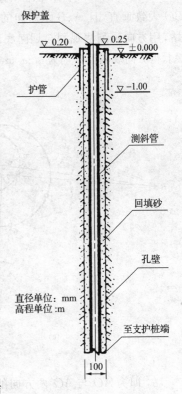

直径单位:mm
高程单位:m

图 8-8　测斜管的埋设

筑物在该垂直方向上产生的倾斜量。用 H 表示墙的高度，则倾斜度为

$$i = \frac{a}{H} \tag{8-2}$$

对房屋建筑的倾斜观测应在相互垂直的两立面上进行。

经验提示

对于基础的倾斜观测，一般采用精密水准测量的方法，定期测出基础两端的沉降差值，与两端水平距离之比即为基础倾斜度。

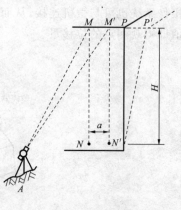

图 8-9　房屋建筑的倾斜观测

四、塔式构筑物的倾斜观测

水塔、电视塔、烟囱等高耸构筑物的倾斜观测是测定其顶部中心与底部中心的偏心位移量，即为其倾斜量。

如图 8-10(a) 所示，欲测烟囱的倾斜量 OO'，在烟囱附近选两测站 A 和 B，要求 AO 与 BO 大致垂直，且 A、B 距烟囱的距离尽可能大于烟囱高度 H 的 1.5 倍。将经纬仪安置在 A 站，用方向观测法观测与烟囱底部断面相切的两方向 $A1$、$A2$ 和与顶部断面相切的两方向 $A3$、$A4$，得方向观测值分别为 α_1、α_2、α_3、α_4，则 $\angle 1A2$ 的角平分线与 $\angle 3A4$ 的角平分线的夹角为

$$\delta_A = \frac{(\alpha_1 + \alpha_2) - (\alpha_3 + \alpha_4)}{2}$$

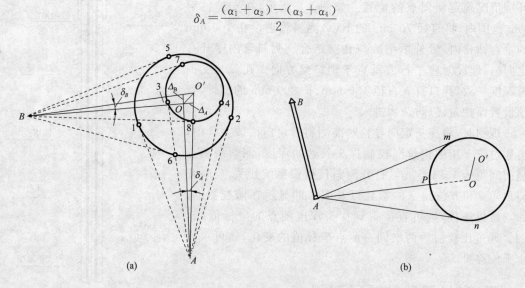

(a)　　　　　　　　　　(b)

图 8-10　烟囱倾斜观测

δ_A 即为 AO 与 AO' 两方向的水平角，则 O' 点对 O 点的倾斜位移分量为

$$\Delta_A = \frac{\delta_A (D_A + R)}{\rho} \tag{8-3}$$

同理

$$\Delta_B = \frac{\delta_B (D_B + R)}{\rho} \tag{8-4}$$

式中　D_A、D_B——AO、BO 方向 A、B 至烟囱外墙的水平距离；

$\quad\quad R$——底座半径,由其周长计算得到;

$\quad\quad \rho$——206265$''$。

烟囱的倾斜量为

$$\Delta = \sqrt{\Delta_A^2 + \Delta_B^2} \tag{8-5}$$

烟囱的倾斜度为

$$i = \frac{\Delta}{H} \tag{8-6}$$

O' 的倾斜方向由 δ_A 和 δ_B 的正负号确定。当 δ_A 或 δ_B 为正时,O' 偏向 AO 或 BO 的左侧;当 δ_A 或 δ_B 为负时,O' 偏向 AO 或 BO 的右侧。

当塔形构筑物顶部中心能设立观测标志时(如水塔避雷针、电视塔尖顶或在施工过程中需进行倾斜度观测时),若受场地限制而设立测站点 A、B 有困难,也可测定 O 与 O' 的坐标来求倾斜量。

如图 8-10(b)所示,在烟囱附近确定两个控制点 A、B,可采用独立坐标系,但应使 $\angle AOB$ 在 $60°\sim120°$ 之间,且两点通视(A、B 也可设在屋顶上),并有一控制点能观测到烟囱底座(如 A 点)。O' 点坐标可用前方交会法求得,O 点坐标可用下法求得:

在测站 A 安置经纬仪,瞄准烟囱底部切线方向 Am 和 An,测得水平角 $\angle BAm$ 和 $\angle BAn$。将水平角度盘读数置于($\angle BAm+\angle BAn$)/2 的位置,得 AO 方向。沿此方向在烟囱上标出 P 点的位置(P 点与 m、n 点等高),测出 AP 的水平距离 D_A。AO 的方位角为

$$\alpha_{AO} = \alpha_{AB} + \frac{\angle BAm + \angle BAn}{2}$$

O 点坐标为

$$x_O = x_A + (D_A + R)\cos\alpha_{AO}$$
$$y_O = y_A + (D_A + R)\sin\alpha_{AO}$$

由 O 点和 O' 点坐标可求出烟囱的倾斜量。

技能点4　挠度和裂缝观测

一、挠度观测

在建筑物施工过程中,随着荷重的增加,基础会产生挠曲。挠曲的大小对建筑物结构各部分的受力状态影响极大,因此,建筑物挠度不应超过设计允许值,否则会危及建筑物的安全。

挠度是通过测量观测点的沉降量来进行计算的。如图 8-11 所示,A、B、C 为基础同轴线上的三个沉降点,由沉降观测得其沉降量分别为 S_A、S_B、S_C,A、B 和 B、C 的沉降差分别为 $\Delta S_{AB} = S_A - S_B$ 和 $\Delta S_{BC} = S_B - S_C$,则基础的挠度 f_C 按下式计算:

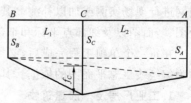

图 8-11　基础的挠度

$$f_C = \Delta S_{BC} - \frac{L_1}{L_1 + L_2}\Delta S_{AB} \tag{8-7}$$

式中　f_c——挠度；

　　　L_1——B、C 间的水平距离；

　　　L_2——A、C 间的水平距离。

二、裂缝观测

若基础挠度过大，则建筑物可能出现剪切破坏而产生裂缝。建筑物出现裂缝时，除了要增加沉降观测的次数外，还应立即进行裂缝观测，以掌握裂缝的发展情况。

裂缝观测方法如图 8-12(a)所示。用两块白铁片，一片约 150 mm×150 mm，固定在裂缝一侧，另一片约 50 mm×200 mm，固定在裂缝另一侧，并使其中一部分紧贴在相邻的正方形白铁之上，然后在两块白铁片表面均匀涂上红色油漆。当裂缝继续发展时，两块白铁片将逐渐拉开，正方形白铁片上便露出被上面一块白铁片覆盖着而没有涂油漆的部分，其宽度即为裂缝增大的宽度，可用尺子直接量出。

观测装置也可沿裂缝布置成图 8-12(b)所示的测标，随时检查裂缝发展的程度。有时也可直接在裂缝两侧墙面分别做标志(画细"十"字线)，然后用尺子量测两侧"十"字线的距离变化值，即得到裂缝的变化值。

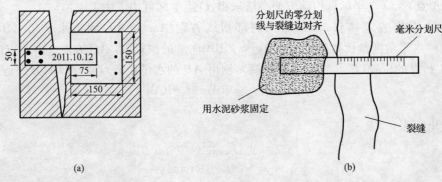

图 8-12　裂缝观测

课题二　竣工测量及竣工总平面图的编绘

技能点 1　竣工测量

竣工测量指工程建设竣工、验收时所进行的测量工作。它主要是对施工过程中设计有所更改的部分、直接在现场指定施工的部分以及资料不完整而无法查对的部分，根据施工控制网进行现场实测或加以补测。其提交的成果主要包括竣工测量成果表、竣工总平面图、专业图、断面图以及细部点坐标和细部点高程坐标明细表等。

在每一个单项工程完成后，必须由施工单位进行竣工测量，提出工程的竣工测量成果，作为编绘竣工总平面图的依据。其内容包括以下几方面：

1. 工业厂房及一般建筑物

其竣工测量的内容包括房角坐标，各种管线进出口的位置和高程，并附房屋编号、结构层数、面积和竣工时间等资料。

2.铁路和公路等交通线路

其竣工测量的内容包括起止点、转折点、交叉点的坐标,曲线元素、桥涵等构筑物的位置和高程以及人行道、绿化带界线等。

3.地下管网

检修井、转折点、起止点的坐标,井盖、井底、沟槽和管顶等的高程,并附注管道及检修井的编号、名称、管径、管材、间距、坡度和流向。

4.架空管网

其竣工测量的内容包括转折点、结点、交叉点的坐标以及支架间距和基础面高程。

5.特种构筑物

沉淀池、污水处理池、烟囱、水塔等的外形、位置及高程。

6.其他

测量控制网点的坐标和高程以及绿化环境工程的位置和高程。

技能点 2　竣工总平面图的编绘

1.竣工总平面图的概念

土木工程竣工时,为了反映主要结构物、道路和地下管线等位置的工程实际状况,为将来工程交付使用后进行检修、改建或扩建等提供实际资料,应进行竣工测量,以便编绘竣工总平面图。竣工总平面图是设计总平面图在施工后实际情况的全面反映,所以设计总平面图不能完全代替竣工总平面图。

2.编绘竣工总平面图的目的

(1)在施工过程中,可能由于设计时没有考虑到某些问题而使设计有所变更,这种临时变更设计的情况必须通过测量反映到竣工总平面图上。

(2)便于日后进行各种设施的维修工作,特别是地下管道等隐蔽工程的检查和维修工作。

(3)为建筑场区的扩建提供了原有各项建筑物、构筑物、地上和地下各种管线及交通线路的坐标、高程等资料。

3.竣工总平面图的内容

竣工总平面图的编绘包括室外实测和室内资料编辑两方面内容。在场地总平面图上反映出场地的边界,表示出实地上现有的全部建筑物和构筑物的平面位置和高程,它是工程项目的重要技术资料。竣工总平面图的内容主要包括测量控制点、厂房辅助设施、生活福利设施、架空及地下管线、道路的转向点等建筑物或构筑物的坐标(或尺寸)和高程以及留置空地区域的地形。

竣工总平面图是具有一定特点的大比例尺专用图。一般常用 1:500 的比例尺施测,有时允许用 1:1000 或大于 1:500 的比例尺来测量。编绘时,先在图纸上绘制坐标格网,将设计总平面图中在施工中未更改的内容按其坐标和尺寸展绘在图上,然后把竣工测量获得的竣工资料补充到图上,即获得竣工总平面图。竣工总平面图一般尽可能编绘在一张图纸上,但对于较复杂的工程,可能图面线条太密集,不便识图,这时可分类编图,如房屋建筑竣工总平面图、道路及管网竣工总平面图等。竣工总平面图一般有若干附图和附件,其中最重要的是细部点坐标和高程表,此外有管线专题图等。对于工业厂区中的永久性建筑物和构筑物,如正规的生产车间、仓库、办公楼、水塔、烟囱及生产设备装置等,必须施测细部坐标及高程,并注明其结构类型。

新建的建筑场区竣工总平面图的编绘最好是随着工程的陆续竣工相继进行。一面竣工,一面利用竣工测量成果编绘竣工总平面图,最终确保竣工总平面图能真实反映建筑场区的实际情况。

边竣工边编绘的优点:当场区工程全部竣工时,竣工总平面图也大部分编绘完成,既可作为交工验收的资料,又可大大减少实测工作量,从而节约了人力和物力。

编绘竣工总平面图是根据竣工测量资料,在设计总平面图的基础上进行的,比例尺一般采用1∶1000或1∶500。

4. 竣工总平面图的编绘方法

(1)编绘具体内容。竣工总平面图上应包括建筑方格网点、水准点、厂房、辅助设施、生活福利设施、架空及地下管线、铁路等建筑物或构筑物的坐标和高程以及建筑场区内空地和未建区的地形。有关建筑物、构筑物的符号应与设计图例相同,有关地形图的图例应使用国家地形图图式符号。

(2)竣工总平面图的编绘一般采用建筑坐标系统。其坐标轴应与主要建筑物平行或垂直,图面大小要考虑使用与保管方便。

①对于工业厂区,一般应从主厂区向外分幅,避免主要车间被分幅切割,并要照顾生产系统的完整性,使之尽可能绘制在一幅图纸上。如果线条过于密集而不醒目,则可采用分类编图,如综合竣工总平面图、交通运输竣工总平面图和管线竣工总平面图等。

竣工总平面图一般包括比例尺为1∶1000的综合平面图和管线专用平面图以及比例尺为1∶200~1∶500的独立设备与复杂部件的平面图。

②对于小型工业建设项目,最好能编绘一种比例尺为1∶500的总平面图来代替前两种比例尺为1∶1000的平面图。

③对于大型工业建设项目和联合企业,应编绘比例尺为1∶2000~1∶5000的且采用不同颜色的综合总平面图。

(3)实测竣工总平面图。如果施工单位较多或多次转手,造成竣工测量资料不全、图面不完整或与现场情况不符,则只好进行实地施测,这样绘出的平面图称为实测竣工总平面图。

(4)对凡有竣工测量资料的工程,若竣工测量成果与设计值之差不超过所规定的建筑允许限差,则应按设计值编绘总平面图,否则应按竣工测量资料编绘。

(5)对于各种地上、地下管线,应用各种不同颜色的墨线绘出其中心位置,注明转折点及井位的坐标、高程及有关注记。

在一般没有设计变更的情况下,墨线绘出的竣工位置与按设计原图用铅笔绘出的设计位置应重合。在图上按坐标展绘工程竣工位置与在底图上展绘控制点的要求一致,均以坐标格网为依据进行展绘,展点对邻近的方格而言,容许误差为±0.3 mm。

为了全面反映竣工成果,便于日后的管理、维修、扩建或改建,下列与竣工总平面图有关的一切资料应分类装订成册,作为总图的附件保存。

①建筑场地及其附近的测量控制点布置图、坐标与高程一览表。

②建筑物和构筑物沉降与变形观测资料。

③地下管线竣工纵断面图。

④工程定位、放线检查及竣工测量资料。

⑤设计变更文件及设计变更图。

⑥建筑场地原始地形图等。

单元小结

本单元着重介绍了建筑物变形观测及竣工测量的基本工作,学习本单元应主要掌握以下知识点:

1.沉降观测

主要讲述了水准点和沉降观测点的布设原则以及沉降观测的周期规定、观测方法、精度要求和成果整理,这些是本单元的重点内容。

2.倾斜和位移观测

要理解一般建筑物的观测点和投测点的设置原则,能够采用基准线法和小角法进行建筑物的位移观测。

3.挠度观测

了解观测点的设置及观测方法,理解建筑物裂缝的观测方法,能够及时掌握挠度变形和裂缝的发展情况。

4.竣工测量

了解竣工测量的内容及编绘竣工总平面图的原则和方法,能够利用竣工测量原理和测量仪器编绘竣工总平面图。

单元测试

1.建筑物变形观测主要包括哪些内容?

2.在进行建筑物沉降观测时,如何布设水准基点和观测点?

3.如何进行建筑物的裂缝观测?

4.何谓倾斜观测?如何对塔式建筑物进行倾斜观测?

5.竣工测量的意义是什么?

6.编绘竣工总平面图的目的是什么?

单元九

GPS 测量

学习目标

初步掌握 GPS 基本工作原理,了解 GPS 测量方法。

学习要求

知识要点	技能训练	相关知识
GPS 的组成部分	GPS 认识	GPS 卫星星座;GPS 地面监控系统;GPS 接收机
GPS 测量实施方法	GPS 静态测量	GPS 测量前的准备;GPS 外业实施步骤;GPS 数据处理步骤
GPS-RTK 动态测量	GPS-RTK 动态测量	坐标测量;放样测量

单元导入

全球卫星定位系统 GPS 是近年来开发的最具有开创意义的高新技术之一,其全球性、全能性、全天候性的导航定位、定时、测速等优势给测绘界带来了一场革命。与传统的手工测量手段相比,GPS 技术有着巨大的优势:测量精度高;操作简便;仪器体积小,便于携带;全天候操作;观测点之间无须通视;测量结果统一在 WGS84 坐标下,信息自动接收、存储,减少了繁琐的中间处理环节。当前,GPS 技术已广泛应用于大地测量、资源勘查、地壳运动、地籍测量等领域。

GPS 技术利用载波相位差分技术,在实时处理两个观测站的载波相位的基础上,可以达到厘米级的精度。GPS 实时动态定位(Real Time Kinematic,简称 RTK)技术是一种将 GPS 与数传技术相结合,实时解算进行数据处理,在 1~2 s 的时间里得到高精度位置信息的技术。使用 RTK 技术可以方便、快捷、高效地完成高精度的测量作业,其正广泛应用于工程测量领域。

课题一 GPS 静态测量

技能点 1 GPS 简介

一、GPS 的概念及原理

全球卫星定位系统 GPS 是授时、测距导航系统/全球定位系统(Navigation System

Timing and Ranging/Global Positioning System)的简称。1986 年开始 GPS 技术被引入我国测绘界,由于它相对常规测量方法而言具有定位速度快、成本低、不受天气影响、点间无须通视、不建标等优越性,且具有仪器轻巧、操作方便等优点,因此目前已在测绘行业中被广泛使用。GPS 技术的引入引起了测绘技术的一场革命,从而使测绘领域步入一个崭新的时代。

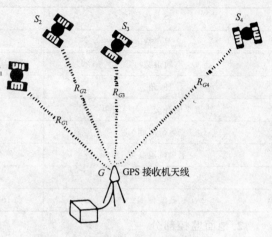

GPS 定位利用的是空间测距交会定点原理。如图 9-1 所示,地面有三个无线电信号发射台,其坐标 x_{Si}、y_{Si}、z_{Si} 已知。当用户接收机在某一时刻同时测定了接收机天线至三个发射台的距离 R_{G1}、R_{G2}、R_{G3} 时,只需以三个发射台为球心,以所测距离为半径,即可测出用户接收机天线的空间位置。

图 9-1　GPS 卫星定位原理

二、GPS 系统的组成

GPS 系统主要由空间卫星(GPS 卫星星座)、地面监控和用户设备三部分组成,如图 9-2 所示。

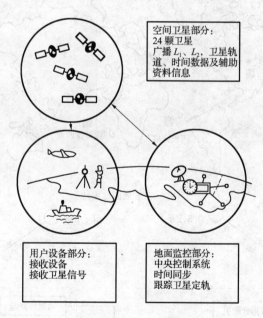

空间卫星部分:
24 颗卫星
广播 L_1、L_2,卫星轨道、时间数据及辅助资料信息

用户设备部分:
接收设备
接收卫星信号

地面监控部分:
中央控制系统
时间同步
跟踪卫星定轨

图 9-2　GPS 系统的组成

1. 空间卫星部分

GPS 卫星星座由 24 颗卫星组成。其中 21 颗为工作卫星,3 颗为备用卫星。工作卫星分布在 6 个近圆形的轨道面内,每个轨道上有 4 颗卫星。卫星轨道面相对地球赤道面的倾角为 55°,各轨道平面升交点赤径相差 60°,轨道平均高度为 20200 km,卫星运行周期为 11 小时 58 分。卫星同时在地平线以上至少有 4 颗,最多可达 11 颗。这样的布设方案将保证

在世界任何地方、任何时间都可进行实时三维定位。GPS卫星星座的基本参数见表9-1。

表 9-1　　　　　　　　　　　GPS卫星星座的基本参数

名　称	参数值
卫星数	21＋3
轨道数	6
倾角	55°
轨道平面升交点赤径间距	60°
运行周期	11 h 58 min
卫星轨道高度	20200 km
覆盖面	38%
载波频率	1572 MHz,波长 19.05 cm;1227 MHz,波长 24.45 cm

2. 地面监控部分

　　地面监控部分由分布在世界各地的五个地面监控站组成,如图9-3所示。按功能可分为监测站、主控站和注入站三种,如图9-4所示。

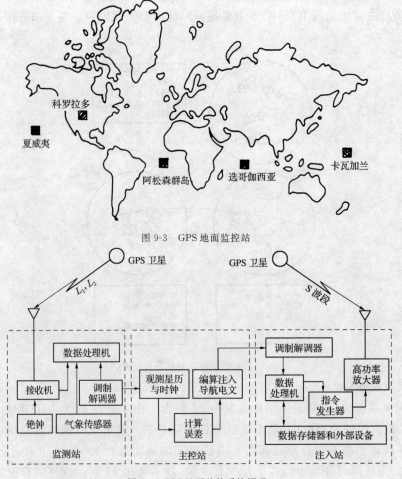

图 9-3　GPS地面监控站

图 9-4　GPS地面监控系统原理

3.用户设备部分

用户设备是指用户 GPS 接收机。其主要任务是捕获、跟踪并锁定卫星信号。对接收到的卫星信号进行处理，测量出 GPS 信号从卫星到接收机天线间的传播时间。能译出 GPS 卫星发射的导航电文，实时计算接收机天线的三维坐标、速度和时间。

三、GPS 接收机及其工作原理

1. GPS 接收机的分类

GPS 卫星是以广播方式发送定位信息的，GPS 接收机是一种被动式无线电定位设备。在全球任何地方只要能接收到 4 颗以上 GPS 卫星的信号，就可以实现三维定位、测速、测时，所以 GPS 得到了广泛应用。根据使用目的的不同，世界上已有近百种不同类型的 GPS 接收机。这些产品可以按用途、原理和功能进行分类。

（1）按用途分类

①导航型接收机

此类接收机主要用于运动载体的导航，它可以实时给出载体的位置和速度，一般采用伪距单点定位。采用 C/A 码伪距定位的接收机称为 C/A 码接收机，采用 P 码伪距定位的接收机称为 P 码接收机（属于一般导航禁用的军用接收机）。导航型接收机定位精度低，但价格低廉，故使用广泛。

根据不同应用领域，导航型接收机又可分为：

- 手持型——用于个人旅游；
- 车载型——用于车辆导航定位；
- 航海型——用于船舶导航定位；
- 航空型——用于飞机导航定位，由于飞机运行速度快，要求接收机能适应高速运行，一般要求加速度达到 $(5\sim7)g$；
- 星载型——用于卫星定轨，由于卫星运行速度快、飞行高度高，其速度可达 7 km/s，所以对接收机的动态性要求也更高。

②测地型接收机

测地型接收机主要用于精密大地测量、工程测量、地壳形变测量等领域。这类接收机主要利用载波相位观测值进行相对定位，定位精度高，一般相对精度可达 $\pm(5\ \text{mm}+10^{-6}D)$。这类仪器构造复杂，价格较贵。

测地型接收机又分为单频机和双频机，单频机只接收 L_1 载波相位。由于单频不能消除电离层的影响，所以只适用于 15 km 以内的短基线。双频机接收 L_1、L_2 载波相位，可消除电离层的影响，适用于长基线。若计算中采用精密星历，则在 1000 km 距离内的相对定位精度可达 2×10^{-8}。

③授时型接收机

这种接收机主要利用 GPS 卫星提供的高精度时间标准进行授时，常用于天文台授时、电力系统、无线电通讯系统中的时间同步等。

④姿态测量型接收机

这种接收机可提供载体的航偏角、俯仰角和滚动角，主要用于船舶、飞机和卫星的姿态测量。

（2）按接收机通道数分类

GPS 接收机中从捕获卫星信号到跟踪、处理、测量卫星信号的无线电器件称为信号通道。GPS 接收机定位至少要同步接收 4 颗卫星的信号。同时观测 GPS 卫星最多可达 11 颗，所以信号通道最多为 12 条。不同类型的接收机，对卫星信号的捕获方法也不同。

①多通道接收机

即有多个通道同时工作，每个通道跟踪 1 颗卫星。目前 GPS 接收机多为此种。

②序贯通道接收机

通常只有两个信号通道，为了跟踪多颗卫星，采用分时依序法对各卫星进行跟踪测量。因循环一周所需时间为 20 ms，所以对卫星信号不能连续跟踪。早期接收机多为这种，其优点是通道少，价格便宜，其缺点是不能同步跟踪卫星，测量误差大。

③多路复用通道接收机

和序贯通道接收机相似，只是测量循环时间较短（小于 20 ms），可以保证对卫星信号连续跟踪。目前这种接收机逐步被多通道接收机代替。

2. GPS 接收机的构造和工作原理

GPS 接收机主要由 GPS 接收机天线、GPS 接收机主机和电源三部分组成，如图 9-5 所示。其主要功能是接收 GPS 卫星信号并经过信号放大、变频、锁相处理，测定出 GPS 信号从卫星到接收机天线的传播时间，解释导航电文，实时计算 GPS 天线所在位置（三维坐标）及运行速度。

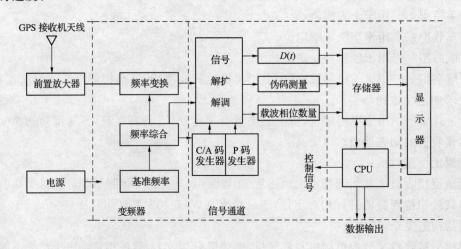

图 9-5　GPS 接收机原理图

（1）GPS 接收机天线

GPS 接收机天线由天线单元和前置放大器两部分组成。天线单元的作用是将 GPS 卫星信号的微弱电磁波能量转化为相应电流，并通过前置放大器将接收到的 GPS 信号放大。为减少信号损失，一般将天线单元和前置放大器封装成一体。

（2）GPS 接收机主机

GPS 接收机主机由变频器、信号通道、微处理器、存储器和显示器组成。

①变频器：经过天线单元和前置放大器的信号仍然很微弱，为了使接收机通道得到稳定高增益，使接收到的 L 频段射频信号变成低频信号，需采用变频器。

②信号通道:信号通道是接收机的核心部分。GPS 信号通道是软硬件结合的电路。不同类型的接收机其信号通道是不同的。

GPS 信号通道的作用如下:

● 搜索、牵引并跟踪卫星。

● 对广播电文信号进行解扩、解调,使之成为广播电文。

● 进行伪距测量、载波相位测量及多普勒频移测量。

卫星信号是扩频的调制信号,要经过解扩、解调才能得到导航电文。为此,在相关通道电路中设有伪码相位跟踪环和载波相位跟踪环。

③微处理器:微处理器是 GPS 接收机工作的灵魂,GPS 接收机的工作都是在微机指令下统一协同进行的。其主要工作步骤为:

● 接收机开机后首先对整个工作状况进行自检,并测定、校正、存储各通道的时延值。

● 接收机对卫星进行搜索、捕捉。当捕捉到卫星后,即对其信号进行牵引和跟踪,并将基准信号译码,得到 GPS 卫星星历。当同时锁定 4 颗卫星时,利用 C/A 码伪距观测值及星历计算测站的三维坐标,并按预置的更新率计算坐标。

● 根据机内存储的卫星历书和测站近似位置,计算所有在轨卫星的升降时间、方位和高度角。

● 根据预先设置的航路点坐标和单点定位测定位置,计算导航的参数、航偏距、航偏角、航行速度等。

● 接收用户输入的信号,如测站名、测站号、作业员姓名、天线高、气象参数等。

④存储器:接收机内设有存储器,以存储一小时一次的卫星星历、卫星历书以及接收机采集到的码相位伪距观测值、载波相位观测值和多普勒频移。目前 GPS 接收机都装有半导体存储器(简称内存)。接收机内存数据可以传到微机上,以便进行数据处理和数据保存。在存储器内还装有多种工作软件,如自测试软件、卫星预置软件、导航电文解码软件、GPS 单点定位软件及导航软件等。

⑤显示器:GPS 接收机都有液晶显示屏,以提供 GPS 接收机的工作信息,并配有一个控制键盘,用户可通过键盘控制接收机工作。对于导航接收机,有的还配有大显示屏,在屏幕上直接显示导航信息,甚至显示数字地图。

(3)电源

GPS 接收机电源有两种:一种为内置电源,一般采用锂电池,主要对 RAM 存储器供电,以防止数据丢失;另一种为外接电源,这种电源常采用可充电的 12 V 直流镉镍电池组或汽车电瓶。当用交流电时,要经过稳压电源或专用电流交换器。

技能点 2　外业数据采集

GPS 测量实施过程与常规测量一样,包括方案设计、外业测量和内业数据处理三部分。由于以载波相位观测值为主的相对定位法是当前 GPS 精密测量中普遍采用的方法,所以本技能点主要介绍在城市与工程控制网中采用 GPS 定位的方法和工作程序。

一、GPS 控制网设计

GPS 控制网设计是进行 GPS 测量的基础。它应根据用户提交的任务书或测量合同所规定的测量任务进行设计。其内容包括测区范围、测量精度、提交成果方式、完成时间等。设计的技术依据是国家测绘局颁发的《全球定位系统(GPS)测量规范》及建设部颁发的《全球定位系统城市测量技术规程》。

1. GPS 测量精度指标

GPS 控制网的精度指标通常是以网中相邻点之间的距离误差 m_D 来表示：

$$m_D = a + b \times 10^{-6} D \tag{9-1}$$

式中　D——相邻点之间的距离；

　　　a——固定误差；

　　　b——比例误差。

不同用途的 GPS 控制网其精度是不同的，地壳形变和国家基本 GPS 控制网为 A、B 级，见表 9-2。

表 9-2　　　　　　　　　　　　国家基本 GPS 控制网精度指标

级别	主要用途	固定误差 a/mm	比例误差 $b/10^{-6}D$
A	地壳形变测量及国家高精度 GPS 控制网的建立	≤5	≤0.1
B	国家基本控制测量	≤8	≤1

城市及工程 GPS 控制网精度指标见表 9-3。

表 9-3　　　　　　　　　　　　城市及工程 GPS 控制网精度指标

等级	平均距离/km	固定误差 a/mm	比例误差 $b/10^{-6}D$	最弱边相对中误差
二等	9	≤10	≤2	1/130000
三等	3	≤10	≤5	1/80000
四等	2	≤10	≤10	1/45000
一级	1	≤10	≤10	1/20000
二级	<1	≤15	≤20	1/10000

具体工作中要根据工作实际需要以及具备的仪器设备条件，恰当地确定 GPS 控制网的精度等级。布网可以分级进行，也可越级进行，或布设同级全面网。

2. GPS 网形设计

常规控制测量中，控制网的图形设计十分重要。而在 GPS 测量时，由于不需要点间通视，因此网形设计的灵活性比较大。GPS 网形设计应主要考虑以下几点：

(1)网的可靠性设计。GPS 测量有很多优点，如测量速度快、测量精度高等。但由于它是无线电定位，受外界环境影响大，所以在进行网形设计时应重点考虑成果的准确、可靠，还应考虑有较可靠的检验方法。GPS 控制网一般应通过独立观测边而构成闭合图形，以增加检核条件，提高网的可靠性。GPS 控制网的布设通常有点连式、边连式、网连式及边点混合连接这四种方式。

点连式是指相邻同步图形(多台仪器同步观测卫星获得基线而构成的闭合图形)仅用一个公共点连接。这样构成的图形检核条件太少，一般很少使用，如图 9-6(a)所示。

边连式是指同步图形间用一条公共边连接。这种方案边较多，非同步图形的观测基线可组成异步观测环(称为异步环)。异步环常用于观测成果的质量检查，所以边连式比点连式可靠，如图 9-6(b)所示。

 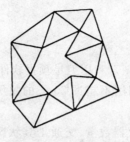 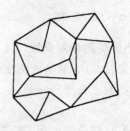

(a) 点连式 (7 个三角形)　　　　(b) 边连式 (15 个三角形)　　　　(c) 边点混合连接 (10 个三角形)

图 9-6　GPS 网形设计

网连式是指相邻同步图形间用两个以上公共点连接。这种方式需要四台以上的仪器。其几何强度和可靠性更高，但花费的时间和经费也更多。网连式常用于高精度控制网。

边点混合连接是指将点连接和边连接有机结合起来，组成 GPS 控制网，如图 9-6(c)所示。这种网的布设特点是周围的图形尽量采用边连式，在图形内部形成多个异步环，利用异步环闭合差检验来保证测量的可靠性。

在低等级 GPS 测量或碎部测量时可用星形布设，如图 9-7 所示。

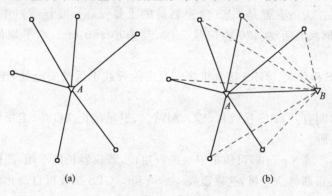

图 9-7　星形布设

这种方式常用于快速静态测量。其优点是测量速度快，但是没有检核条件。为了保证质量，可选两个点作为基准站。

(2)GPS 点虽然不需要通视，但为了便于用常规方法联测和扩展，要求控制点至少与一个其他控制点通视，或者在控制点附近 300 m 外布设一个通视良好的方位点，以便建立联测方向。

(3)为了求定 GPS 控制网坐标与原有地面控制网坐标之间的转换参数，要求至少有三个 GPS 控制点与地面 GPS 控制点重合。

(4)为了利用 GPS 进行高程测量，在测区内 GPS 点应尽可能与水准点重合，或者进行等级水准联测。

(5)GPS 点尽量选在天空视野开阔、交通便利的地方，并要远离高压线、变电所及微波辐射干扰源。

二、选点、建标志

该项工作与常规控制测量相同。

三、外业观测

1.外业观测计划设计

（1）编制 GPS 卫星可见性预报图。利用卫星预报软件，输入测区中心点概略坐标、作业时间、卫星截止高度角（≥15°）等，利用不超过 20 天的星历文件即可编制 GPS 卫星可见性预报图。

（2）编制作业调度表。应根据仪器数量、交通工具状况、测区交通环境及卫星预报状况编制作业调度表。作业调度表包括以下内容：

①观测时段（测站上从开始接收卫星信号到停止观测，连续工作的时间段），注明开、关机时间；

②测站号、测站名；

③接收机号、作业员；

④车辆调度表。

2.野外观测

野外观测应严格按照技术设计要求进行。

（1）安置天线。天线安置是 GPS 精密测量的重要保证。要仔细对中、整平、量取仪器高。仪器高要用钢尺在互为 120°方向量三次，互差小于 3 mm，取平均值后输入 GPS 接收机。

（2）安置 GPS 接收机。GPS 接收机应安置在距天线不远的安全处，连接天线及电源电缆，并确保无误。

（3）按规定时间打开 GPS 接收机，输入测站名、卫星截止高度角、卫星信号采样间隔等。详见 GPS 操作手册。

一般 GPS 接收机 3 min 即可锁定卫星进行定位，若仪器长期不用，超过三个月，仪器内的星历过期，则要重新捕获卫星，这就需要 12.5 min。GPS 接收机自动化程度很高，仪器一旦跟踪卫星进行定位，接收机自动将观测到的卫星星历、导航文件以及测站输入信息以文件形式存入接收机内。作业员只需要定期查看接收机的工作状况，发现故障及时排除，并做好记录。在接收机正常工作过程中不要随意开关电源、更改设置参数或关闭文件等。

（4）一个时段测量结束后要查看仪器高和测站名是否输入，确保无误再关机、关电源、迁站。

（5）GPS 接收机记录的数据有：GPS 卫星星历和卫星钟差参数；观测历元的时刻、伪距观测值和载波相位观测值；GPS 绝对定位结果；测站信息。

3.观测数据下载及数据预处理

观测成果的外业检核是确保外业观测质量和实现定位精度的重要环节。所以外业观测数据在测区时就要及时进行严格检查，对外业预处理成果按规范要求进行严格检查、分析，根据情况进行必要的重测或补测，确保外业成果无误方可离开测区。

技能点 3　内业数据处理

1.基线解算

对两台及两台以上接收机的同步观测值进行独立基线向量（坐标差）的平差计算称为基线解

算,也称观测数据预处理。其主要过程如图9-8所示。

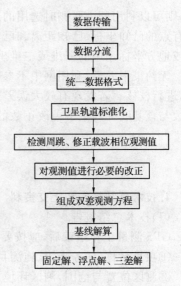

图 9-8 数据处理流程

2. 观测成果检验

(1)每个时段的同步环检验

同一时段由多台仪器组成的闭合环,其坐标增量闭合差应为零。由于仪器开机时间不完全一致,所以会有误差,在检验中应检查一切可能产生的环闭合差。环闭合差限差为

$$\omega \leqslant \frac{\sqrt{3n}}{5}\sigma \tag{9-2}$$

式中 σ——规范中规定的中误差;

n——同步环的点数。

(2)同步边检验

一条基线在不同时段观测多次,有多个独立基线值,这些边称为重复边。任意两个时段所得基线差应小于相应等级规定精度的 $2\sqrt{2}$ 倍。

(3)异步环检验

在构成多边形环路的基线向量中,只要有非同步观测基线,则该多边形环路称为异步环。

应选择一组完全独立的基线构成环进行异步环检验,且应符合下式要求:

$$\begin{cases} \omega_x \leqslant 2\sqrt{n}\sigma \\ \omega_y \leqslant 2\sqrt{n}\sigma \\ \omega_z \leqslant 2\sqrt{n}\sigma \\ \omega \leqslant 2\sqrt{3n}\sigma \end{cases} \tag{9-3}$$

3. GPS 网平差

在各项检验通过之后,得到各独立基线向量和相应的协方差阵,在此基础上便可以进行平差计算。

平差计算包括的内容有:

(1)GPS 控制网无约束平差

利用基线处理结果和协方差阵,以网中一个点的 WGS84 三维坐标为起算值,在 WGS84 坐标系中进行 GPS 控制网无约束平差。平差结果提供各控制点在 WGS84 坐标系中的三维坐标、基线向量和三个坐标差以及基线边长和相应的精度信息。

值得注意的是,由于起始点坐标往往采用 GPS 单点定位结果,其值与精确的 WGS84 地心坐标有较大偏差,所以平差后得到的各点坐标不是真正的 WGS84 地心坐标。

无约束平差基线向量改正数绝对值应满足:

$$\begin{cases} V_{\Delta x} \leqslant 3\sigma \\ V_{\Delta y} \leqslant 3\sigma \\ V_{\Delta z} \leqslant 3\sigma \end{cases} \tag{9-4}$$

(2)坐标参数转换或与地面网联合的平差

在工程中常采用国家坐标系或城市、矿区地方坐标系,需要将 GPS 控制网的平差结果进行坐标转换。若 GPS 控制网无约束平差时起始点选用国家基础 GPS 控制网上的点,则可用国家 A、B 级控制网求定的坐标转换参数进行转换,得到国家坐标系坐标。若无上述条

件,则可以利用网中联测时选用的原有地面控制网坐标进行三维约束平差或二维约束平差。原有点的已知坐标、已知距离和已知方位角作为强制约束条件。平差结果应是在国家坐标系或地方坐标系中的三维或二维坐标。

无约束平差后,利用网中不参与约束平差的各控制点,将其坐标与平差后的该点坐标求差,进行校核。若发现有较大误差,则应检查原地面点是否有误。约束平差后的基线向量改正数与该基线无约束平差改正数的较差应符合下式要求:

$$\begin{cases} dv_{cx} \leqslant 2\sigma \\ dv_{cy} \leqslant 2\sigma \\ dv_{cz} \leqslant 2\sigma \end{cases} \quad (9\text{-}5)$$

4. 技术总结报告和上交资料

(1)技术总结报告

GPS测量工作结束后,应按要求编写技术总结报告,其内容为:

①项目名称、任务来源、施测目的与精度要求;

②测区位置与范围,测区环境及条件;

③测区已有地面控制点情况及选点埋石情况;

④施测技术依据及采用规范;

⑤施测 GPS 接收设备类型、数量及检验结果;

⑥施测单位、作业时间、技术要求及作业人员情况;

⑦实测时的观测方法,观测时段选择,重测、补测情况,实测中发生或存在的问题说明;

⑧观测数据检核的内容、方法,数据处理采用的软件,数据删除情况;

⑨GPS网平差选用的软件及处理结果分析;

⑩工作量及定额计算,成果中存在的问题及需要说明的其他问题。

(2)上交资料

GPS测量任务完成后,需上交的资料有:

①测量任务书及技术设计书;

②GPS 控制网的展点图;

③控制点的点之记、环视图和测量标志委托保管书;

④测量期间卫星可见性预报表及观测计划;

⑤外业观测记录,包括测量手簿、原始观测数据的存储介质、偏心观测记录等;

⑥GPS 接收机及气象仪器检验证书;

⑦外业观测数据质量分析及野外检核计算资料;

⑧数据处理资料、由平差结果生成的文件、成果表和磁盘文件;

⑨技术总结;

⑩成果验收报告。

课题二　GPS-RTK 动态测量

技能点 1　RTK 系统

实时动态(RTK)测量技术是以载波相位观测量为依据的实时差分(RTD)GPS 测量技

术,它是 GPS 测量技术发展中的一个新突破。

实时动态测量的基本思想:在基线上安置一台 GPS 接收机,对所有可见的 GPS 卫星进行连续测量,并将其观测数据通过无线电传输设备实时地发送给用户观测站。在用户观测站上,GPS 接收机在接收 GPS 卫星信号的同时,通过无线电接收设备接收参考站传输的观测数据,然后根据相对定位原理实时地计算并显示用户观测站的三维坐标及其精度。

RTK 系统配置包括参考站、流动站和数据链三个部分。在 RTK 模式下,参考站通过数据链将其观测值和测站坐标信息一起传送给流动站。流动站不仅通过数据链接收来自参考站的数据,还要采集 GPS 观测数据,并在系统内组成差分观测值,进行实时处理。流动站可处于静止状态,也可处于运动状态。RTK 技术的关键在于数据处理技术和数据传输技术。

1. 参考站

在一定的观测时间内,一台或几台接收机分别在一个或几个测站上,一直保持跟踪观测卫星,其余接收机在这些测站的一定范围内流动作业,这些固定测站称为参考站,也称基准站。参考站由参考站 GPS 接收机、参考站电台及天线和电源系统组成,配置关系如图 9-9 所示。

2. 流动站

在参考站一定范围内流动作业,并由实时提供三维坐标的接收机所设立的测站称为流动站,又称移动站。流动站由流动站 GPS 接收机、流动站电台及天线组成,配置关系如图 9-10 所示。

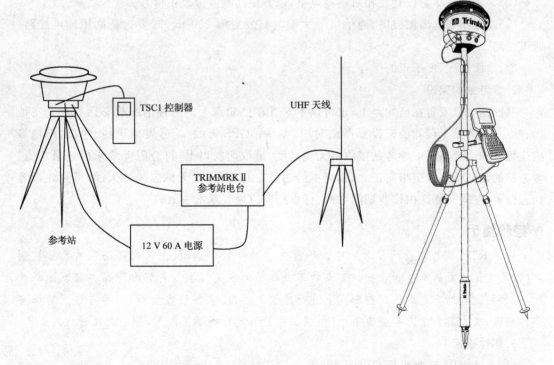

图 9-9　天宝 4800 GPS-RTK 参考站的配置　　　　图 9-10　天宝 4800 流动站的配置

3. 数据链

RTK 系统中参考站和流动站的 GPS 接收机通过数据链进行通讯联系,因此,参考站与流动站系统都包括数据链。数据链由调制解调器和电台组成。

参考站的数据通过电缆输出到电台，然后又从天线发射出去。

流动站数据链由电台和天线组成，流动站电台一般内置在 GPS 接收机内部，流动站天线为流动站电台接收参考站电台发射的数据，然后输入到流动站内进行实时解算。

经验提示

GPS-RTK 作业能否顺利进行，关键是看无线电数据链的稳定性和作用距离是否满足要求。它与无线电数据链电台本身的性能、发射天线的类型、参考站的选址、设备架设情况以及无线电电磁环境等有关。

技能点 2　RTK 仪器的架设与配置

一、参考站的架设与配置

1. 参考站点位的选择

参考站点位的选择必须严格。因为参考站接收机内每次卫星信号失锁将会影响网络内所有流动站的正常工作。

(1)周围应视野开阔，截止高度角应超过 15°；周围无信号反射物(大面积水域、大型建筑物等)，以减少多路径干扰，并要尽量避开交通要道、过往行人的干扰。

(2)参考站应尽量设置在相对制高点上，以方便播发差分改正信号。

(3)参考站要远离微波塔、通信塔等大型电磁发射源 200 m 外，要远离高压输电线路、通讯线路 50 m 外。

(4)地面稳固，便于点的保存。

2. 参考站的架设

基准站可以安置在已知点上，也可以不安置在已知点上。两种情况都必须有一个实地标志点。参考站上仪器的架设要严格对中、整平。GPS 天线、信号发射天线、主机、电源等应连接正确。严格量取参考站接收机天线高度，量取两次以上，符合限差要求后记录均值。参考站的定向指北线应指向正北，偏离不得超过左右 10°。对无标志线的天线，可预先设置标志位置，在同一测区内作业期间，每次标志指向应做到基本一致。

经验提示

虽然 RTK 定位测量的参考站可以不放在已知控制点上，但测区内还必须有已知控制点，而且定位测量的精度和已知控制点的等级和个数有关。在安置好参考站并启动流动站后，必须用流动站分别到已知控制点上进行定位测量，以求得该点坐标，然后与该点的原有坐标相比，求出其差值。若差值很小(根据工程性质定)，则不需改正，否则必须进行改正。

3. 部件连接

(1)连接 GPS 接收机与 GPS 天线。

(2)连接 GPS 接收机与电台。

(3)连接电台与电台天线。

（4）连接电源与 GPS 接收机和电台。

（5）连接掌上电脑与 GPS 接收机。

经验提示

确保 GPS 接收机、GPS 天线、电台、电台天线等连接无误后再连接电源，以防烧坏设备。

4.启动参考站

参考站接收机有自动启动和手动启动两种方式，启动需要 WGS84 坐标系下的坐标。

如果是自动启动，则开机即可。手动启动分为参考站在已知点和未知点上两种方式，WGS84 坐标可通过输入或单点定位测量获取。

5.参考站功能验证

（1）确认参考站接收机是否正在观测卫星。

（2）确认参考站电台是否正在传输数据。

经验提示

功能验证一般可通过显示屏上的指示灯闪烁情况确定。

二、流动站的架设与配置

1.流动站点位的选择

（1）在信号受影响的点位上，为提高效率，可将仪器移到开阔处或升高天线，待数据链锁定后，再小心无倾斜地移回待定点或放低天线，一般可以初始化成功。

（2）在穿越树林、灌木林时，应注意天线和电缆勿被刮破、拉断，保证仪器安全。

2.流动站的架设

（1）流动站 GPS 天线安置在一根测杆上，该测杆可精确地在测站点上对中、整平。

（2）测量和记录 GPS 天线高度，一般固定为 2 m。

（3）连接电台。

（4）连接掌上电脑。

3.配置流动站

（1）配置流动站电台

①设置流动站电台的数据传输速率（波特率）。

②设置流动站电台的接收频率。

经验提示

一定要使流动站电台的接收频率和参考站电台的频率保持一致，才能保证流动站正常工作。

（2）配置流动站 GPS 接收机

①确保掌上电脑与 GPS 连接正常。

②确定坐标系统。

③流动站的广播格式设置成与参考站一致。

④设置流动站 GPS 接收机天线高度。

⑤参照不同型号仪器的说明书进行其他设置。

4.流动站功能验证

(1)确认流动站接收机是否正在观测卫星。

(2)确认流动站电台是否正在接收参考站的数据。

技能点 3　坐标测量及放样测量

一、参考站

(1)连接仪器(尤其注意一定要确保电台连接正确后再加电)。

(2)新建任务(取文件名,选择坐标系,常用无投影无基准,在后面用 3~4 个已知点做校正)。

(3)输入点校正(平面至少有两个已知点,最好有三个,高程需四个已知点,每个已知点应具有 WGS84 坐标系坐标、北京 54 坐标系坐标或其他两个坐标系坐标)。

(4)对主机和电台进行设置(注意天线类型和无线电频率)。

(5)启动参考站(观察电台,若有闪动则表示已启动)。

二、流动站

(1)连接仪器。

(2)打开任务(选择与基准站同一个任务)。

(3)对主机和电台进行设置(注意天线类型和无线电频率,看见手簿有电台标志就表示收到无线电信号,等初始化完成后即可)。

(4)开始测量(可选择测点、线)。

(5)放样(可现场输入,也可内业键入要放样的要素)。

三、RTK 成果检验

由于 RTK 技术目前正处于推广应用阶段,故外业工作应加强对 RTK 成果的检验。对 RTK 成果的外业检验可采用下列方法:

(1)与已知点成果的比对检验;

(2)重测同一点的检验;

(3)已知基线长度的测量检验;

(4)不同参考站对同一测点的检验。

【资料链接】

南方灵锐 S82 RTK 动态碎部测量

南方灵锐 S82 RTK 由参考站和流动站两部分组成。其操作步骤是先启动参考站,然后进行流动站操作。

一、参考站部分

1.在已知点上架好脚架,对中、整平(如架于未知点上,则大致整平即可)。

2.接好电源线和发射天线电缆,注意电源的正负极应正确(红正黑负)。

3.打开主机和电台,主机开始自动初始化和搜索卫星,当卫星数和卫星质量达到要求后(大约 1 min),主机上的 DL 指示灯开始 5 s 快闪两次,同时电台上的 TX 指示灯开始每秒钟闪一次,这表明参考站差分信号开始发射,整个参考站部分开始正常工作。

注意:为了让主机能搜索到数量多和质量高的卫星,参考站一般应选在周围视野开阔的地方,避免在截止高度角15°以内有大型建筑物;为了让参考站差分信号能传播得更远,参考站一般应选在地势较高的位置。

二、流动站部分

1.将流动站主机接在碳纤对中杆上,并将接收天线接在主机顶部,同时将手簿夹在对中杆的合适位置。

2.打开主机,主机开始自动初始化和搜索卫星,当达到一定条件后,主机上的 DL 指示灯开始每秒钟闪一次(必须在参考站正常发射差分信号的前提下),表明已经收到参考站差分信号。

3.打开手簿,启动工程之星软件。工程之星软件的快捷方式一般在手簿的桌面上,当手簿冷启动后,桌面上的快捷方式消失,这时必须在 Flashdisk 中启动源文件("我的电脑"→"Flashdisk"→"SETUP"→"ERTKPro 2.0.exe")。

4.启动软件后,软件一般会自动通过蓝牙和主机连通。如果没连通则首先需要进行蓝牙设置("工具"→"连接仪器"→选中"输入端口:7"→点击"连接"按钮)。

(1)打开主机,然后对手簿进行如下设置:

①选择"开始"→"设置"→"控制面板",在"控制面板"窗口中双击"电源",如图 9-11 所示。

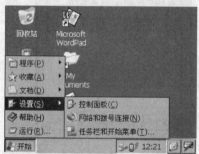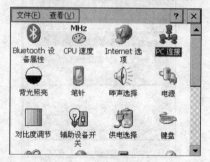

图 9-11　手簿设置(1)

②在"电源属性"对话框中点击"内建设备"选项卡,选择"启用蓝牙无线",然后点击"OK"按钮关闭对话框,如图 9-12 所示。

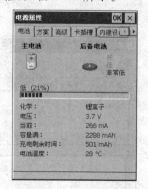

图 9-12　手簿设置(2)

③选择"开始"→"设置"→"控制面板",在"控制面板"窗口中双击"Bluetooth 设备属性",弹出"蓝牙管理器"对话框,如图 9-13 所示。

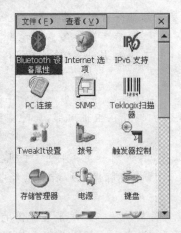

图 9-13　手簿设置(3)

④点击"搜索"按钮,弹出"搜索"窗口。如果在附近(小于 12 m 的范围内)有上述主机,则在"蓝牙管理器"对话框中将显示搜索结果,如图 9-14 所示。

图 9-14　手簿设置(4)

注:整个搜索过程可能持续 10 s 左右,请耐心等待。

⑤选择"T068…"数据项,点击"服务组"按钮,弹出"服务组"对话框,该对话框里显示了"PRINTER"和"ASYNC"两个数据项,如图 9-15 所示,此时所有数据项的端口号皆为空。

图 9-15　手簿设置(5)

⑥双击"ASYNC"数据项,弹出四个选项,如图9-16所示。选择"活动",此时"ASYNC"数据项中的端口变为"COM7:",点击"OK"按钮关闭所有窗口。

图9-16　手簿设置(6)

注:端口号服从正态分布,其可能取值为1、2、3、……,其中"COM7:"出现的概率(接近1)要远大于其他端口号。

(2)连接设置。把工程之星软件安装到上述手簿中,同时保持主机开机,然后进行如下设置:

①打开工程之星软件,进入工程之星主界面,点击"提示"窗口中的"OK"按钮,如图9-17所示。

②选择"设置"→"连接仪器",在"连接设置"对话框中选择"输入端口",点击"连接"按钮,如图9-18所示。如果连接成功,则状态栏中将显示相关数据;如果连不通,则退出工程之星重新连接(如果以上设置都正确,则直接连接即可)。

注:如果出现特殊情况(比如上述端口显示"COM7:"),请在"输入端口"中输入数字"7"。

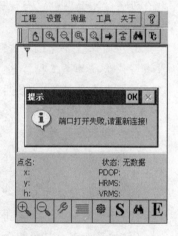

图9-17　连接设置(1)

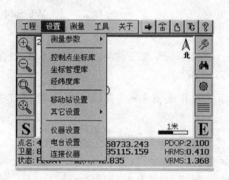

图9-18　连接设置(2)

特别注意：

● 在工程之星软件中默认端口为 7,如果你配置出的端口为 8,则连接时需手动设置,可能会不太方便。如需重新配置成 7,可将蓝牙管理器中原来配置的端口全部取消,冷启动手簿后再配置为 7 即可。

● 此配置程序文档只适用于南方测绘灵锐系统 RTK(包括 S80/S82/S86,PSION 自带蓝牙的黑色手簿),以前通过 CF 蓝牙来连接的 PSION 手簿可通过升级硬件来实现这个功能,详情咨询当地分公司技术人员。

● 在用户手上拿到的 PSION 手簿的任务栏右侧有一个"蓝牙管理器"图标,适合此文档所提及的配置内容。

● 随着技术的不断提高和产品的更新换代,以往的手簿应尽快联系当地分公司升级至最新,以方便使用。

5. 软件在和主机连通后,首先会让流动站主机自动去匹配参考站发射时使用的通道;如果自动搜频成功,则软件主界面左上角会有信号在闪动;如果自动搜频不成功,则需要进行电台设置("工具"→"电台设置"→在"切换通道号"后选择与参考站电台相同的通道→点击"切换"按钮)。

6. 在确保蓝牙连通和收到差分信号后开始新建工程("工程"→"新建工程"),依次按要求填写或选取如下工程信息:工程名称、椭球系名称、投影参数设置、四参数设置(未启用可以不填)、七参数设置(未启用可以不填)和高程拟合参数设置(未启用可以不填),最后点击"确定"按钮,工程新建完毕。

7. 参数求解。当到达一个新的测区时,首选要做的工作就是获取坐标转换参数。

(1)参考站架设在未知点上。进入工程之星软件,将手簿连通流动站主机,确认一切工作正常。

(2)新建工程:"工程"→"新建工程",输入作业名、坐标系、中央子午线、投影面高。

(3)分别到两个已知点上按"A"测量(输入点名、流动站天线高),按"B"查询。

(4)计算四参数:"设置"→"求转换参数/控制点坐标库",增加已知点坐标与测量出的原始坐标。

——————————此步详细操作——————————————————

假定工程名为 south,有 a、b 两点并提供了这两点的坐标,测量 WGS84 数据为 PT_1、PT_2。

"增加"(输入 a 点坐标)→"OK"→"从坐标管理库选点"→"导入"(WGS84 文件 south.rtk)→选择 a 点所测量的数据 PT_1→"确定"→"OK"。

"增加"(输入 b 点坐标)→"OK"→"从坐标管理库选点"→选择 b 点所测量的数据 PT_2→"确定"→"OK"。

——————————继续以下操作——————————————————

保存:把增加的数据保存为一个转换参数文件 *.cot,以后会用到这个文件。

应用:系统自动计算出转换参数并将其添加到系统四参数中,高程也会自动进行改正,可检查参数是否可用,参照《关于 RTK 的工作原理和精度分析》。

从实际的经验值来看,如果计算出来的参数比例大于 1,则小数点后为四个 0 以上;如果小于 1,则小数点后为四个 9 才好。

(5)检核数据,在其中一个已知点上对中、整平,按"A"测量并保存。双击"B"查看测量数据,调出刚测量的点与已知坐标进行比对。一般情况下,误差都在允许范围内。

(6)在测区比较好的地方定上两个以上的固定点,用于以后的校正。

(7)进行其他程序的操作。

第二次作业:参考站任意架设,由于前次作业已经保存了参数文件(* . cot),并且在有利的地方定出了两个以上的点,故本次作业的工作就不必再像前一次一样去测量已知点的原始数据计算参数了,只要导入前一次的参数来应用再进行单点校正已知点即可。

①第一种方法:初学型

● 新建工程:输入作业名、坐标系、中央子午线。

● 导入校正参数:"设置"→"求转换参数"→"导入",选择前日所保存的 * . cot 文件。

应用:将计算出的转换参数添加到系统四参数中。

注:新版工程之星软件中已将"控制点坐标库"变为"求转换参数"。

● 单点校正:"工具"→"校正向导"。由于参考站有位置移动,故需要进行单点校正;将流动站到其中一个已知点或自行定出的固定点上的气泡对中,在固定解状态下,输入当前点的坐标并校正即可。

● 到第二个已知点上按"A"测量,再双击"B"查看测量坐标,与已知坐标进行比对检核。

②第二种方法:老实型

● 打开前日的工程,进入"设置"→"测量参数"→"四参数",将此四参数记录在纸上。

● 新建工程(输入作业名、坐标系、中央子午线),点击"下一步"按钮,启用四参数,将以上记录的四参数输入在里面。

● 同初学型的步骤3、4。

③第三种方法:熟练型

● 新建工程:输入作业名,选择"套用",选择前日的工作文件 * . ini,新的作业将套用前日的参数。

● 同初学型的步骤3、4。

以上三种方法中,第一、三种方法最为常用,用户可根据自己对软件的掌握程度进行选择操作。

8.将对中杆对立在需测的点上,当状态达到固定解时,按快捷键"A"保存数据。

〈南方灵锐 S82 RTK 简易操作流程〉

方法1:

操作:"工程"→"新建工程"→输入作业名称,选择"向导",点击"OK"按钮→选择"北京54 椭球",点击"下一步"按钮→输入中央子午线→点击"确定"按钮→点击"设置"按钮→选择"其他设置"中的"移动站天线高"→输入天线高并选择"直接显示实际高程"→选至少两个已知点测量 WGS84 坐标(每个点可以多测几次,比较一下选择最好的点)→点击"设置"按钮,选择控制点坐标库→点击"增加"按钮→输入已知点坐标,点击"OK"按钮→选择"从坐标管理库选点"→选择"导入"→选择扩展名为 rtk(例如 905. rtk)→选择与刚才输入的已知点坐标对应的 WGS84 坐标→在弹出的对话框中点击"OK"按钮→增加第二个已知点(重复增加第一个已知点的操作)→增加若干点完毕后,点击"保存"按钮→为参数文件起一个名字→

点击"确定"按钮→点击"OK"按钮→点击"应用"按钮→点击"设置"按钮→选择"测量参数"、"四参数设置"→察看比例尺是否接近1(最好小数点后有五个9或五个0)→开始测量或放样。

方法2：

"工程"→"新建工程"→输入作业名称,选择"套用",点击"OK"按钮→选择被套用的工程设置文件(例如905.ini)→点击"确定"按钮→点击"工具"、"校正向导"→选择"参考站架在未知点",进入下一步→输入当前已知点坐标及天线高,点击"校正"按钮→检核后开始作业。

〈南方灵锐S82 RTK操作注意事项〉

具体求参数时对已知点的要求比较多,有以下几方面：

● 控制点的数量应足够。一般来讲,平面控制点应至少有三个；高程控制点应根据地形、地貌条件,数量要求会更多(比如六个或以上),以确保拟合精度要求。

● 控制点的控制范围和分布的合理性。控制范围应以能够覆盖整个测区为原则,一般情况下,相邻控制点之间的距离为3～5 km。所谓分布的合理性主要是指控制点分布的均匀性,当然控制点越多越好。

● 已知点少时,点位决定精度。在只有两个点的情况下,两已知点距离不应太近,一般情况下作用范围不应超过两点距离的1.5倍。另外两已知点也不应在象限方向上,即不应在东西或南北方向上,应存在一定的偏角。

● 控制点精度应统一。用于求参数的控制点应是经过统一平差的点。

● 在没有已知点的情况下一般采用假定坐标,那么这种情况只需假定一个已知点并校正即可。任意选择坐标系统,注意输入中央子午线时要输入测区范围的平均经度,这样不会产生太大的投影变形,与常规测量仪器联测方便。此种情况一般不应采用全站仪定向方法,因为全站仪定向存在偏差,必须求出四参数才行,而且这种参数一般精度不高。所以在进行GPS测量时,假定坐标只能取一个。

以下三点是正常工作的前提,如果测量中出现问题,则要根据状况来判断原因。比如工程之星软件下方显示无数据,那就表示手簿与流动站没有连接,将热启动手簿重新连接即可；通道号没显示或显示与参考站不一致的通道号,用电台设置切换到需要的通道即可。在真正测量时,工程之星软件提示的状态一定要达到固定解,而且蓝牙不应离流动站太远,正常情况是显示的坐标更新率应每秒一次。

● 架设S82参考站时,一定要注意电瓶的正负极,先连接电瓶端,检查无误后再连接主机和电台。

● 参考站状态指示。主机上面的指示灯一般只需看前两个。RTK模式正常工作应为：STA灯1 s间隔闪烁,DL灯5 s间隔连续闪烁两次。电台指示灯正常应为：通道正常显示,TX灯1 s间隔闪烁。

● 流动站状态指示。主机上面的指示灯,RTK模式正常工作应为：STA灯1 s间隔闪烁,DL灯1 s间隔闪烁。手簿正常工作状态为：工程之星软件常规界面,下方显示点位信息,有点号、坐标、精度及卫星状况,左上角有电台通道(与参考站一致)及信号强度指示条。

单元小结

本单元着重介绍了高程测量与测设的基本工作,学习本单元应主要掌握以下知识点:

GPS 是 Global Positioning System(全球卫星定位系统)的首字母缩写。

本单元涉及四部分内容:GPS 系统组成、GPS 定位原理、GPS 测量主要技术指标、GPS 静态测量方法以及 GPS-RTK 动态坐标测量和放样测量。

GPS 系统由三大部分组成:空间卫星部分(GPS 卫星星座);地面监控部分(地面监控系统);用户设备部分(GPS 接收机)。要了解每一部分的结构特点和功能。

GPS 是基于空间距离交会原理定位的。

GPS 测量精度指标通常是用相邻点间基线长的标准差来表示;GPS 控制网设计的技术指标主要依据《全球定位系统(GPS)测量规范》和《全球定位系统城市测量技术规程》。

GPS 测量实施方法包括测前准备、外业观测和内业数据解算。测前准备阶段的主要工作包括项目立项、技术设计、实地踏勘、设备检验、资料收集整理和人员组织等;外业观测的主要步骤有选点、埋设点位标志和观测;内业数据解算的步骤包括数据传输、外业输入数据的检查与修改、基线解算、网平差和成果输出。本部分应重点掌握 GPS 测量实施方法的主要内容和步骤。

GPS-RTK 动态坐标测量、放样测量的工作程序和实施方法。

 单元测试

1.GPS 由哪些部分组成? 简述各组成部分的功能。

2.写出 GPS 静态观测外业观测的主要步骤。

3.写出 GPS 静态观测内业数据解算的主要步骤。

4.写出 GPS-RTK 动态坐标测量的主要步骤。

5.GPS-RTK 成果的检验方法有哪几种?

单元十 项目实战

学习目标

熟练掌握三种基本测量工作的作业技能;熟练掌握小区域平面和高程控制测量建立的全过程;熟悉小区域地形图的测绘;掌握建筑物施工测量和变形监测的一般方法等。

学习要求

知识要点	技能训练	相关知识
场地测量	DS$_3$型水准仪的组成和使用 DJ$_6$型光学经纬仪的组成和使用 全站仪的组成和使用 闭合水准测量的外业观测和内业计算 闭合导线测量的外业观测和内业计算 小区域大比例尺地形图的测绘	现场踏勘选点 水准仪和经纬仪的检验 等外水准施测 图根导线施测 水准、导线计算和展绘控制点 1∶500地形图的施测和绘制
建筑施工测量	一般建筑物施工点位的测设与检验 施工场地的平整测量 高层建筑施工轴线的投测和高程传递 高层建筑物的倾斜观测	矩形建筑物四周角点的点位测设 椭圆形建筑物轮廓线特征点的点位测设 施工场地的平整测量 平整场地的土方量计算 向多层楼上投测轴线和高程传递 测定建筑物的倾斜度

单元导入

实践教学环节是测量课程的重要组成部分,其主要任务是使学生加深对课堂所学基本理论的理解,系统地掌握常见测量仪器的使用和基本测量、控制测量、施工测量的方法,进一步培养学生的实践操作能力和在施工测量中分析问题、解决问题的能力。

本单元将通过具体测量实战项目的实施,使学生加深对测量基本理论的理解,进一步掌握一般测量仪器的使用和检验方法、三种基本测量工作的外业观测和内业计算、小区域从控制测量到碎步测量的全过程以及一般工程施工测量和变形监测的作业技能和计算方法。与此同时,在实践中培养高度的责任感、认真的作业态度、不怕艰苦的工作作风和良好的团队精神。

课题一　场地测量

技能点1　仪器检验

一、DS$_3$型水准仪的检验与校正

(1)圆水准轴的检验与校正。

(2)十字丝横丝的检验与校正。

(3)管水准轴的检验与校正。

具体方法参见单元二的课题三。

二、DJ₆型光学经纬仪的检验与校正

(1)照准部管水准轴的检验与校正。

(2)视准轴的检验与校正。

(3)横轴的检验与校正。

(4)十字丝竖丝的检验与校正。

(5)竖盘指标差的检验与校正。

(6)光学对中器的检验与校正。

具体方法参见单元三的课题二。

仪器检验与校正的数据和结果应填入相应的仪器检校记录(表格参见单元二的实训报告3、单元三的实训报告3)中。

技能点2　平面控制测量

按图根导线的技术要求在一场地的四周布设一条闭合导线(图10-1),假定1号点为已知点,1号点至远处某目标A的方位角为已知方位角,其坐标 x_1、y_1 和方位角 α_{1A} 根据实地情况予以设定。

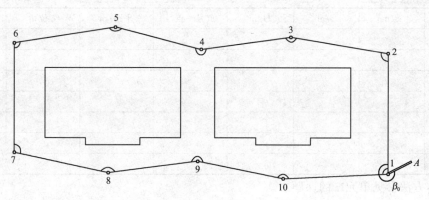

图 10-1　闭合导线的布设

📖**经验提示**

所选场地最好拥有两幢以上的多层建筑,四周有道路所围。

(1)踏勘选点。导线沿建筑物四周的道路边布设,含 8～10 个导线点,边长为 50～100 m,点位一般设在道路交叉口、建筑物外墙拐角或门厅以及过道附近,通过实地踏勘选点。

(2)水平角观测。导线的转折角采用经纬仪(或全站仪)测回法观测,按导线前进方向观测左角(即闭合导线内角)一个测回。仪器若使用光学对中器对中,则误差应小于 1 mm,整平时水准管气泡偏移应小于 1 格,盘左、盘右两个半测回水平角之差应不超过 ±40″。

(3)边长观测。导线的边长用钢卷尺(或光电测距仪)进行往返丈量,往返丈量较差的相对误差不大于 1/3000。

(4)连接测量。如果用附合导线计算方法计算,还必须同时观测连接已知方向 1A 的连接角 β_0。

(5)内业计算。对外业观测成果予以检查,若符合要求即进行导线闭合差调整和坐标计算。导线的方位角值及角度值取至秒;边长、坐标取至毫米;导线的角度闭合差应不超过 $\pm 40''\sqrt{n}$,式中 n 为导线转折角的个数;导线的全长相对闭合差应不大于 1/2000。

计算在《图根导线测量内业坐标表》(参见单元五的实训报告 1)内进行,具体方法参见单元五的课题一。

技能点 3 高程控制测量

以闭合导线的所有导线点作为高程控制点,按等外水准的技术要求完成一条闭合水准路线的测量。闭合水准路线应尽量与已知水准点联测,若无水准点,则可假设一个点(如图 10-1 中的 1 号点)为已知点,高程根据实际情况设定。

(1)观测。采用变动仪器高法观测,符合限差方可迁站。设站时应尽量使前、后视的距离大致相等,每次读数前均应旋转微倾螺旋,使符合水准管气泡居中。

(2)计算。对外业观测成果予以检查,若符合要求,即进行水准路线的闭合差调整和高程计算。路线的高差容许闭合差 $f_{h容}=\pm 20\sqrt{L}$ mm,式中 L 为路线长度,单位为 km。

计算在《高差闭合差调整及待定点高程计算表》(参见单元二的实训报告 2)中进行,平面控制测量和高程控制测量的结果填入表 10-1 中。

表 10-1　　　　　　　　　　　　　控制测量成果

实训日期:_____ 专业:_____ 班级:_____ 姓名:_____

____年____月____日 天气____ 观测____ 记录____ 检查____

点号	x/m	y/m	H/m	点号~点号	平距/m	方位角	备注

具体方法参见单元二的课题二。

技能点 4 经纬仪测图

根据控制测量成果测绘比例尺为 1:500 的地形图(50 cm×50 cm)一幅,完成导线范围内的大型建筑物及其周边道路、花圃等地物、地貌的测绘工作,并进行地形图的整饰(如果时间有限,可适当减少工作量,由若干组共同完成一个区域的测绘工作,但各组之间的成果需要进行拼图)。

(1)绘制坐标格网。采用白纸或聚酯薄膜,其西南角坐标由指导教师辅导标定。

(2)展绘控制点。

(3)采用经纬仪测回法进行碎部测量,利用小平板、半圆仪展碎部点,并进行高程注记,至厘米位。

观测记录、计算在《经纬仪视距法测图记录表》(参见单元六的实训报告 1)中进行,具体方法参见单元六的课题二。

技能点 5　全站仪数字测图

采用全站仪测记法进行数据采集,利用 CASS 软件进行绘图处理,成图后打印输出。采用全站仪测记法数字测图可分为三个阶段:数据采集、数据处理和图形输出。

1. 数据采集

(1)测站设置与检核。

(2)碎部点测量。

2. 数据处理

(1)展点。

(2)对照草图,按屏幕菜单绘图。

(3)展高程点。

(4)绘制等高线。

(5)图形整饰。

3. 图形输出

将绘制好的图形文件存盘或直接打印。

具体方法参见单元六的课题三。

课题二　建筑施工测量

技能点 1　建筑物定位

1. 矩形建筑物四周角点的测设

根据两个假定的建筑基线点,采用极坐标法完成一矩形建筑物四周角点的测设,即外墙轴线交点的测设,如图 10-2 所示。先进行内业计算(测设数据计算),再进行外业测设(点位现场测设)。

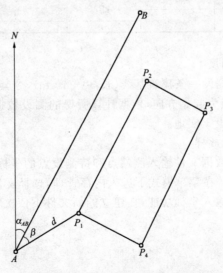

图 10-2　矩形建筑物四周角点的测设

（1）内业计算

假设将两个建筑基线点的已知坐标和四个角点的坐标（为同一坐标系）列于表 10-2 中。

表 10-2　　　　　　　　　　矩形建筑物四周角点测设的已知数据和角点坐标

点号	x/m	y/m	边号	平距/m
A	1200.000	1800.000		
B	1234.641	1820.000	AB	30.000~40.000
P_1	1202.928	1810.928	P_1P_2	24.000
P_2	1223.713	1822.928	P_2P_3	12.000
P_3	1217.713	1833.320	P_3P_4	24.000
P_4	1196.928	1821.320	P_4P_1	12.000

①计算基线 AB 的方位角 α_{AB}。

②分别计算 A 点至四个角点的方位角 α_{AP_i}（$i=1\sim4$）。

③分别计算测设四个角点的水平角和水平距离：

$$\beta_i = \alpha_{AP_i} - \alpha_{AB}$$

$$d_i = \sqrt{(x_{P_i} - x_A)^2 + (y_{P_i} - y_A)^2}$$

计算在表 10-3 中进行。

表 10-3　　　　　　　　　　矩形建筑物墙轴线角点的测设数据计算

实训日期：_____　专业：_____　班级：_____　姓名：_____

_____年____月____日　天气____　观测_____　记录_____　检查_____

点号	x/m	y/m	方向号	方位角 /(° ′ ″)	水平角 /(° ′ ″)	平距/m
A	1200.000	1800.000				
			AB			
B	1234.641	1820.000				
			AP_1			
P_1	1202.928	1810.928				
			AP_2			
P_2	1223.713	1822.928				
			AP_3			
P_3	1217.713	1833.320				
			AP_4			
P_4	1196.928	1821.320				

（2）外业测设

①方法一：经纬仪加钢尺

● 在场地上先用钢尺测设一条建筑基线（长 30～40 m），令其两端分别为 A、B。

● 以 A 点为测站，B 点为起始方向，依据计算所得的测设数据，用经纬仪和钢尺采用极坐标法逐一将四个角点测设于实地。

②方法二：全站仪坐标放样

通过建立和调用坐标数据文件输入测站点和待测设点的坐标测设点位。

● 建立坐标数据文件。在菜单模式下进入内存管理，选择文件维护功能，建立新的坐标文件；返回内存管理，选择输入坐标功能，在建立的新文件下依次输入各点点名及三维坐标。

经验提示

输入坐标时，如果只需输入 x、y，则 H 可跳过。控制点和待放样点可分别存放在不同的坐标数据文件中。

● 调用坐标数据文件。先在角度测量模式下照准后视点，将水平读数置零；再进入坐标放样模式,选择并调用控制点坐标数据文件和测设点位坐标数据文件,在输入测站点、后视点和待放样点时仅键入相应的点名,即可得到所需点的坐标;然后量取并键入仪器高和棱镜高。此时仪器根据测站点和后视点自动计算后视方向的坐标方位角。此后照准竖立在待放样点附近的棱镜中心,按"测量"键,屏幕自动提示前后左右(及上下)需移动棱镜杆位的数值,按提示移动,直至显示角度、距离(及高差)的差值均为零,则此点位即为待放样点。

(3)点位检测

①方法一:经纬仪加钢尺

● 用钢卷尺对所测设相邻点位之间的水平距离进行实测检核,与表 10-1 中相应的水平距离比较,其相对误差应不超过 1/4000。

● 用经纬仪(或全站仪)对所测设矩形建筑物的四个内角进行实测检核,与 90°相比较,其误差应不超过 ±40″。

②方法二:全站仪坐标放样

用全站仪按坐标测量法,以 A 点为测站点,B 点为后视点,直接对放样点位进行坐标测量,测定各点位坐标,与表 10-1 中的各点位坐标进行比较,对测设放入点位进行实测检核,将结果填入表 10-4 中。

表 10-4　　　　　　　　　　矩形建筑物四周角点测设的相对点位检测

实训日期:_____.　专业:_____　班级:_____　姓名:_____

_____年____月____日　天气____　观测_____　记录_____　检查_____

点号	β_i			D_{Ai}		
	测设/(°′″)	实测/(°′″)	较差/(″)	边号	测设/m	实测/m	较差/m
P_1				P_1P_2			
P_2				P_2P_3			
P_3				P_3P_4			
P_4				P_4P_1			

具体方法参见单元五的课题四。

2. 椭圆形建筑物轮廓线特征点点位测设

如图 10-3 所示,设椭圆形建筑物假定坐标系的竖向 X 轴长半径 $a=15$ m,横向 Y 轴短半径 $b=12$ m,以椭圆中心点 $O(0,0)$ 为测站,Y 轴左向 1 号点为零方向,其方位角 $\alpha_{O1}=270°00′00″$,测设 12 个特征点位,其 y_i 坐标见表 10-5。先进行内业计算(各点 x_i 坐标计算和测设数据计算),再进行外业测设(现场点位测设)。

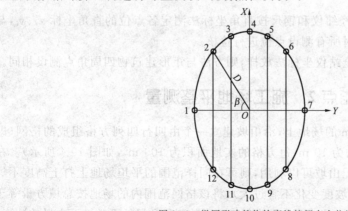

图 10-3　椭圆形建筑物轮廓线特征点点位测设

表 10-5 椭圆形建筑物轮廓线特征点 Y 坐标

点号	1	2	3	4	5	6	7	8	9	10	11	12
y_i/m	−12	−8	−4	0	+4	+8	+12	+8	+4	0	−4	−8

（1）内业计算

①根据椭圆方程 $\dfrac{x^2}{a^2}+\dfrac{y^2}{b^2}=1$，计算各特征点的 x_i 坐标。

②计算中心点 O 至各点位之间的水平距离：$D_{Oi}=\sqrt{x_i^2+y_i^2}$。

③计算中心点 O 至各点位在椭圆假定坐标系中的方位角：$\alpha_{Oi}=\arctan\dfrac{y_i}{x_i}$。

④计算中心点 O 以 Y 轴左向 1 号点为零方向，顺时针至各点位之间的水平角：$\beta_i=\alpha_{Oi}-\alpha_{O1}$。将以上计算结果填入表 10-6 中。

表 10-6 椭圆形建筑物轮廓线特征点点位测设计算

实训日期：_____ 专业：_____ 班级：_____ 姓名：_____

_____年___月___日 天气___ 观测_____ 记录_____ 检查_____

点号	1	2	3	4	5	6	7	8	9	10	11	12
y_i/m	−12	−8	−4	0	+4	+8	+12	+8	+4	0	−4	−8
x_i/m												
点 O 至各点的平距 D_{Oi}/m												
点 O 至各点的假定方位角 α_{Oi} /(° ′ ″)												
点 O 自零方向起顺时针至各点的水平角 β_i /(° ′ ″)												

（2）外业测设

先用仪器和钢尺测设两条相互垂直的建筑基线（竖向 30 m 作为 X 轴，横向 24 m 作为 Y 轴），假设其中线点 O 为零点，横向左端 1 号点为零方向。

①以中心点 O 为测站，用经纬仪和钢尺按极坐标法，通过测设水平角 β_i 和水平距离 D_i 依次测设各点位。

②以中心点 O 为测站，用经纬仪和钢尺按直角坐标法测定各点位的直角坐标 x_i、y_i，与计算所得的各点坐标值比较，对所有测设点位进行检核。

③如果使用全站仪，采用全站仪坐标法放样，则方法与矩形建筑物四周角点测设相同。

技能点 2 施工场地平整测量

在丘陵山地约 50 m×50 m 的场地上，沿山坡建立一个由四行四列方格组成的格网（即 4×4 计 16 个方格，方格边长均为 10 m，每方格的实地面积为 100 m^2，如图 10-4 所示）。在每网格的交点处打下木桩（如无山坡可以利用，则可在同样范围的平坦场地上打上高度不等的木桩，用以模拟一丘陵山地，坡度变化不宜过大），将该格网范围内的场地按总填方量等于总挖方量的原则整为一水平场地，按以下步骤进行场地平整测量和场地平整土石方量的计算。

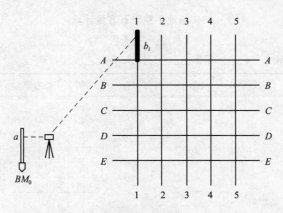

图 10-4 平整场地的格网布置及水准测量

1. 外业

在场地内适宜位置安置水准仪,以场地外围一假定高程的水准点(例如 $H_{BM} = 100.000$ m)为后视,依次测定所有桩点的高程。如图 10-4 所示,a 为后视读数,b_i 为前视读数。

经验提示

由于后视和各桩点的前视距离可能相差较多,所以工作前应再次对水准仪的管水准轴进行检验与校正,以尽量减小 i 角误差的影响。

将外业观测数据及计算所得桩点高程记入表 10-7 中。

表 10-7　　　　　　　　　　　　施工场地平整水准测量记录

实训日期:_____　　专业:_____　　班级:_____　　姓名:_____

_____年_____月_____日　天气_____　观测_____　　记录_____　　检查_____

测站	点号	第一次观测				第二次观测				平均高程/m
		后视读数/m	视线高/m	前视读数/m	高程/m	后视读数/m	视线高/m	前视读数/m	高程/m	

2. 内业

(1)将各桩位的高程标注在附图上相应交点的右上方。

(2)计算场地平整设计高程,即零点高程:$H_0 = \dfrac{\sum P_i \cdot H_i}{\sum P_i}$($H_i$ 为各桩点的实测高程,P_i 为各桩点高程相应的权值)。然后将高程为 H_0 的零线内插到附图上。

(3)计算每个桩点的挖深(+)或填高(−),标注在附图上相应交点的右下方。

(4)将所有方格有无零线通过的情况分为全挖方格、全填方格及半挖半填方格,分别计算每个方格的下挖面积、下挖均深或上填面积、上填均高。

(5)计算各方格的挖方(下挖面积×下挖均深)和填方(上填面积×上填均高),汇总得全场的总挖方量、总填方量及总土石方量。

计算在表 10-8 中进行。

表 10-8 施工场地平整土石方量计算

实训日期：_____ 专业：_____ 班级：_____ 姓名：_____

_____年___月___日 天气___ 观测_____ 记录_____ 检查_____

零点高程计算	图上零线内插
设： 角点 $P_i=0.25$ 边点 $P_i=0.50$ 拐点 $P_i=0.75$ 中点 $P_i=1.00$ 零点高程： $H_0=\dfrac{\sum P_i \cdot H_i}{\sum P_i}=$	(图：方格网 A～E 行，1～5 列，方格编号①～⑯)

方格号	各点挖深（＋）或填高（一）/m				挖方量/m³			填方量/m³			备注
	左上	右上	左下	右下	均深	面积	方量	均高	面积	方量	
1											
2											
3											
4											
5											
6											
7											
8											
9											
10											
11											
12											
13											
14											
15											
16											
合计											

具体方法参见单元六的课题四。

技能点 3　高层建筑轴线投测

用经纬仪将大楼底层的平面轴线投测到大楼各楼层上，其步骤为：

(1)在大楼门厅外面场地上呈 90°方向各先设定两个轴线点，如图 10-5 所示。

(2)在轴线点 A_1、A_2 上安置经纬仪，首先以盘左分别瞄准 B_1、B_2，然后将望远镜倒转，并向上抬高，将轴线投测到大楼 2～5 层相互垂直的两面阳台或过道窗沿上。

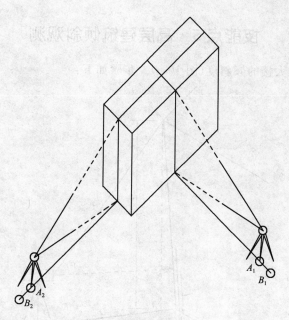

图 10-5 高层建筑轴线投测

（3）再以盘右重复投测，左右取中，注以标记。

具体方法参见单元七的课题四。

技能点 4 高层建筑高程传递

采用水准测量方法将高程传递到大楼各层的标高点上，其步骤为：

（1）在大楼的外面场地上设置一水准点（设其 $H_{BM} = 100.000$ m），在大楼 2~5 层上各设一个标高点，自 6 层沿楼梯间向下吊挂 1 根钢尺（下端吊一质量适中的垂球，使其基本稳定）。

（2）先用水准仪以水准点为后视，以大楼底层地坪±0.000 位为前视，测定该楼±0.000 位的高程。

（3）在底层门厅安置一架水准仪，依次在大楼 2~5 层上能同时可见该楼层标高点和楼梯间钢尺的位置安置另一水准仪，用两架水准仪分别对±0.000 位和各楼层标高点上的水准尺以及下挂钢尺同时进行瞄准、读数、计算，将高程传递到大楼各层的标高点上。

将观测和计算数据填入表 10-9 中。

表 10-9   高层建筑高程传递计算

实训日期：_____ 专业：_____ 班级：_____ 姓名：_____

____年____月____日 后视水准点_____ 高程 H_A_____ 建筑物名称_____

点号	楼层 i	后视尺读数 a/m	钢尺上读数 b_i/m	钢尺下读数 c_i/m	前视尺读数/m	高差 h/m	高程 H_{Bi}/m

具体方法参见单元七的课题四。

技能点5　高层建筑倾斜观测

用经纬仪测定某大楼的倾斜度(图10-6)。步骤如下：

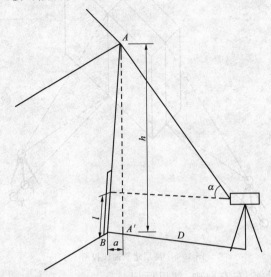

图 10-6　高层建筑倾斜观测

(1)设大楼高度为 h,在与大楼距离超过 $1.5h$ 的地方安置经纬仪,用钢尺丈量仪器到大楼一拐角的水平距离 D,同时在该拐角墙角处竖立一根标尺,先用经纬仪(盘左、盘右)测定大楼该拐角顶端女儿墙最高点 A 的竖直角 α,再将望远镜放水平,读取拐角处标尺的读数 l,然后根据三角高程测量原理计算大楼拐角处的高度 $h(h=D\cdot\tan\alpha+l)$。

将观测和计算数据填入表 10-10 中。

表 10-10　　　　　　　　　三角高程测量建筑物高度计算

实训日期：_____　专业：_____　班级：_____　姓名：_____
　　　　年___月___日　测站_____　高程_____　仪器高_____

点号	竖盘位置	竖盘读数 /(° ′ ″)	半测回竖直角/(° ′ ″)	一测回竖直角 α/(° ′ ″)	竖盘指标差 x/(° ′ ″)	平距 D/m	$D\cdot\tan\alpha$/m	标尺中丝读数 l/m	建筑物高度 h/m
	左								
	右								
	左								
	右								

(2)分别以盘左、盘右使用望远镜将该拐角顶端女儿墙最高点 A 向下投射至地面,取盘左、盘右两投影点连线的中点 A',再测量该中心点 A' 相对拐角处墙角 B 的偏差值 a,计算该大楼的倾斜度 $i(i=\dfrac{a}{h})$。

将观测和计算数据填入表 10-11 中。

表 10-11　　　　　　　　　　建筑物倾斜度计算

实训日期:_____　专业:_____　班级:_____　姓名:_____

_____年___月___日　建筑物名称_____

点号	测点位置	上下偏斜量 a/m	建筑物高度 h/m	倾斜度 i

具体方法参见单元八的课题一。

单元小结

本单元着重进行了实践教学和操作训练,具体内容如下:

1.场地测量

现场踏勘选点;水准仪和经纬仪的检验;等外水准施测;图根导线施测;水准、导线计算和展绘控制点;1:500 地形图的施测和绘制。

2.建筑施工测量

矩形建筑物四周角点点位测设;椭圆形建筑物轮廓线特征点点位测设;施工场地平整测量;平整场地土石方量计算;向多层楼上投测轴线和高程传递;测定建筑物的倾斜度。

单元测试

由学生抽签选择以下 2~3 个项目,在限定时间内现场进行安置仪器、观测、记录和计算,根据操作仪器的熟练程度、观测记录计算的正确程度和时间等进行评分。

1.等外水准测量(1 测站)。

2.水平角测量(1 测回)。

3.水准仪的检验。

4.经纬仪的检验。

5.1:500 地形图的施测和绘制。

6.矩形建筑物四周角点点位测设。

7.椭圆形建筑物轮廓线特征点点位测设。

8.施工场地平整测量及土石方量计算。

9.向多层楼上投测轴线和高程传递。

10.测定建筑物的倾斜度。

附　录

1∶500、1∶1000、1∶2000 地形图图式(部分)

注:"编号"一栏可方便执行本标准规定时对照国标图式进行查询。"编号"栏中的内容为 GB/T 20257.1—2007 的符号编号。

编号	符号名称	符号式样			符号细部图	多色图色值
		1∶500	1∶1000	1∶2000		
4.1	测量控制点					
4.1.1	三角点 a.土堆上的 　张湾岭、黄土岗—— 点名 　156.718、 203.623——高程 　5.0——比高	3.0 △ 张湾岭 156.718 a 5.0 △ 黄土岗 203.623				K100
4.1.2	小三角点 a.土堆上的 　摩天岭、张庄—— 点名 　294.91、156.71—— 高程 　4.0——比高	3.0 ▽ 摩天岭 294.91 a 4.0 ▽ 张庄 156.71				K100
4.1.3	导线点 a.土堆上的 　I16、I23——等级、 点号 　84.46、94.40—— 高程 　2.4——比高	2.0 ⊙ I16 84.46 a 2.4 ⊕ I23 94.40				K100
4.1.4	埋石图根点 a.土堆上的 　12、16——点号 　275.56、175.64—— 高程 　2.5——比高	2.0 ⊞ 12 275.46 a 2.5 ⊞ 16 175.64				K100
4.1.5	不埋石图根点 　19——点号 　84.47——高程	2.0 ⊡ 19 84.47				K100
4.1.6	水准点 　Ⅱ——等级 　京石5——点名点号 　32.805——高程	2.0 ⊗ Ⅱ京石5 32.805				K100

（续表）

编号	符号名称	符号式样			符号细部图	多色图色值
		1：500	1：1000	1：2000		
4.1.7	卫星定位等级点 B——等级 14——点号 495.263——高程	3.0 △ $\dfrac{B14}{495.263}$				K100
4.2	水系					
4.2.1	地面河流 a.岩线 b.高水位岸线 清江——河流名称					a.C100 面色 C10 b.M40Y100K30
4.2.4	时令河 a.不固定水涯线 （7—9）——有水月份					C100 面色 C10
4.2.5	干河床（干涸河）					M40Y100K30
4.2.6	运河、沟渠 a.运河 b.沟渠 b1.渠首					C100 面色 C10
4.2.7	沟堑 a.已加固的 b.未加固的 2.6——比高					K100
4.2.10	输水渡槽（高架渠）					K100

（续表）

编号	符号名称	符号式样			符号细部图	多色图色值
		1：500	1：1000	1：2000		
4.2.13	涵洞 　a.依比例尺的 　b.半依比例尺的					K100
4.2.14	干沟 　2.5——深度					M40Y100K30
4.2.15	湖泊 　龙湖——湖泊名称 　（咸）——水质					C100 面色 C10
4.2.16	池塘					C100 面色 C10
4.2.19	水库 　a.毛湾水库——水库名称 　b.溢洪道 　　54.7——溢洪道堰底面高程 　c.泄洪洞口、出水口 　d.拦水坝、堤坝 　　d1.拦水坝 　　d2.堤坝 　　水泥——建筑材料 　　75.2——坝顶高程 　　59——坝长(m) 　e.建筑中水库					a.C100 面色 C10 b.M40Y100K30 c.C100 d.K100 e.C100 面色 C10

（续表）

编号	符号名称	符号式样			符号细部图	多色图色值
		1：500	1：1000	1：2000		
4.2.28	泉（矿泉、温泉、毒泉、间流泉、地热泉） 51.2——泉口高程 温——泉水性质		51.2 温			C100
4.2.29	水井、机井 　a.依比例尺的 　b.不依比例尺的 　　51.2——井口高程 　　5.2——井口至水面深度 　咸——水质		a 51.2/5.2 b 咸		3.2 1.6	C100
4.2.31	贮水池、水窖、地热池 　a.高于地面的 　b.低于地面的 　净——净化池 　c.有盖的	a c		b 净		C100 面色 C10
4.2.34	河流流向及流速 　0.3——流速(m/s)		0.3 7.5		30° 1.2	C100
4.2.35	沟渠流向 　a.往复流向 　b.单向流向	a	b		7.5	C100
4.2.37	堤 　a.堤顶宽依比例尺 　　24.5——坝顶高程 　b.堤顶宽不依比例尺 　　2.5——比高	a 24.5 4.0　2.0 b1 2.5　0.5 2.0 b2 0.2 2.0				K100

（续表）

编号	符号名称	符号式样			符号细部图	多色图色值
		1：500	1：1000	1：2000		
4.2.38	水闸 a.能通车的 　5——闸门孔数 　82.4——水底高程 　砼——建筑结构 b.不能通车的 c.不能走人的 d.水闸上的房屋 e.水闸房屋 　3——层数	a b c　d　e				K100
4.2.40	扬水站、水轮泵、抽水站 a.设置在房屋内的					K100
4.2.42	拦水坝 a.能通车的 　72.4——坝顶高程 　95——坝长 　砼——建筑材料 b.不能通车的	a b				K100
4.2.43	加固库 a.一般加固岩 b.有栅栏的 c.有防洪墙体的 d.防洪墙上有栏杆的	a b c d				K100

（续表）

编号	符号名称	符号式样			符号细部图	多色图色值
		1：500	1：1000	1：2000		
4.2.45	防波堤、制水坝 a.斜坡式 b.直立式 c.石垒式					K100
4.3	居民地及设施					
4.3.1	单幢房屋 a.一般房层 b.有地下室的房屋 c.突出房屋 d.简易房屋 　混、钢——房屋结构 　1、3、28——房屋层数 　－2——地下房屋层数					K100
4.3.2	建筑中房屋		建			K100
4.3.3	棚房 a.四边有墙的 b.一边有墙的 c.无墙的					K100
4.3.4	破坏房屋		破 2.0 1.0			K100
4.3.5	架空房 　3、4——楼层 　/1、/2——空层层数					K100
4.3.6	廊房 a.廊房 b.飘楼					K100
4.3.7	窑洞 a.地面上的 　a1.依比例尺的 　a2.不依比例尺的 　a3.房屋式的窑洞 b.地面下的 　b1.依比例尺的 　b2.不依比例尺的					K100

编号	符号名称	符号式样			符号细部图	多色图色值
		1：500	1：1000	1：2000		
4.3.8	蒙古包、放牧点 a.依比例尺的 b.不依比例尺的 （3—6）——居住月份	a （3−6）	b 1.6 3.2 （3−6）		0.4	K100
4.3.14	探井（试坑） a.依比例尺的 b.不依比例尺的	a	b 3.0 2.0			K100
4.3.15	探槽	探				K100
4.3.16	钻孔 涌——钻孔说明	0.8 2.5 ⊙ 涌				K100
4.3.19	水塔 a.依比例尺的 b.不依比例尺的	a	b 3.6 2.0		2.0 3.0 1.0 1.2	K100
4.3.20	水塔烟囱 a.依比例尺的 b.不依比例尺的	a	b 3.6 2.0		1.0 0.2 0.6 0.6 2.8 1.6 1.3	K100
4.3.41	学校		2.5 文		0.5 0.4 R6 0.4	K100
4.3.42	医疗点		2.8		2.2 0.8 2.2	C100Y100
4.3.43	体育馆、科技馆、博物馆、展览馆	砼 5 科 0.6				K100
4.3.44	宾馆、饭店	砼 5 H			0.7 0.3 0.4 2.8 H 1.4	K100
4.3.45	商场、超市	砼 4 M			0.5 0.5 0.4 3.0 M 0.4 0.3	K100

（续表）

编号	符号名称	符号式样			符号细部图	多色图色值
		1：500	1：1000	1：2000		
4.3.46	剧院、电影院	砼 2				K100
4.3.47	露天体育场、网球场、运动场、球场 　a.有看台的 　　a1.主席台 　　a2.门洞 　b.无看台的	工人体育场 / 体育场 / 球				K100
4.3.55	电话亭					K100
4.3.56	厕所	厕				K100
4.3.57	垃圾场		垃圾场			K100
4.3.58	垃圾台 　a.依比例尺的 　b.不依比例尺的					K100
4.3.59	坟地、公墓 　a.依比例尺的 　b.不依比例尺的					K100
4.3.60	独立大坟 　a.依比例尺的 　b.不依比例尺的					K100
4.3.64	碑、柱、墩					K100
4.3.65	纪念碑、北回归线标志塔 　a.依比例尺的 　b.不依比例尺的					K100

（续表）

编号	符号名称	符号式样			符号细部图	多色图色值
		1：500	1：1000	1：2000		
4.3.67	钟楼、鼓楼、城楼、古关塞 　a.依比例尺的 　b.不依比例尺的	a		b　2.4		K100
4.3.68	亭 　a.依比例尺的 　b.不依比例尺的	a		b　2.4		K100
4.3.70	旗杆					K100
4.3.71	塑像、雕塑 　a.依比例尺的 　b.不依比例尺的	a		b　3.1		K100
4.3.72	庙宇		混			K100
4.3.73	清真寺		混			K100
4.3.74	教堂		混			K100
4.3.87	围墙 　a.依比例尺的 　b.不依比例尺的	a b				K100
4.3.88	栅栏、栏杆					K100
4.3.89	篱笆					K100
4.3.90	活树篱笆					K100

（续表）

编号	符号名称	符号式样			符号细部图	多色图色值
		1：500	1：1000	1：2000		
4.3.91	铁丝网、电网		10.0　　　1.0			K100
4.3.92	地类界		1.6　　　　　0.3			与所表示的地物颜色一致
4.3.95	柱廊 a.无墙壁的 b.一边有墙壁的	a b	1.0 0.5　　1.0			K100
4.3.96	门顶、雨罩 a.门顶 b.雨罩	a 1.0　0.5	b 混5 雨 1.0　0.5			K100
4.3.97	阳台		砖5 2.0　　1.0			K100
4.3.98	檐廊、挑廊 a.檐廊 b.挑廊	a 砼4 1.0　0.5	b 砼4 2.0　1.0			K100
4.3.99	悬空通廊		砼4 ☒ 砼4			K100
4.3.100	门洞、下跨道		砖 5		1.0 1.0 2.0	K100
4.3.101	台阶	0.6	1.0　　　　1.0			K100
4.3.102	室外楼梯 a.上楼方向		砼8 a			K100
4.3.104	门墩 a.依比例尺的 b.不依比例尺的	a	1.0 b			K100

（续表）

编号	符号名称	符号式样			符号细部图	多色图色值
		1：500	1：1000	1：2000		
4.3.106	路灯					K100
4.3.107	照射灯 　a.杆式 　b.桥式 　c.塔式					K100
4.3.108	岗亭、岗楼 　a.依比例尺的 　b.不依比例尺的					K100
4.3.109	宣传橱窗、广告牌 　a.双柱或多柱的 　b.单柱的					K100
4.3.110	喷水池					K100 面色 C10
4.3.111	假石山					K100
4.3.112	避雷针					K100
4.4	交通					
4.4.4	高速公路 　a.临时停车点 　b.隔离带 　c.建筑中的					K100

（续表）

编号	符号名称	符号式样			符号细部图	多色图色值
		1：500	1：1000	1：2000		
4.4.14	街道 　a.主干路 　b.次干路 　c.支路	a ――――――――― 0.35 b ――――――――― 0.25 c ――――――――― 0.15				K100
4.4.15	内部道路	1.0 1.0				K100
4.4.16	阶梯路	1.0				K100
4.4.17	机耕路（大路）	8.0　2.0 0.2				K100
4.4.18	乡村路 　a.依比例尺的 　b.不依比例尺的	a ― 4.0　1.0 ― 0.2 b ― 8.0　2.0 ― 0.3				K100
4.4.19	小路、栈道	4.0　1.0 0.3				K100
4.4.21	汽车停车站	2.0 3.6 ┤1.0 1.0				K100
4.4.22	加油站、加气站 　油——加油站	油			1.6 3.6 1.0	K100
4.4.23	停车场	3.3　Ⓟ			1.4 0.4 1.1 1.4 Ⓟ 0.4 0.25 0.9	K100

（续表）

编号	符号名称	符号式样			符号细部图	多色图色值
		1∶500	1∶1000	1∶2000		
4.4.24	街道信号灯 　a.车道信号灯 　b.人行横道信号灯					K100
4.4.29	过街天桥、地下通道 　a.天桥 　b.地道					K100
4.4.35	隧道 　a.依比例尺的出入口 　b.不依比例尺的出入口					K100
4.4.38	路堑 　a.已加固的 　b.未加固的					K100
4.4.39	路堤 　a.已加固的 　b.未加固的					K100
4.4.40	公路零公里标志 　a.中国零公里标志 　b.省市零公里标志					K100
4.4.42	里程碑、坡度标 　a.里程碑 　25——公里数 　b.坡度标					K100
4.5	管线					
4.5.1 4.5.1.1 4.5.1.2 4.5.1.3	高压输电线 架空的 　a.电杆 　35——电压(kV) 地面下的 　a.电缆标 输电线入地口 　a.依比例尺的 　b.不依比例尺的					K100

（续表）

编号	符号名称	符号式样			符号细部图	多色图色值
		1：500	1：1000	1：2000		
4.5.2 4.5.2.1 　 4.5.2.2 　 4.5.2.3	配电线 架空的 　a.电杆 地面下的 　a.电缆标 配电线入地口				K100
4.5.3 4.5.3.1 4.5.3.2 4.5.3.3 　 　 4.5.3.4 4.5.3.5 4.5.3.6	电力线附属设施 电杆 电线架 电线塔（铁塔） 　a.依比例尺的 　b.不依比例尺的 电缆标 电缆交接箱 电力检修井孔				K100
4.5.4	变电室（所） 　a.室内的 　b.露天的				K100
4.5.5	变压器 　a.电线杆上的变压器				K100
4.5.6 4.5.6.1 　 4.5.6.2 　 4.5.6.3 4.5.6.4 4.5.6.5	陆地通信线 地面上的 　a.电杆 地面下的 　a.电缆标 通信线入地口 电信交接箱 电信检修井孔 　a.电信入孔 　b.电信手孔				K100

（续表）

编号	符号名称	符号式样			符号细部图	多色图色值
		1:500	1:1000	1:2000		
4.5.7 4.5.7.1 4.5.7.2 4.5.7.3 4.5.7.4	管道 架空的 　a.依比例尺的墩架 　b.不依比例尺的墩架 地面上的 地面下的及入地口 有管堤的 　热、水、污——输送物 名称	a ——⊠——热——⊠—— b ——■——热—— 　　　　　　　1.0 ——○——○——水——○—— 1.0　　　　10.0 ——┤○├—┤ ├——污—— 　1.0　4.0 1.0 ══┤═══┤═══水═══┤═══┤══ 　　　　　　2.0				K100
4.5.8	管道检修井孔 　a.给水检修井孔 　b.排水(污水)检修井孔 　c.排水暗井 　d.煤气、天然气、液化气 检修井孔 　e.热力检修井孔 　f.工业、石油检修井孔 　g.不明用途的井孔	a　2.0　⊖ b　2.0　⊕ c　2.0　Ⓐ d　2.0　⊘ e　2.0　⊖ f　2.0　⊞ g　2.0　○			Ⓐ┤1.2 　1.4 0.6┤⊘ 　　60° ⊞ 0.6	K100
4.5.9	管道其他附属设施 　a.水龙关 　b.消火栓 　c.阀门 　d.污水、雨水箅子	a　3.6 1.0 ┰ 　　　　1.6 b　2.0 ⊖ 3.0 　　　1.0 c 　1.6 ○ 3.0 d ⊖ 0.5　　▥ 1.0 　2.0　　　2.0			1.0 ┬ 0.6 2.0 ┴	K100
4.6	境界					
4.6.1	国界 　a.已定界和界桩、界碑 及编号 　b.未定界	2号界碑 a ▬◉▬ · ▬ · ▬ · 0.75 1.3　4.5　4.5 b ╪══╪══╪══┅ 1.6 　　4.5　4.5			◉ 0.3 1.3	K100
4.6.2	省级行政区界线和界标 　a.已定界 　b.未定界 　c.界标	a ▬┄▬┄◉┄ 0.6 　4.5　4.5　1.0 b ▬ ┄ ▬ ┄ ▬ 　1.5　　4.5			◉ 0.3 1.0	K100
4.6.3	特别行政区界线	┄┄⊗┄┄┄ 0.5 3.5　1.0　4.5				K100

编号	符号名称	符号式样			符号细部图	多色图色值
		1：500	1：1000	1：2000		
4.6.4	地级行政区界线 　a.已定界和界标 　b.未定界	a ⌐ 3.5 1.0 4.5 ⌐ 0.5 b 1.0 ⌐ 1.5 ⌐ 0.5 0.5 4.5				K100
4.6.5	县级行政区界线 　a.已定界和界标 　b.未定界	a ⌐ 3.5 4.5 ⌐ 0.4 b ⌐ 0.4 3.5 1.5 4.5				K100
4.6.6	乡、镇级界线 　a.已定界 　b.未定界	a 1.0 4.5 4.5 ⌐ 0.25 b ⌐ 0.25 1.0 1.5 4.5 4.5				K100
4.6.7	村界	⌐ 0.2 1.0 2.0 4.0				K100
4.6.8	特殊地区界线	3.3 1.6 0.8 ⌐ ⌐ 0.4				K100
4.6.9	开发区、保税区界线	3.3 1.6 0.8 ⌐ ⌐ 0.2				M100
4.6.10	自然、文化保护区界线	3.3 1.6 ⌐ 0.2 0.8				M100
4.7	地貌					
4.7.1	等高线及其注记 　a.首曲线 　b.计曲线 　c.间曲线 　　25——高程	a 0.15 b 25 0.3 c 0.15 1.0 6.0				M40Y100K30
4.7.2	示坡线	0.8				M40Y100K30
4.7.3	高程点及其注记 　1520.3、—15.3—— 高程	0.5 • 1520.3　　• —15.3				K100

（续表）

编号	符号名称	符号式样			符号细部图	多色图色值
		1：500	1：1000	1：2000		
4.7.15	陡崖、陡坎 a. 土质的 b. 石质的 18.6、22.5——比高					M40Y100K30
4.7.16	人工陡坎 a. 未加固的 b. 已加固的					K100
4.7.19	崩崖 a. 沙土崩崖 b. 石崩崖					M40Y100K30
4.7.20	滑坡					M40Y100K30
4.7.21	斜坡 a. 未加固的 b. 已加固的					a. M40Y100K30、 K100 b. K100
4.7.22	梯田坎 2.5——比高					100
4.7.23	石垄 a. 依比例尺的 b. 半依比例尺的					K100
4.8	植被与土质					
4.8.1	稻田 a. 田埂					C100Y100
4.8.2	旱地					C100Y100

（续表）

编号	符号名称	符号式样 1：500	符号式样 1：1000	符号式样 1：2000	符号细部图	多色图色值
4.8.3	菜地					C100Y100
4.8.4	水生作物地 a.非常年积水的 菱——品种名称					C100Y100
4.8.5	台田、条田		台　田			C100
4.8.6 4.8.6.1 　　a.果园 　　b.桑园 　　c.茶园 　　d.橡胶园 　　e.其他经济林 4.8.6.2	园地 经济林 经济作物地					C100Y100
4.8.14	零星树木	1.0 ○				C100Y100

（续表）

编号	符号名称	符号式样			符号细部图	多色图色值
		1：500	1：1000	1：2000		
4.8.15	行树 a.乔木行树 b.灌木行树	a				C100Y100
4.8.16	独立树 a.阔叶 b.针叶 c.棕榈、椰子、槟榔 d.果树 e.特殊树	a 1.6 2.0 3.0 1.0 b 1.6 2.0 3.0 45° 1.0 c 2.0 3.0 1.0 d 1.6 3.0 1.0 e			1.0 0.6 72° 30° 1.0 0.5 0.3 0.5	C100Y100
4.8.18	草地 a.天然草地 b.改良草地 c.人工牧草地 d.人工绿地	a 2.0 1.0 10.0 b 10.0 10.0 c 10.0 10.0 d 1.6 0.8 5.0 10.0			2.0 90°	C100Y100
4.8.19	半荒草地	0.6 1.6 10.0 10.0				C100Y100

（续表）

编号	符号名称	符号式样			符号细部图	多色图色值
		1：500	1：1000	1：2000		
4.8.20	荒草地		•------0.6 10.0 10.0			C100Y100
4.8.21	花圃、花坛		1.5 1.5 10.0 10.0			C100Y100
4.9	注记					
4.9.2 4.9.2.1	各种说明注记 居民地名称说明注记 　a.政府机关 　b.企业、事业、工矿、 农场 　c.高层建筑、居住小区、 公共设施	a　**市民政局** 宋体(3.5) b　日光岩幼儿园　兴隆农场 宋体(2.5　3.0) c　二七纪念塔　**兴庆广场** 宋体(2.5~3.5)				K100
4.9.2.2	性质注记	砼　松　咸 细等线体(2.5)				与相应地物符 号颜色一致
4.9.2.3	其他说明注记 　a.控制点点名 　b.其他地物说明	a　张湾岭 细等线体(3.0) b　八号主井　　**自然保护区** 细等线体(2.0~3.5)				与相应地物符 号颜色一致

参考文献

1. 宁津生等. 测绘学概论(第三版). 武汉:武汉大学出版社,2008
2. 李生平. 建筑工程测量. 北京:高等教育出版社,2002
3. 覃辉. 土木工程测量(第三版). 上海:同济大学出版社,2008
4. 周建郑. GPS 定位测量(第二版). 郑州:黄河水利出版社,2010
5. 周建郑. 建筑工程测量(第二版). 北京:中国建筑工业出版社,2008
6. 凌支援. 建筑施工测量. 北京:高等教育出版社,2005
7. 赵景利. 建筑工程测量. 北京:北京大学出版社,2010
8. 杨正尧,程曼华,陆国胜. 测量学实验与习题. 武汉:武汉大学出版社,2001
9. 卢正. 建筑工程测量实训指导. 北京:科学出版社,2003
10. 孔达. 工程测量. 北京:高等教育出版社,2007
11. 王云江. 建筑工程测量. 北京:中国建筑工业出版社,2002
12. 胡伍生. 土木工程施工测量手册. 北京:人民交通出版社,2008
13. 潘松庆. 现代测量技术. 郑州:黄河水利出版社,2008
14. 潘松庆. 现代测量技术实训. 郑州:黄河水利出版社,2008